駿台受験シリーズ

ハイレベル
数学Ⅲの完全攻略

米村明芳・杉山義明　共著

駿台文庫

はじめに

本書のねらい

　本書は，駿台文庫の同じシリーズにあるハイレベル「数学Ⅰ・A・Ⅱ・Bの完全攻略」(以下 IAIIBと略記) の続きで，近年の数学Ⅲ (以下数Ⅲと略記) の入試問題から41問を選び，それをネタに数Ⅲについて解説します．レベルは入試問題における標準からやや難といわれるものです．誰でも解けるような易問でもなく，誰もが解けないような難問珍問奇問ではありません．いわゆる出来不出来が合否を分ける問題を厳選しました．

　数Ⅲの分野は習得すべき公式や定石，ルールなどがたくさんあります．体験すべき有名な問題や頻出の内容もあります．そこで本書のねらいは，教科書レベルを卒業した諸君に数Ⅲ攻略の武器を与え，思考する道具を伝授することです．この本を卒業した暁には，どんどん他の入試問題を解きたいと思ってもらえることでしょう．厳しい道のりですが，さあとりあえず1問解いてみましょう．

本書の構成

　第Ⅰ部は問題編です．まずここを見て自分なりの解答を作ってみましょう．このとき計算はきちんと最後まで実行してください．立式はあってるから計算は省略とか，計算は間違ったが方針はあっていたから大丈夫だという勉強をしていては駄目です．こういう勉強をしているとあっという間に計算力が落ち，本番で計算ミスが命取りになって不合格ということになってしまいます．それに実は計算に大きな山場が隠れている問題もありますので，入

試の本番のつもりで解答を作ってみてください．

　第II部は解答・解説編です．解答を作ろうとしてもまったく手が出ないときは，アプローチを読んでみましょう．そしてもう一度考え直してみてください．これでもわからないときは解答，フォローアップを読みましょう．ここでもし答え(結果)が合っていたとしても，必ず隅から隅まで読んでください．それは答えが出ても議論の仕方がよくないとか厳密ではないことなどがありえるからです．必ず自分の答案と比較してみましょう．

　アプローチ，フォローアップにある例題は見るだけではなく，これも鉛筆を動かして答えを導いてください．本書の最大の特徴は1問を1問で終わらせない解説です．本問に入る前のウォーミングアップになるような例題であったり，本問の内容を横に広げるような類題であったり，本問の奥行きを深めるような一般化であったり，一緒に学習すると本問の理解が深まり記憶に残りやすくするための参考問題であったり，1つの問題を解くことによって，その周辺の問題の何問分にもなるように解説をつけました．ですから1問の学習が他の問題集より大変かもしれません．この問題集を仕上げるのに問題数以上に時間がかかるかもしれません．牛歩ではありますが，これが完全攻略への王道なのです．なお，例題もほとんどは入試問題からとっていますが，説明の都合で問題文を変更している場合がかなりあります．

本書の利用法

●数IIIの履修後の自宅学習として……1週間に5問ずつで約2ヶ月で完成できます．莫大な量ではないのでヤル気を削ぐことなく，無理のない量で学習を継続維持させることができます．

●長期休みの課題として数IIIを復習……分量的には，この本に没頭すれば1週間で仕上げることができるでしょう．たった1週間でパワーアップした自分に驚くことになるでしょう．

●センター試験後に2次学力(記述式問題)の感覚をとり戻す……センターリサーチを待っている間や志望校決定に時間を費やしている間にこの一冊を終わらせます．ちょうどこの本を卒業する頃には，過去問演習に入る時期になるでしょう．2次学力が戻ってくれば難なく過去問対策もできます．

最後に一言

　本書ではひとつの問題に対する解答解説に 4 ページ以上を割き，1 問を 1 問で終わらせない内容を盛り込みました．何度もかみしめながら学習するのに耐えうる詳しさと内容の深さになっているはずです．皆さんの大学合格への強力なバックアップができることを願っています．

　末筆ではありますが，筆頭著者の度重なる怠慢に諦めずに催促していただき，さらに細かいところまでチェックしていただいた駿台文庫の加藤達也氏，ならびに編集部の方々，校正や内容チェックで支援をいただいた駿台予備学校講師の井辺卓也氏，さらに文字コードの対応をしていただいた WinTpic を開発されている堀井雅司氏に深くお礼申し上げます．

米村明芳
杉山義明
2015 年 5 月

目次

第 I 部　問題編　　　　　　　　　　　　　　　　　　　　　1

第 II 部　解答・解説編　　　　　　　　　　　　　　　　　　15

　❶ – 漸化式できまる数列の極限 I　　　　　　　　　　　16

　❷ – 漸化式できまる数列の極限 II　　　　　　　　　　　22

　❸ – $\dfrac{0}{0}$ の極限　　　　　　　　　　　　　　　　　　　26

　❹ – $\dfrac{\infty}{\infty}$ の極限　　　　　　　　　　　　　　　　　　　33

　❺ – 方程式の解の極限　　　　　　　　　　　　　　　39

　❻ – 共通接線　　　　　　　　　　　　　　　　　　46

　❼ – 平均値の定理　　　　　　　　　　　　　　　　51

　❽ – 関数の増減と不等式　　　　　　　　　　　　　56

　❾ – 関数の増減　　　　　　　　　　　　　　　　　61

　❿ – 最大・最小　　　　　　　　　　　　　　　　　66

　⓫ – 定積分の計算　　　　　　　　　　　　　　　　71

- ⑫ － つぎはぎ関数の定積分と微分可能性　　78
- ⑬ －(指数関数)×(周期関数) の定積分　　83
- ⑭ － 絶対値を含む関数の定積分　　87
- ⑮ － 媒介変数表示曲線 I　　92
- ⑯ － 媒介変数表示曲線 II　　98
- ⑰ － 回転体の体積：回転軸をまたぐ　　107
- ⑱ － 回転体の体積：y 軸まわり　　112
- ⑲ － 空間領域の体積　　119
- ⑳ － 回転体の体積：線分が動いてできる　　123
- ㉑ － 交わりの体積　　128
- ㉒ － 回転体でない立体の体積　　132
- ㉓ － n 乗を含む積分　　137
- ㉔ － 定積分の評価　　142
- ㉕ － 定積分を利用した無限和　　148
- ㉖ － 連続性，定積分で定義された関数　　155
- ㉗ － 和の極限　　159
- ㉘ － 曲線の長さ　　166
- ㉙ － 楕円の定義　　177
- ㉚ － 円錐曲線　　184

㉛ – 楕円の接線	189
㉜ – 楕円の極線と補助円	194
㉝ – 楕円	198
㉞ – 双曲線の性質	203
㉟ – 極方程式	208
㊱ – 回転	214
㊲ – n 乗根	220
㊳ – 複素数列，三角不等式	229
㊴ – 複素数平面の軌跡，変換	236
㊵ – 回転，複素数の図形への応用	246
㊶ – 積で閉じた集合	250

索引　　　　　　　　　　　　　　　　　　256

第Ⅰ部
問題編

1 a は正の実数で，定数とする．数列 $\{x_n\}$ $(n = 1, 2, 3, \cdots)$ を次のように定義する．

$$x_1 = \sqrt{a},\ x_2 = \sqrt{a + \sqrt{a}},\ x_3 = \sqrt{a + \sqrt{a + \sqrt{a}}},\ \cdots$$

一般に $x_{n+1} = \sqrt{a + x_n}$ $(n = 1, 2, 3, \cdots)$ とする．

このとき，数列 $\{x_n\}$ $(n = 1, 2, 3, \cdots)$ が収束するかどうかを調べたい．次の問いに答えよ．

(1) 数列 $\{x_n\}$ $(n = 1, 2, 3, \cdots)$ が収束すると仮定して，その極限値を求めよ．

(2) 数列 $\{x_n\}$ $(n = 1, 2, 3, \cdots)$ が上記(1)で定義した値に，実際に収束することを証明せよ．

〔京都府立大〕

2 無限数列 $\{a_n\}$ を

$$a_1 = c,\quad a_{n+1} = \frac{a_n{}^2 - 1}{n} \quad (n \geq 1)$$

で定める．ここで c は定数とする．

(1) $c = 2$ のとき，一般項 a_n を求めよ．

(2) $c \geq 2$ ならば，$\lim_{n \to \infty} a_n = \infty$ となることを示せ．

(3) $c = \sqrt{2}$ のとき，$\lim_{n \to \infty} a_n$ の値を求めよ．

〔千葉大〕

3 次の極限が有限の値となるように定数 a, b を定め，そのときの極限値を求めよ．

$$\lim_{x \to 0} \frac{\sqrt{9 - 8x + 7\cos 2x} - (a + bx)}{x^2}$$

〔大阪市立大〕

4 (1) a, b を実数とする．$a < b, a = b, a > b$ のそれぞれの場合に極限 $\lim_{x \to \infty} \log_x(x^a + x^b)$ を求めよ．

(2) a, b は $a^2 + b^2 \leq 1$ を満たす実数とする．$L = \lim_{x \to \infty} \log_x(2x^a + x^{\frac{b}{2}})$ を最小にする a, b およびそのときの L の値を求めよ．

〔早稲田大〕

5 2以上の自然数 n に対し，関数 $f_n(x)$ を $f_n(x) = 1 - x - e^{-nx}$ と定義する．次の問いに答えよ．

(1) $f_n(x)$ の最大値とそのときの x を求めよ．

(2) 方程式 $f_n(x) = 0$ の解で正のものはただ1つであることを示せ．

(3) (2)の解を a_n とする．$\lim_{n \to \infty} a_n = 1$ を示せ．

(4) $\lim_{n \to \infty} \int_0^{a_n} f_n(x)\,dx$ を求めよ．

〔埼玉大〕

6 k を正の定数とする．2つの曲線 $C_1 : y = \log x$，$C_2 : y = e^{kx}$ について，次の問いに答えよ．

(1) 原点 O から曲線 C_1 に引いた接線が曲線 C_2 にも接するような k の値を求めよ．

(2) (1)で求めた k の値を k_0 とする．定数 k が $k > k_0$ を満たすとき，2つの曲線 C_1, C_2 の両方に接する直線の本数を求めよ．

〔愛媛大〕

7 e を自然対数の底とする．$e \leq p < q$ のとき，不等式
$$\log(\log q) - \log(\log p) < \frac{q - p}{e}$$
が成り立つことを証明せよ．

〔名古屋大〕

8
(1) x を正数とするとき，$\log\left(1+\dfrac{1}{x}\right)$ と $\dfrac{1}{x+1}$ の大小を比較せよ．

(2) $\left(1+\dfrac{2001}{2002}\right)^{\frac{2002}{2001}}$ と $\left(1+\dfrac{2002}{2001}\right)^{\frac{2001}{2002}}$ の大小を比較せよ．

〔名古屋大〕

9 実数 $t>1$ に対し，xy 平面上の点
$$O(0,\ 0),\ \ P(1,\ 1),\ \ Q\!\left(t,\ \dfrac{1}{t}\right)$$
を頂点とする三角形の面積を $a(t)$ とし，線分 OP，OQ と双曲線 $xy=1$ とで囲まれた部分の面積を $b(t)$ とする．このとき
$$c(t)=\dfrac{b(t)}{a(t)}$$
とおくと，関数 $c(t)$ は $t>1$ においてつねに減少することを示せ．

〔東京大〕

10 $a,\ b$ を実数，e を自然対数の底とする．すべての実数 x に対して $e^x \geqq ax+b$ が成立するとき，以下の問いに答えよ．
(1) $a,\ b$ の満たすべき条件を求めよ．
(2) 次の定積分 $\displaystyle\int_0^1 (e^x-ax-b)\,dx$ の最小値と，そのときの $a,\ b$ の値を求めよ．

〔千葉大〕

11 次の定積分を求めよ．
(1) $\displaystyle\int_0^a \log(a^2+x^2)\,dx$ (a は正の定数)

(2) $\displaystyle\int_0^{\frac{\pi}{2}} \dfrac{\sin\theta}{\sin\theta+\cos\theta}\,d\theta$ 〔横浜国立大〕

(3) $\displaystyle\int_0^1 \dfrac{1}{2+3e^x+e^{2x}}\,dx$ 〔東京理科大〕

12 関数 $g(t)$ を $g(t) = \begin{cases} t & (t \geq 0) \\ 0 & (t < 0) \end{cases}$ と定義する.

実数 x に対し, $f(x) = \displaystyle\int_{-2}^{2} g(1-t^2)g(t-x)\,dt$ とおく.

(1) $f(x)$ を求めよ.
(2) $f(x)$ はすべての x で微分可能であることを示せ.

〔埼玉大〕

13 a を正の数, n を自然数とする. 2つの曲線 $y = e^{-ax}\sin x$, $y = e^{-ax}\cos x$ で囲まれた図形のうち, y 軸と直線 $x = 2n\pi$ の間にある部分の面積を S_n とおく. 次の各問いに答えよ.

(1) $S_{n+1} - S_n = e^{-2na\pi}S_1$ が成り立つことを示せ.
(2) $\displaystyle\lim_{n \to \infty} S_n = 2S_1$ となるように a を定めよ.

〔東京学芸大〕

14 $a > 0$, $t > 0$ に対して定積分
$$S(a, t) = \int_0^a \left| e^{-x} - \frac{1}{t} \right| dx$$
を考える.

(1) a を固定したとき, t の関数 $S(a, t)$ の最小値 $m(a)$ を求めよ.
(2) $\displaystyle\lim_{a \to 0} \frac{m(a)}{a^2}$ を求めよ.

〔東京工業大〕

15 xy 平面上に，媒介変数 t により表示された曲線
$$C : x = e^t - e^{-t}, \quad y = e^{3t} + e^{-3t}$$
がある．
(1) x の関数 y の増減と凹凸を調べ，曲線 C の概形を描け．
(2) 曲線 C，x 軸，2 直線 $x = \pm 1$ で囲まれる部分の面積を求めよ．

〔東北大〕

16 座標平面上において，点 P と点 Q は時刻 0 から π まで，次の条件にしたがって動く．

点 P は点 A$(-1, 0)$ を出発し，原点 O を中心とする半径 1 の円周上を時計回りに動く．ただし，時刻 t で P は $\angle$POA $= t$ $(0 \leqq t \leqq \pi)$ をみたす．点 P を通り x 軸に垂直な直線が直線 $y = -1$ と交わる点を H とする．点 Q は P の回りを反時計回りに
$$PQ = t \ (0 \leqq t \leqq \pi) \text{ および } \angle HPQ = t \ (0 < t \leqq \pi)$$
をみたすように動く．時刻 π における Q の位置を B とする．次の問いに答えよ．
(1) 時刻 t における Q の座標を (x, y) とする．x と y を t で表し，y は t について単調に増加することを示せ．
(2) 時刻 $\dfrac{j\pi}{6}$ と $\dfrac{(j+1)\pi}{6}$ の間で Q の x 座標が最大値をとるように整数 j を定めよ．
(3) 点 A を通り y 軸に平行な直線，点 B を通り x 軸に平行な直線，および Q の軌跡で囲まれた部分の面積 S を求めよ．

〔大阪大〕

17 2曲線 $C_1: y = \cos x$, $C_2: y = \cos 2x + a$ $(a > 0)$ が互いに接している．すなわち，C_1, C_2 には共有点があり，その点において共通の接線をもっている．このとき，次の問いに答えよ．
(1) 正数 a の値を求めよ．
(2) $0 < x < 3\pi$ の範囲で2曲線 C_1, C_2 のみで囲まれる図形を x 軸のまわりに1回転させてできる回転体の体積を求めよ．

〔静岡大〕

18 2つの放物線 $y = x^2 - 1$, $y = x^2 - 8x + 23$ について，次の各問に答えよ．
(1) これらの2つの放物線には共通する接線がある．この共通する接線の方程式を求めよ．
(2) これら2つの放物線および共通する接線により囲まれる部分を y 軸のまわりに回転してできる回転体の体積を求めよ．

〔宇都宮大〕

19 座標空間内に2点 A(1, 0, 0) と B(−1, 0, 0) がある．不等式 $\angle APB \geq 135°$ をみたす空間内の点 P の全体の集合に，2点 A, B をつけ加えてできる立体の体積を求めよ．

〔千葉大〕

20 xyz 空間内に2点 $P(u, u, 0)$, $Q(u, 0, \sqrt{1-u^2})$ を考える．u が0から1まで動くとき，線分 PQ が通過してできる曲面を S とする．
(1) 点 $(u, 0, 0)$ $(0 \leq u \leq 1)$ と線分 PQ の距離を求めよ．
(2) 曲面 S を x 軸のまわりに1回転させて得られる立体の体積を求めよ．

〔東北大〕

21 空間内に以下のような円柱と正四角柱を考える．円柱の中心軸は x 軸で，中心軸に直交する平面による切り口は半径 r の円である．正四角柱の中心軸は z 軸で，xy 平面による切り口は一辺の長さが $\dfrac{2\sqrt{2}}{r}$ の正方形で，その正方形の対角線は x 軸と y 軸である．$0 < r \leq \sqrt{2}$ とし，円柱と正四角柱の共通部分を K とする．

(1) 高さが $z = t$ $(-r \leq t \leq r)$ で xy 平面に平行な平面と K との交わりの面積を求めよ．

(2) K の体積 $V(r)$ を求めよ．

(3) $0 < r \leq \sqrt{2}$ における $V(r)$ の最大値を求めよ．

〔九州大〕

22 座標空間で考える．xy 平面上の放物線 $y = x^2$ を y 軸の周りに 1 回転してできる曲面を K とし，点 $\left(0, \dfrac{1}{4}, 0\right)$ および点 $\left(\dfrac{-1}{4\sqrt{3}}, 0, 0\right)$ を通り xy 平面に垂直な平面を H とする．さらに曲面 K と平面 H によって囲まれる立体を V とする．

(1) 立体 V と平面 $z = t$ との共通部分の面積 $S(t)$ を t の式で表せ．

(2) 立体 V の体積を求めよ．

〔上智大〕

23 正の整数 n に対し，関数 $f_n(x)$ を次式で定義する．
$$f_n(x) = \int_1^x (x-t)^n e^t \, dt \quad (e \text{ は自然対数の底})$$
このとき以下の各問いに答えよ．

(1) $f_1(x)$，$f_2(x)$ を求めよ．

(2) $n \geq 2$ のとき，$f_n(x) - n f_{n-1}(x)$ を求めよ．

(3) $f_n(x) - f_n'(x)$ を求めよ．ここで $f_n'(x)$ は $f_n(x)$ の導関数を表す．

(4) $n \geq 2$ のとき，$f_n(x)$ を続けて $(n-1)$ 回微分して得られる関数を求めよ．

〔東京医科歯科大〕

24 n を自然数とし，$I_n = \int_0^1 x^n e^x \, dx$ とおく．

(1) I_n と I_{n+1} の間に成り立つ関係式を求めよ．

(2) すべての n に対して，不等式 $\dfrac{e}{n+2} < I_n < \dfrac{e}{n+1}$ が成り立つことを示せ．

(3) $\displaystyle\lim_{n\to\infty} n(nI_n - e)$ を求めよ．

〔大分大〕

25 $-1 < a < 1$ とする．

(1) 積分 $\displaystyle\int_0^a \dfrac{1}{1-x^2} \, dx$ を求めよ．

(2) $n = 1, 2, 3, \cdots$ のとき，次の等式を示せ．
$$\int_0^a \dfrac{x^{2n+2}}{1-x^2} \, dx = \dfrac{1}{2} \log \dfrac{1+a}{1-a} - \sum_{k=0}^n \dfrac{a^{2k+1}}{2k+1}$$

(3) 次の等式を示せ．
$$\log \dfrac{1+a}{1-a} = 2 \sum_{k=0}^\infty \dfrac{a^{2k+1}}{2k+1}$$

〔北海道大〕

26 区間 $[0, 1]$ に属する t に対し，積分
$$f(t) = \int_0^{\frac{\pi}{2}} \sqrt{1 + t \cos x} \, dx$$
を考える．

(1) $f(1)$ の値を求めなさい．

(2) $0 \leqq a < b \leqq 1$ を満たす任意の a, b に対し，
$$\dfrac{1}{2\sqrt{2}}(b-a) \leqq f(b) - f(a) \leqq \dfrac{1}{2}(b-a)$$
を証明しなさい．そして，$f(t)$ は区間 $[0, 1]$ で連続であることを証明しなさい．

(3) $f(c) = \sqrt{3}$ を満たすような c が区間 $(0, 1)$ において唯一つ存在することを証明しなさい．

〔慶應義塾大〕

27 極限 $\displaystyle\lim_{n\to\infty}\frac{1}{\log n}\sum_{k=n}^{2n}\frac{\log k}{k}$ を求めよ.

〔東京理科大〕

28 放物線 $C: y=\dfrac{x^2}{2}$ とその焦点 F を考える．このとき次の問いに答えよ．
(1) C 上の点 P(u, v) $(u>0)$ における C の接線 l と x 軸との交点を T とする．線分 PT と線分 FT は直交することを示せ．
(2) 線分 FT の長さを求めよ．
(3) $\dfrac{d}{dx}\log(x+\sqrt{1+x^2})$ を求めよ．
(4) 放物線 C の, $x=0$ から $x=u$ までの長さを $s(u)$ とする．また，点 P からの距離が $s(u)$ となる l 上の点のうちで，T に近い方の点を Q とする．このとき，線分 QT の長さを求めよ．
(5) C が x 軸に接しながら，すべらないように右の方に傾いていくとき，焦点 F の軌跡を求めよ．

〔早稲田大〕

29 xy 平面上に点 A$(1, 0)$, B$(-1, 0)$ および曲線 $C: y=\dfrac{1}{x}$ $(x>0)$ がある．C 上に動点 P を与えたとき，距離の和 AP + BP が最小になる点 P を求めよ．

〔滋賀県立大〕

30 空間内に原点 O を通り，ベクトル $\vec{d} = (1, 0, \sqrt{3})$ に平行な直線 l がある．原点 O を頂点とする直円錐 C の底面の中心 H は直線 l 上にある．また，点 $A\left(\dfrac{2\sqrt{3}}{3}, \dfrac{4\sqrt{2}}{3}, \dfrac{10}{3}\right)$ は直円錐 C の底面の周上にある．このとき，次の問いに答えよ．

(1) 点 H の座標を求めよ．
(2) ∠AOH を求めよ．
(3) 点 $P(x, y, \sqrt{3})$ が直円錐 C の側面上にあるとき，x, y の満たす関係式を求めよ．また，その関係式が xy 平面上で表す曲線の概形を描け．

〔大阪府立大〕

31 楕円 $\dfrac{x^2}{17} + \dfrac{y^2}{8} = 1$ の外部の点 $P(a, b)$ からひいた 2 本の接線が直交するような点 P の軌跡を求めよ．

〔東京工業大〕

32 C を曲線 $a^2x^2 + y^2 = 1$，l を直線 $y = ax + 2a$ とする．ただし，a は正の定数である．
(1) C と l とが異なる 2 点で交わるための a の範囲を求めよ．
(2) C 上の点 (x_0, y_0) における接線の方程式を求めよ．
(3) (1)における交点を P，Q とし，点 P における C の接線と点 Q における C の接線との交点を $R(X, Y)$ とする．a が(1)の範囲を動くとき，X, Y の関係式と Y の範囲を求めよ．

〔広島大〕

33 楕円 $\dfrac{x^2}{a^2}+\dfrac{y^2}{b^2}=1$ $(a>b>0)$ 上に点 P をとる．ただし，P は第 2 象限にあるとする．点 P における楕円の接線を l とし，原点 O を通り l に平行な直線を m とする．直線 m と楕円との交点のうち，第 1 象限にあるものを A とする．点 P を通り m に垂直な直線が m と交わる点を B とする．また，この楕円の焦点で x 座標が正であるものを F とする．点 F と点 P を結ぶ直線が m と交わる点を C とする．次の問いに答えよ．
(1) $\text{OA}\cdot\text{PB}=ab$ であることを示せ．
(2) $\text{PC}=a$ であることを示せ．
〔大阪大〕

34 O を原点とする座標平面上で，次の問に答えよ．
(1) 動点 $\text{P}(x,\ y)$ と点 $\text{F}(0,\ \sqrt{5})$ との距離が，P と直線 $y=\dfrac{4}{\sqrt{5}}$ との距離の $\dfrac{\sqrt{5}}{2}$ 倍に等しいとき，P の軌跡は双曲線になることを示し，その漸近線を求めよ．
(2) (1)の双曲線上の任意の点における接線が，漸近線と交わる点を Q, R とする．このとき $\triangle\text{OQR}$ の面積は一定であることを示せ．
〔熊本県立大〕

35 $0<a<1$ であるような定数 a に対して，次の方程式で表される曲線 C を考える．
$$C:a^2(x^2+y^2)=(x^2+y^2-x)^2$$
(1) C の極方程式を求めよ．
(2) C と x 軸および y 軸との交点の座標を求め，C の概形を描け．
(3) $a=\dfrac{1}{\sqrt{3}}$ とする．C 上の点の x 座標の最大値と最小値および y 座標の最大値と最小値をそれぞれ求めよ．
〔東北大〕

36　xy 平面上の 2 次曲線 C を，
$$9x^2 + 2\sqrt{3}xy + 7y^2 = 60$$
とする．このとき，次の各問いに答えよ．

(1) 曲線 C は，原点の周りに角度 θ $\left(0 \leqq \theta \leqq \dfrac{\pi}{2}\right)$ だけ回転すると，
$$ax^2 + by^2 = 1$$
の形になる．θ と定数 a, b の値を求めよ．

(2) 曲線 C 上の点と点 $\left(c, -\sqrt{3}c\right)$ との距離の最小値が 2 であるとき，c の値を求めよ．ただし，$c > 0$ とする．

〔神戸大〕

37　方程式 $z^5 = 1$ の解 z について

(1) z を極形式で表せ．
(2) $z^5 - 1 = (z-1)(z^4 + z^3 + z^2 + z + 1)$ を用いて $z + \dfrac{1}{z}$ の値を求めよ．
(3) $\cos \dfrac{4\pi}{5}$ の値を求めよ．

〔佐賀大〕

38　複素数の数列 $\{z_n\}$ が次の条件で定められている．
$$z_1 = 0, \quad z_2 = 1$$
$$z_{n+2} = (2+i)z_{n+1} - (1+i)z_n \quad (n = 1, 2, \cdots)$$

(1) $\alpha = 1 + i$ とする．z_n を α を用いて表せ．
(2) $|z_n| \leqq 4$ であるような最大の n を求めよ．

〔一橋大〕

39 z を複素数とし，i を虚数単位とする．

(1) $\dfrac{1}{z+i} + \dfrac{1}{z-i}$ が実数となる点 z 全体の描く図形 P を複素数平面上に図示せよ．

(2) z が(1)で求めた図形 P 上を動くときに $w = \dfrac{z+i}{z-i}$ の描く図形を複素数平面上に図示せよ．

〔北海道大〕

40 平面上に三角形 ABC と 2 つの正三角形 ADB, ACE とがある．ただし，点 C, 点 D は直線 AB に関して反対側にあり，また，点 B, 点 E は直線 AC に関して反対側にある．線分 AB の中点を K, 線分 AC の中点を L, 線分 DE の中点を M とする．線分 KL の中点を N とするとき，直線 MN と直線 BC とは垂直であることを示せ．

〔名古屋工業大〕

41 0 でない複素数からなる集合 G は次を満たしているとする．
　　G の任意の要素 z, w の積 zw は再び G の要素である．
　n を正の整数とする．このとき，
(1) ちょうど n 個の要素からなる G の例をあげよ．
(2) ちょうど n 個の要素からなる G は(1)の例以外にないことを示せ．

〔京都府立医大〕

第Ⅱ部
解答・解説編

―― 漸化式できまる数列の極限 I ――

1 a は正の実数で，定数とする．数列 $\{x_n\}$ $(n = 1, 2, 3, \cdots)$ を次のように定義する．

$$x_1 = \sqrt{a},\ x_2 = \sqrt{a + \sqrt{a}},\ x_3 = \sqrt{a + \sqrt{a + \sqrt{a}}},\ \cdots$$

一般に $x_{n+1} = \sqrt{a + x_n}$ $(n = 1, 2, 3, \cdots)$ とする．

このとき，数列 $\{x_n\}$ $(n = 1, 2, 3, \cdots)$ が収束するかどうかを調べたい．次の問いに答えよ．

(1) 数列 $\{x_n\}$ $(n = 1, 2, 3, \cdots)$ が収束すると仮定して，その極限値を求めよ．

(2) 数列 $\{x_n\}$ $(n = 1, 2, 3, \cdots)$ が上記(1)で定義した値に，実際に収束することを証明せよ．

〔京都府立大〕

アプローチ

(イ) 2項間漸化式　　$a_{n+1} = f(a_n)$　　　　　　　　………ⓐ

で定義された数列 $\{a_n\}$ の極限についての問題は次のようにして扱います．

〔1〕極限の予想：$a_n \to \alpha$ を仮定し，ⓐで $n \to \infty$ とすると，$a_{n+1} \to \alpha$ だから　　　　　　$\alpha = f(\alpha)$　　　　　　　………ⓑ

ⓑを解いて，α を求める．α が複数個あるときは，図で追跡して極限を決める (☞ フォローアップ 3.)．ただし $f(x)$ は連続とします．

〔2〕収束の証明：ⓐ－ⓑ から

$$a_{n+1} - \alpha = f(a_n) - f(\alpha) = \boxed{}(a_n - \alpha) \quad \cdots\cdots ⓒ$$

として，$|\boxed{}| \leqq r < 1$ となる定数 r が存在することを示す．すると，

$$|a_{n+1} - \alpha| \leqq r|a_n - \alpha| \quad (n \geqq 1) \quad \cdots\cdots ⓓ$$

がいえて，これをくり返し用いると，

$$|a_n - \alpha| \leqq r|a_{n-1} - \alpha| \leqq r^2|a_{n-2} - \alpha| \leqq \cdots \leqq r^{n-1}|a_1 - \alpha|$$

$$\therefore \ 0 \leqq |a_n - \alpha| \leqq r^{n-1}|a_1 - \alpha| \to 0 \quad (n \to \infty)$$

となり，はさみうちで $|a_n - \alpha| \to 0$，ゆえに $a_n \to \alpha$

これは決まりきったやりかた (routine work) なので，覚えておいてください．

要点は⑪の形の不等式 ($0 \leq r < 1$, 漸化不等式) を作ることです.

(ロ) ⓒの □ について不等式を作るにはいろんな方法がありますが，この問題では $f(x)$ は無理関数ですから，分子の有理化の公式

$$\sqrt{A} - \sqrt{B} = \frac{A - B}{\sqrt{A} + \sqrt{B}}$$

がうまく使えます．これは極限の不定形の解消などでも用いられる頻度の高い変形公式です．

解答

$$x_{n+1} = \sqrt{a + x_n} \quad \cdots\cdots ①$$

(1) $x_n \to \alpha \ (n \to \infty)$ とすると，①で $n \to \infty$ として

$$\alpha = \sqrt{a + \alpha} \quad \cdots\cdots ②$$

この両辺を平方して，

$$\alpha^2 - \alpha - a = 0 \ \text{かつ} \ \alpha > 0 \quad \therefore \ \alpha = \frac{1 + \sqrt{1 + 4a}}{2}$$

(2) ① $-$ ② から

$$x_{n+1} - \alpha = \sqrt{a + x_n} - \sqrt{a + \alpha}$$
$$= \frac{1}{\sqrt{a + x_n} + \sqrt{a + \alpha}} (x_n - \alpha)$$

ここで，$\sqrt{a + x_n} \geq 0$ だから

$$\sqrt{a + x_n} + \sqrt{a + \alpha} \geq \sqrt{a + \alpha} = \alpha \quad (\because ②)$$

$$\therefore \ |x_{n+1} - \alpha| \leq \frac{1}{\alpha} |x_n - \alpha| \quad (n \geq 1)$$

これをくり返し用いて

$$|x_n - \alpha| \leq \left(\frac{1}{\alpha}\right)^{n-1} |x_1 - \alpha| = \left(\frac{1}{\alpha}\right)^{n-1} |\sqrt{a} - \alpha|$$

ここで, (1)の結果と $a > 0$ から $\alpha = \dfrac{1 + \sqrt{1 + 4a}}{2} > \dfrac{1 + 1}{2} = 1$ だから，

$\left(\dfrac{1}{\alpha}\right)^{n-1} \to 0 \ (n \to \infty)$. ゆえに，はさみうちにより

$$|x_n - \alpha| \to 0 \ (n \to \infty) \quad \therefore \ \lim_{n \to \infty} x_n = \alpha \quad \square$$

フォローアップ

1. 微分積分 (大学では解析学という) では，ある量がだいたいどれくらい

かを見積ることが非常に重要で，このことを 評価する (estimate) といいます．ある量 X について，X を評価するとは，
$$A \leq X \leq B$$
をみたす，よりわかりやすい量 A, B をみつけることです．A をみつけることを「下から評価する」，B をみつけることを「上から評価する」といいます．X はある確定した量ではあるのですが，具体的に求めることができないことがほとんどです．そこで，評価してどれくらいであるかを調べようというわけです．評価を「計算機で計算させる」という意味に使うことがありますが，数学では値を求めることではなく，上の意味で用います．すなわち，計算できないから評価するのです．

評価にはあいまいなところがあり，X に対して A が1つに決まるわけではありません．不等式を導くことは最終目的ではなく，この問題では極限の収束を示すために評価することが必要になります．そうして，微分積分の方法 (無限小解析の方法ともいいます) とは

不等式 $\Longrightarrow$ 極限の等式

ということです．これは今後の問題演習を通して理解していけることでしょう．

2. ▣ の評価については，平均値の定理を使うこともよくあります (☞ 7)．実際，
$$\boxed{} = \frac{f(a_n) - f(\alpha)}{a_n - \alpha} = f'(c_n)$$
となる c_n が存在するので，すべての x について $|f'(x)| \leq r < 1$ となる r が存在すれば，ⓒの形の不等式が導けます．関数が一般的で変形しにくいようなときは，平均値の定理を利用するとよいでしょう．このように

関数の値の差 $f(a) - f(b)$ の評価 $\Longrightarrow$ 平均値の定理

はよく利用されます．

本問に適用してみると，$f(x) = \sqrt{a+x}$ ですから，
$$f'(x) = \frac{1}{2\sqrt{a+x}} < \frac{1}{2\sqrt{a}} \quad (x > 0)$$
という評価が得られますが，残念ながら $\dfrac{1}{2\sqrt{a}} < 1$ とはいえないので，このままではうまくいきません．関数が，多項式，有理式 (多項式の分数式)，無

理式などで具体的に表されているときは，本問のように変形で示した方がよりよい評価が得られます．平均値の定理は非常に大切な大定理ですが，細かいところまでは答えてくれません．なお，このような極限のための評価式では，≦ の = は成立するかどうかどうでもいいので，気にしないでください（$3 \leqq 5$ は正しい式です．☞ 26 フォローアップ 4.）．

3. $a_{n+1} = f(a_n)$ とは，$y = f(x)$ のグラフ上に点 (a_n, a_{n+1}) があることを表しています．すると，直線 $y = x$ を補助にして

$$(a_n, a_n) \xrightarrow{\text{上下にすすむ}} (a_n, a_{n+1}) \xrightarrow{\text{左右にすすむ}} (a_{n+1}, a_{n+1})$$

として，これをくり返すと，図の上で数列の様子が追跡できます．

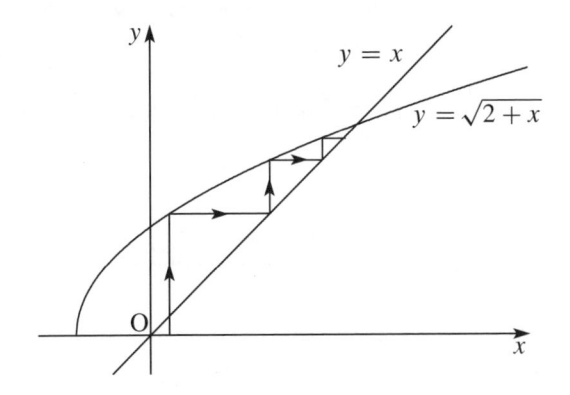

ここで，極限は $y = f(x)$ と $y = x$ の共有点の x 座標です．したがって，交点が複数ある，極限の候補が複数あるときは，このような図でどの極限になるかをみきわめてから，証明にとりかかります．

なお，図をみるとあきらかに収束しているではないか，これで証明できている，と思うかもしれませんが，残念ながら証明にはなりません．なぜなら「無限」は目にみえません，人間の頭の中に概念としてあるだけです．したがって，図のような具体的なもので証明されたというわけにはいかなくて，概念 (式) を使って示さないといけないのです．これは数Ⅲの特徴です．

4. (イ)の⒟の形 (漸化不等式) が作ることができれば解けたも同然です．この形を作る練習をしてみましょう．

例 以下で x_n, a_n を含む式は $n=1, 2, \cdots$ で成り立つものとする．

(1) $x_{n+1} = \dfrac{1}{2}x_n + \dfrac{a}{2x_n}$, $x_1 > \sqrt{a}$ $(a>0)$ のとき，$x_n > \sqrt{a}$ を示し
$$x_{n+1} - \sqrt{a} \leqq \dfrac{1}{2}(x_n - \sqrt{a})$$
を示せ． 〔名古屋大〕

(2) $a_1 = 2$, $a_{n+1} = \dfrac{a_n + 2}{a_n + 1}$ のとき，$a_n > 1$ を示し
$$|a_{n+1} - \sqrt{2}| \leqq \dfrac{\sqrt{2}-1}{2}|a_n - \sqrt{2}|$$
を示せ． 〔徳島大〕

(3) $0 < a_1 \leqq \dfrac{1}{2}$, $a_{n+1} = 2a_n(1-a_n)$ のとき，$0 < a_n \leqq \dfrac{1}{2}$, $a_n \leqq a_{n+1}$ を示し $\lim\limits_{n\to\infty} a_n = \dfrac{1}{2}$ を示せ．
〔三重大〕

《方針》 次の原則(例外はあります)

　　　漸化式で定義された数列の一般項についての証明 $\Longrightarrow$ 帰納法

に従います．以下ではいちいち明記しませんが，帰納法を何度も用いています．また数学の文章において「帰納法」はすべて数学的帰納法のことです．

《解答》 (1) $x_1 > \sqrt{a}$ と
$$x_{n+1} - \sqrt{a} = \dfrac{x_n^2 + a - 2\sqrt{a}x_n}{2x_n} = \dfrac{(x_n - \sqrt{a})^2}{2x_n} \qquad \cdots\cdots\cdots ③$$
から
$$x_n > \sqrt{a} \Longrightarrow x_{n+1} > \sqrt{a}$$
がいえるので，帰納法で $x_n > \sqrt{a}$ $(n=1, 2, \cdots)$ がいえる．次に③から
$$x_{n+1} - \sqrt{a} = \dfrac{1}{2} \cdot \dfrac{x_n - \sqrt{a}}{x_n} \cdot (x_n - \sqrt{a})$$
であり，ここで
$$0 < \dfrac{x_n - \sqrt{a}}{x_n} = 1 - \dfrac{\sqrt{a}}{x_n} \leqq 1$$
だから

$$x_{n+1} - \sqrt{a} \leqq \frac{1}{2}(x_n - \sqrt{a})$$

(2) $a_1 > 1$ であり，漸化式から
$$a_{n+1} - 1 = \frac{1}{a_n + 1} > 0 \quad \therefore \quad a_{n+1} > 1$$
よって $a_n > 1$ ($n = 1, 2, \cdots$) であり，これと漸化式から
$$|a_{n+1} - \sqrt{2}| = \left|\frac{(1 - \sqrt{2})(a_n - \sqrt{2})}{a_n + 1}\right| = \frac{\sqrt{2} - 1}{a_n + 1}|a_n - \sqrt{2}|$$
$$\leqq \frac{\sqrt{2} - 1}{2}|a_n - \sqrt{2}|$$

(3) $y = 2x(1-x) = -2\left(x - \frac{1}{2}\right)^2 + \frac{1}{2}$ について，
$$0 < x \leqq \frac{1}{2} \Longrightarrow 0 < y \leqq \frac{1}{2}$$
である．ここで $x = a_n$ とおくと $y = a_{n+1}$ となるので
$$0 < a_n \leqq \frac{1}{2} \Longrightarrow 0 < a_{n+1} \leqq \frac{1}{2}$$
がいえる．これと $0 < a_1 \leqq \frac{1}{2}$ をあわせて
$$0 < a_n \leqq \frac{1}{2} \quad (n = 1, 2, \cdots)$$
が成り立つ．また漸化式から
$$a_{n+1} - a_n = a_n(1 - 2a_n) \geqq 0 \quad \left(0 < a_n \leqq \frac{1}{2} \text{ より}\right)$$
だから $a_{n+1} \geqq a_n$ がいえる．さらに漸化式から
$$\frac{1}{2} - a_{n+1} = \frac{1}{2}(1 - 4a_n + 4a_n{}^2)$$
$$= \frac{1}{2}(1 - 2a_n)^2 = (1 - 2a_n)\left(\frac{1}{2} - a_n\right)$$
$$\leqq (1 - 2a_1)\left(\frac{1}{2} - a_n\right) \quad (a_n \geqq a_1 \text{ より})$$
ゆえに $0 \leqq \frac{1}{2} - a_{n+1} \leqq (1 - 2a_1)\left(\frac{1}{2} - a_n\right)$ であり，これをくり返し用いると
$$0 \leqq \frac{1}{2} - a_n \leqq (1 - 2a_1)^{n-1}\left(\frac{1}{2} - a_1\right)$$
となり，$0 < a_1 \leqq \frac{1}{2}$ より $0 \leqq 1 - 2a_1 < 1$ だから右辺は $n \to \infty$ のとき 0 に収束するので，はさみうちの原理より
$$\lim_{n \to \infty} a_n = \frac{1}{2}$$

漸化式できまる数列の極限 II

2 無限数列 $\{a_n\}$ を
$$a_1 = c, \quad a_{n+1} = \frac{a_n^2 - 1}{n} \quad (n \geq 1)$$
で定める．ここで c は定数とする．

(1) $c = 2$ のとき，一般項 a_n を求めよ．

(2) $c \geq 2$ ならば，$\lim_{n \to \infty} a_n = \infty$ となることを示せ．

(3) $c = \sqrt{2}$ のとき，$\lim_{n \to \infty} a_n$ の値を求めよ．

〔千葉大〕

アプローチ

(イ) (1)について，解けそうにない漸化式で一般項を求めるときは，

$$\text{実験} \implies \text{推定} \implies \text{帰納法}$$

によります．

(ロ) (2)について，a_n を具体的に求めることはできそうにないので，

$$b_n \leq a_n \ (n \geq 1), \ b_n \to \infty \implies a_n \to \infty$$

を利用しようと考えます (これは追い出しの原理とよばれることもあります)．そこで，a_n をどんな式 (無限大に発散するような式) で下から評価すればよいかを考えます．「初項が(1)のとき以上なら無限大に発散する」ことを証明するのだから，(1) の結果が使えそうです．

(ハ) (3)については，$a_2 = 1$, $a_3 = 0$, $a_4 = -\frac{1}{3}$, $a_5 = -\frac{2}{9}$, …… と調べていけば，どんな値に収束するか想像できます．さらに漸化式の分母の n を考えても極限値は 0 になりそうです．そこで漸化式の右辺の分子がつねにある区間内の値をとることがいえれば，はさみうちで解決します．

(ニ) a_n がいったん区間 $[-1, 1]$ に入れば，この区間から逃げられません．というのは，漸化式により -1 から 1 の間の数 a_n を 2 乗して 1 引けば，絶対値が 1 より大きくなることはありません．その数を 1 以上の数 n で割った数 a_{n+1} の絶対値も 1 以下です．あとはこれを答案に仕上げるだけです．

解答

(1) $a_1 = 2$, $a_2 = 3$, $a_3 = 4$, … となるので，

$$a_n = n + 1 \ (n = 1, 2, 3, \cdots)$$
と推定できる．これが成り立つことを帰納法で示す．
〔1〕$a_1 = 2$ だから $n = 1$ のとき成り立つ．
〔2〕$n = k$ のとき成り立つ，つまり $a_k = k + 1$ ・・・・・・・・(*)
と仮定すると，漸化式から
$$a_{k+1} = \frac{a_k{}^2 - 1}{k} = \frac{(k+1)^2 - 1}{k} = k + 2 \quad \cdots\cdots\cdots (\star)$$
となり，$n = k + 1$ のときも成り立つ．
よって，$\boldsymbol{a_n = n + 1} \ (n = 1, 2, 3, \cdots)$

(2) $a_n \geqq n + 1 \ (n = 1, 2, 3, \cdots)$ ・・・・・・・・①
であることを帰納法で示す．
〔1〕$a_1 = c \geqq 2$ だから $n = 1$ のときは成り立つ．
〔2〕$n = k$ のとき成り立つ，つまり $a_k \geqq k + 1$ と仮定すると，漸化式から
$$a_{k+1} = \frac{a_k{}^2 - 1}{k} \geqq \frac{(k+1)^2 - 1}{k} = k + 2$$
となる．よって $n = k + 1$ のときも成り立つので①の成立が示された．

次に，$n \to \infty$ のとき (①の右辺) $\to \infty$ だから，$\displaystyle\lim_{n\to\infty} a_n = \infty$ □

(3) $|a_n| \leqq 1 \ (n = 2, 3, 4, \cdots)$ ・・・・・・・・②
であることを帰納法で示す．
〔1〕$a_1 = \sqrt{2}$ と漸化式より $a_2 = 1$ だから，$n = 2$ のとき②は成り立つ．
〔2〕$n = k$ のとき②が成り立つと仮定すると，
$$0 \leqq a_k{}^2 \leqq 1 \quad \therefore \quad -1 \leqq a_k{}^2 - 1 \leqq 0$$
よって，漸化式より
$$|a_{k+1}| = \frac{\left|a_k{}^2 - 1\right|}{k} \leqq \frac{1}{k} < 1$$
となるので，②は $n = k + 1$ のときも成り立つ．
以上から②の成立が示された．

$n \geqq 3$ のとき，②よりつねに $-1 \leqq a_{n-1}{}^2 - 1 \leqq 0$ がいえるので，
$a_n = \dfrac{a_{n-1}{}^2 - 1}{n - 1}$（漸化式の n を $n-1$ にした）から
$$-\frac{1}{n-1} \leqq a_n \leqq 0 \quad (n \geqq 3)$$
が成立する．$n \to \infty$ のとき $-\dfrac{1}{n-1} \to 0$ となるので，はさみうちにより

$$\lim_{n\to\infty} a_n = 0$$

フォローアップ

1. 解けそうにない漸化式（すなわち，一般項が n の簡単な式で表せないだろう）と判断できたのはどうしてでしょうか．それは解ける漸化式の解法が頭の中に入っているからです．その解法と照らしあわせて解けるか解けないかを判断するのです．ということは解けないと判断できるようになるためには，解ける漸化式の型を習得しなければならないということになります．本問でいえば a_n に指数があるとき，係数に n が含まれるときの解法は次のようなものです．

> **例** $a_1 = 1$, $n = 1, 2, \cdots$ について次の式が成り立つとき a_n を求めよ．
>
> (1)　$a_{n+1} = 3a_n{}^2$　　　　(2)　$a_{n+1} = \dfrac{3a_n}{n}$

《方針》　うまく変形して，カタマリを作り出し，既知の漸化式に帰着させます (☞ IAIIB ㉝ ㉟).

(1)　$a_n > 0$ であることを帰納法で示したあと，漸化式の辺々を底が 3 の対数をとると
$$\log_3 a_{n+1} = \log_3 3a_n{}^2 = 2\log_3 a_n + 1$$
ここで $\log_3 a_n = b_n$ とおけば $b_{n+1} = 2b_n + 1$ となり馴染みのある形だから，答は $a_n = \mathbf{3^{2^{n-1}-1}}$

(2)　両辺に $n!$ をかけると
$$n! \cdot a_{n+1} = n! \cdot \dfrac{3a_n}{n} = 3(n-1)! \cdot a_n$$
ここで $(n-1)! \cdot a_n = b_n$ とおけば $b_{n+1} = 3b_n$ となり馴染みのある形だから，答は $a_n = \dfrac{\mathbf{3^{n-1}}}{\mathbf{(n-1)!}}$　　　　□

　こういう解法で本問の漸化式は解決できそうにないので，一般項を求めるには類推しかないだろうと判断できます．

2. (1)の計算過程において，(∗) の等号を $\geqq$ に変えれば，(⋆) の等号は $\geqq$ に変わることを考えると，(2)の不等式は違和感なく導き出せるでしょう．

このように適当なもので「追い出す」練習をしてみましょう．

例 (1) $a_1 = b_1 = 1$, $a_{n+1} = a_n + 2b_n$, $b_{n+1} = a_n + 3b_n$ $(n = 1, 2, \cdots)$ のとき，$\displaystyle\lim_{n\to\infty} b_n = \infty$ を示せ．

〔滋賀医科大〕

(2) (1)と同じ設定で $\displaystyle\lim_{n\to\infty} a_n = \infty$ を示せ．

《方針》(1) 漸化式より帰納法で $a_n > 0$, $b_n > 0$ $(n = 1, 2, \cdots)$ が示せるので，
$$b_{n+1} = a_n + 3b_n > 3b_n \quad \therefore \quad b_{n+1} > 3b_n$$
これをくり返し用いると $b_n > 3^{n-1}b_1$ がいえ，追い出すことができます．

(2) 漸化式より帰納的に $a_n > 0$, $b_n \geqq 1$ が示せるので，
$$a_{n+1} = a_n + 2b_n \geqq a_n + 2 \quad \therefore \quad a_{n+1} \geqq a_n + 2$$
これをくり返し用いると $a_n \geqq a_1 + 2(n-1)$ となり，追い出すことができます． □

$\dfrac{0}{0}$ の極限

3 次の極限が有限の値となるように定数 a, b を定め，そのときの極限値を求めよ．

$$\lim_{x \to 0} \frac{\sqrt{9 - 8x + 7\cos 2x} - (a + bx)}{x^2}$$

〔大阪市立大〕

アプローチ

(イ) $\displaystyle\lim_{x \to a} \frac{f(x)}{g(x)} = A$, $\displaystyle\lim_{x \to a} g(x) = 0 \implies \lim_{x \to a} f(x) = 0$

です (A は実数)．これを噛み砕いていうと，「分数関数の極限において，分数関数が収束し分母が 0 に収束するときは分子も 0 に収束する」ということです．なぜなら，

$$\lim_{x \to a} f(x)$$ 〔分子について考える〕

$$= \lim_{x \to a} \frac{f(x)}{g(x)} \cdot g(x)$$ 〔もとの分数関数の形を作って調整しておく〕

$$= \lim_{x \to a} \frac{f(x)}{g(x)} \cdot \lim_{x \to a} g(x)$$ 〔積の極限は極限の積〕

$$= A \cdot 0 = 0$$

となり分子も 0 に収束することがいえます．

本問は分母が x^2 だからこの議論を 2 回くり返すことになります．つまり

$$\lim_{x \to 0} \frac{f(x)}{x^2} = \lim_{x \to 0} \frac{\dfrac{f(x)}{x}}{x} = (有限の値)$$

ととらえて次のことがいえます．

$$\lim_{x \to 0} f(x) = 0, \ \lim_{x \to 0} \frac{f(x)}{x} = 0$$

この 2 つの条件から a, b を求めます．

(ロ) 極限は不定形を確認してから式変形する習慣をつけておきましょう．それはそれぞれの不定形によって，解消の仕方が決まっているからです．例えば $\dfrac{0}{0}$ の不定形なら

・0 になる因子を約分する

- $\dfrac{0}{0}$ の公式 (☞ (ハ)) を利用する
- 微分の定義を利用する

などを考えて式変形を試みます．

また，$\dfrac{0}{0}$ を $\dfrac{0+\cdots+0}{0}$ と考えることもあります．例えば $\dfrac{x\sin x+\cos x-1}{x^2}$ という式は $x\to 0$ のとき $\dfrac{0}{0}$ ですが，分子の 0 は $x\sin x$ の 0 と $\cos x-1$ の 0 を加えた形をしているので，これらは分けて考えないといけません．つまり $\dfrac{x\sin x}{x^2}+\dfrac{\cos x-1}{x^2}$ と考えます．0 となるのが単独なのかそれとも何かのカタマリなのかを判断しましょう．

(ハ) 三角関数を含む $\dfrac{0}{0}$ の不定形は

$$\lim_{\theta\to 0}\frac{\sin\theta}{\theta}=1,\quad \lim_{\theta\to 0}\frac{1-\cos\theta}{\theta^2}=\frac{1}{2},\quad \lim_{\theta\to 0}\frac{\tan\theta}{\theta}=1$$

を利用します．後半 2 つはなじみのない人もいるかも知れませんが，準公式として覚えておきましょう．

《証明》 $\theta\to 0$ のとき

$$\frac{1-\cos\theta}{\theta^2}=\frac{1-\cos^2\theta}{\theta^2(1+\cos\theta)}=\left(\frac{\sin\theta}{\theta}\right)^2\cdot\frac{1}{1+\cos\theta}\to\frac{1}{2}$$

$$\frac{\tan\theta}{\theta}=\frac{\sin\theta}{\theta}\cdot\frac{1}{\cos\theta}\to 1 \qquad\qquad\square$$

$\cos\theta$ を含む $\dfrac{0}{0}$ は，形を覚えていないと式変形に気づきにくいときもあります．

例 $\displaystyle\lim_{n\to\infty}n^2\left(\cos\dfrac{1}{2n}-\cos\dfrac{1}{n+1}\right)$ を求めよ．

《方針》 $\cos$ の 2 項はともに 1 に収束しますので，( ) の中は $1-1=0$ であり，$\infty\times 0\left(=\dfrac{1}{0}\times 0=\dfrac{0}{0}\right)$ の不定形です．$\dfrac{1-\cos\theta}{\theta^2}$ の形を作って，上の準公式を利用します．

《解答》

$$(与式)=\lim_{n\to\infty}n^2\left\{\left(1-\cos\frac{1}{n+1}\right)-\left(1-\cos\frac{1}{2n}\right)\right\}$$

$$= \lim_{n\to\infty} n^2 \left\{ \frac{1-\cos\frac{1}{n+1}}{\left(\frac{1}{n+1}\right)^2} \cdot \frac{1}{(n+1)^2} - \frac{1-\cos\frac{1}{2n}}{\left(\frac{1}{2n}\right)^2} \cdot \frac{1}{(2n)^2} \right\}$$

$$= \lim_{n\to\infty} \left\{ \frac{1-\cos\frac{1}{n+1}}{\left(\frac{1}{n+1}\right)^2} \cdot \frac{1}{\left(1+\frac{1}{n}\right)^2} - \frac{1-\cos\frac{1}{2n}}{\left(\frac{1}{2n}\right)^2} \cdot \frac{1}{4} \right\}$$

$$= \frac{1}{2} \cdot 1 - \frac{1}{2} \cdot \frac{1}{4} = \frac{3}{8} \qquad \square$$

(二) $\sqrt{\boxed{}} - \sqrt{\boxed{}}$ を含む $\infty - \infty$, $\frac{0}{0}$ の不定形は有理化して ∞ の原因を取り除いたり，0 になる量をみえる形にします．

解答

題意から $\displaystyle\lim_{x\to 0} \frac{\sqrt{9-8x+7\cos 2x}-(a+bx)}{x^2} = c$ (定数) とおける．

$f(x) = \sqrt{9-8x+7\cos 2x} - (a+bx)$ とおくと

$$\lim_{x\to 0} f(x) = \lim_{x\to 0} \frac{f(x)}{x^2} \cdot x^2 = c \cdot 0 = 0$$

だから，$f(0) = 0$ となり

$$\sqrt{16} - a = 0 \qquad \therefore \quad a = 4$$

また

$$\lim_{x\to 0} \frac{f(x)}{x} = \lim_{x\to 0} \frac{f(x)}{x^2} \cdot x = c \cdot 0 = 0$$

だから，

$$\lim_{x\to 0} \frac{f(x)}{x} = 0 \qquad \cdots\cdots(*)$$

ここで

$$\frac{f(x)}{x} = \frac{\sqrt{9-8x+7\cos 2x} - 4 - bx}{x} \qquad \cdots\cdots(\star)$$

$$= \frac{\sqrt{9-8x+7\cos 2x} - 4}{x} - b$$

$$= \frac{9-8x+7\cos 2x - 4^2}{x\{\sqrt{9-8x+7\cos 2x}+4\}} - b \qquad \cdots\cdots(\star\star)$$

$$= \frac{-8x - 7(1-\cos 2x)}{x\{\sqrt{9-8x+7\cos 2x}+4\}} - b = \frac{-8 - 7 \cdot \dfrac{1-\cos 2x}{x}}{\sqrt{9-8x+7\cos 2x}+4} - b$$

$$= \frac{-8 - 7 \cdot \dfrac{1 - \cos 2x}{(2x)^2} \cdot 4x}{\sqrt{9 - 8x + 7\cos 2x} + 4} - b \qquad 〔準公式が使える形にした〕$$

したがって，$(*)$ から

$$\frac{-8 - 7 \cdot \dfrac{1}{2} \cdot 0}{\sqrt{16} + 4} - b = 0 \qquad \therefore \quad b = -1$$

となり，$a = 4, b = -1$ であることが必要．逆にこのとき

$$\lim_{x \to 0} \frac{f(x)}{x^2} = \lim_{x \to 0} \frac{\sqrt{9 - 8x + 7\cos 2x} - (4 - x)}{x^2}$$

$$= \lim_{x \to 0} \frac{9 - 8x + 7\cos 2x - (4 - x)^2}{\{\sqrt{9 - 8x + 7\cos 2x} + (4 - x)\}x^2}$$

$$= \lim_{x \to 0} \frac{-7(1 - \cos 2x) - x^2}{\{\sqrt{9 - 8x + 7\cos 2x} + (4 - x)\}x^2}$$

$$= \lim_{x \to 0} \left\{(-7) \cdot \frac{1 - \cos 2x}{(2x)^2} \cdot 4 - 1\right\} \cdot \frac{1}{\sqrt{9 - 8x + 7\cos 2x} + (4 - x)}$$

$$= \left\{(-7) \cdot \frac{1}{2} \cdot 4 - 1\right\} \cdot \frac{1}{8} = -\frac{15}{8}$$

となるから，有限値に収束するので十分である．

　以上から，$a = 4, b = -1$ であり，極限値は $-\dfrac{15}{8}$

〔フォローアップ〕

1. $(*)$ は微分の定義を利用して議論できます．

　$f(0) = 0$ だから，$(*)$ より

$$\lim_{x \to 0} \frac{f(x) - f(0)}{x - 0} = 0 \qquad \therefore \quad f'(0) = 0$$

ここで

$$f'(x) = \frac{1}{2}(9 - 8x + 7\cos 2x)^{-\frac{1}{2}} \cdot (-8 - 14\sin 2x) - b$$

$$f'(0) = \frac{1}{2} \cdot \frac{1}{4} \cdot (-8) - b = -1 - b$$

となるので，$b = -1$ である．　　　　　　　　　　　　　□

2. $(\star)$ の式を bx も含めて有理化した人もいたでしょう．これは□にもありますが，極限はどこがどんなタイプの不定形なのかを考えて式変形することが大切です．$(\star)$ の次式のように，不定形でない $\dfrac{bx}{x}$ 以外を有理化しましょう．また，$(\star\star)$ の前半の分子は，$-8x$ と $7\cos 2x - 7$ はそれぞれが 0 に

収束とみて，別々に処理します．

3. (イ)とよく似た議論に次のようなものもあります．
$$\lim_{x \to a} f(x)g(x) = A, \ \lim_{x \to a} g(x) = \infty \implies \lim_{x \to a} f(x) = 0$$
なぜなら $\lim_{x \to a} f(x) = \lim_{x \to a} f(x)g(x) \cdot \dfrac{1}{g(x)} \left(= A \cdot \dfrac{1}{\infty} \right) = 0$

4. 三角関数以外の $\dfrac{0}{0}$ の公式を確認します（☞ 14）．
$$\lim_{x \to 0} \dfrac{e^x - 1}{x} = 1, \ \lim_{x \to 0} \dfrac{\log(1+x)}{x} = 1$$
これらは e の定義：$\lim_{x \to 0}(1+x)^{\frac{1}{x}} = e$ を前提として証明できます．後者，前者の順に証明しておきます．前者の証明は，おきかえが特殊で入試にも出題されることがあります．

《証明》
$$\lim_{x \to 0} \dfrac{\log(1+x)}{x} = \lim_{x \to 0} \log(1+x)^{\frac{1}{x}} = \log e = 1$$
前者は $e^x - 1 = t$ とおくと $x \to 0$ のとき $t \to 0$ であり，$e^x = t + 1$ により $x = \log(1+t)$ だから
$$\lim_{x \to 0} \dfrac{e^x - 1}{x} = \lim_{t \to 0} \dfrac{t}{\log(1+t)} = \lim_{t \to 0} \dfrac{1}{\frac{\log(1+t)}{t}} = 1 \qquad \square$$

また，前者は $y = e^x$ のグラフの点 $(0, 1)$ における接線の傾きが 1 であることを意味します．つまり指数関数 $y = a^x$ $(a > 0)$ のグラフの y 切片での接線の傾きが 1 となるような a の値が e であるともいえるのです．

これらの公式は 0 になる因子をとり出す公式ともいえます．
$f(x) \to 0$ のとき
$$\sin f(x) = \dfrac{\sin f(x)}{f(x)} \cdot \underline{f(x)}$$
$$1 - \cos f(x) = \dfrac{1 - \cos f(x)}{\{f(x)\}^2} \cdot \underline{\{f(x)\}^2}$$
$$e^{f(x)} - 1 = \dfrac{e^{f(x)} - 1}{f(x)} \cdot \underline{f(x)}$$
$$\log\{1 + f(x)\} = \dfrac{\log\{1 + f(x)\}}{f(x)} \cdot \underline{f(x)}$$

左辺はすべて 0 になりますが，0 の原因 $f(x)$ が関数の中に埋もれています．これを右辺に変形すると前半が定数になり，0 になる原因である $f(x)$ がと

り出せることになりました．本問もこの考え方を利用して $1-\cos 2x$ から x をとり出しています．

5. 上と同じような考え方として，次のような方法もあります．

別解 $a \leqq 0$ ならば，与式の分子が $16-a\;(\neq 0)$ に収束し，与式は発散するので，$a > 0$ である．
$$\frac{1-\cos x}{x^2} = h(x) \text{ とおくと，} x \to 0 \text{ のとき } h(x) \to \frac{1}{2} \text{((イ)と同様にして)}$$
であり，
$$\cos x = 1 - x^2 h(x) \quad \therefore \quad \cos 2x = 1 - (2x)^2 h(2x)$$
とかける．すると

$$\frac{\sqrt{9-8x+7\cos 2x}-(a+bx)}{x^2} = \frac{(9-8x+7\cos 2x)-(a+bx)^2}{x^2(\sqrt{9-8x+7\cos 2x}+a+bx)}$$

$$= \frac{9-8x+7\{1-4x^2 h(2x)\}-(a+bx)^2}{x^2(\sqrt{9-8x+7\cos 2x}+a+bx)}$$

$$= \frac{16-a^2-(8+2ab)x-\{28h(2x)+b^2\}x^2}{x^2}$$

$$\cdot \frac{1}{\sqrt{9-8x+7\cos 2x}+a+bx}$$

$$= \left\{\frac{(16-a^2)-2(4+ab)x}{x^2} - (28h(2x)+b^2)\right\}$$

$$\cdot \frac{1}{\sqrt{9-8x+7\cos 2x}+a+bx} \qquad \cdots\cdots\cdots ①$$

ここで $x \to 0$ のとき
$$28h(2x)+b^2 \to 14+b^2,\ \sqrt{9-8x+7\cos 2x}+a+bx \to 4+a\;(\neq 0)$$
だから，①が収束するのは $\displaystyle\lim_{x \to 0}\frac{(16-a^2)-2(4+ab)x}{x^2}$ が収束するときであり，
$$16-a^2 = 0 \text{ かつ } 4+ab = 0$$
これと $a > 0$ から $\boldsymbol{a=4, b=-1}$ となり，このとき与式は
$-\dfrac{14+b^2}{4+a} = -\dfrac{\boldsymbol{15}}{\boldsymbol{8}}$ に収束する． $\square$

6. $\dfrac{0}{0}$ 以外の典型的な不定形とその解消の仕方を確認しておきます．

- $\dfrac{\infty}{\infty}$ ……分母，分子を分母の最大量 (主要項) で割る
- $\infty - \infty$ ……最大量 (主要項) でくくる (☞ **6**)

- $(1\text{に近づく})^\infty$ ……e の定義式を利用，または対数をとる

対数をとるのは，$(1\text{に近づく})^\infty$ だけではなく，$f(x)^{g(x)}$ の形の極限や積の極限 (☞ 27 例 II) でも行います．

例 (1) $\displaystyle\lim_{x\to 0}\left(\frac{e^x+1}{2}\right)^{\frac{1}{x}}$ (2) $\displaystyle\lim_{x\to +0}\left(\frac{1}{x}\right)^{\log x}$

《解答》 (1)
$$\log\left(\frac{e^x+1}{2}\right)^{\frac{1}{x}} = \frac{\log(e^x+1)-\log 2}{x}$$

($f(x)=\log(e^x+1)$ とおくと)

$$= \frac{f(x)-f(0)}{x} \xrightarrow[x\to 0]{} f'(0) = \frac{1}{2} \qquad \left(f'(x)=\frac{e^x}{e^x+1}\right)$$

$$\therefore\ \lim_{x\to 0}\left(\frac{e^x+1}{2}\right)^{\frac{1}{x}} = e^{\frac{1}{2}} = \sqrt{e}$$

(2)
$$\log\left(\frac{1}{x}\right)^{\log x} = \log x^{-\log x} = -\log x \cdot \log x = -(\log x)^2$$
$$\xrightarrow[x\to +0]{} -\infty$$

$$\therefore\ \lim_{x\to +0}\left(\frac{1}{x}\right)^{\log x} = \mathbf{0}$$
　　　　　　　　　　　　　　　　　　　　　　　　□

(1)は 4. の公式を利用する方法もあります．

$$\log\left(\frac{e^x+1}{2}\right)^{\frac{1}{x}} = \log\left(\frac{e^x+1}{2}-1+1\right)^{\frac{1}{x}} = \frac{1}{x}\log\left(1+\frac{e^x-1}{2}\right)$$

$$= \frac{1}{x}\cdot\frac{e^x-1}{2}\log\left(1+\frac{e^x-1}{2}\right)^{\frac{2}{e^x-1}}$$

$$= \frac{1}{2}\cdot\frac{e^x-1}{x}\cdot\log\left(1+\frac{e^x-1}{2}\right)^{\frac{2}{e^x-1}} \quad\cdots\cdots\cdots ②$$

$x\to 0$ のとき $\dfrac{e^x-1}{2}\to 0$ だから ② $\to \dfrac{1}{2}\cdot 1\cdot\log e = \dfrac{1}{2}$ となり，以下は同様です．

$\dfrac{\infty}{\infty}$ の極限

4

(1) a, b を実数とする。$a < b$, $a = b$, $a > b$ のそれぞれの場合に極限 $\displaystyle\lim_{x \to \infty} \log_x(x^a + x^b)$ を求めよ。

(2) a, b は $a^2 + b^2 \leq 1$ を満たす実数とする。
$L = \displaystyle\lim_{x \to \infty} \log_x(2x^a + x^{\frac{b}{2}})$ を最小にする a, b およびそのときの L の値を求めよ。

〔早稲田大〕

アプローチ

(イ) 対数の底と真数を同時に動かすと極限はわかりにくいので、まず底を定数に変換しましょう。

(ロ) $\dfrac{\log(\cdots)}{\log(\cdots)}$ の $\dfrac{\infty}{\infty}$ は log の中の主要項を外にくくり出します。そうすると残りカスは消えていきます。このイメージを次の例題で感じとってください。

例 次の極限を求めよ。

(1) $\displaystyle\lim_{n \to \infty} \dfrac{\log(3n + 2)}{\log(2n^2 + 3)}$ (2) $\displaystyle\lim_{n \to \infty} \dfrac{1}{n} \log(2^n + 3^n)$

《方針》 $n \to \infty$ のとき

$\log(3n + 2) \fallingdotseq \log(3n) = \log n + \log 3 \fallingdotseq \log n$

$\log(2n^2 + 3) \fallingdotseq \log(2n^2) \fallingdotseq \log n^2 + \log 2 \fallingdotseq 2\log n$,

$3^n + 2^n \fallingdotseq 3^n$

と概算できます。これから極限は (1)：$\dfrac{1}{2}$, (2)：$\log 3$ とただちにわかりますが、これでは数学の答案になりません ($\fallingdotseq$ の定義がない)。このような概算を正当化するために以下のように変形します。

《解答》 (1) 〔分母の主要項は $\log n^2$, 分子の主要項は $\log n$ 〕

$$(与式) = \lim_{n\to\infty} \frac{\log n\left(3+\frac{2}{n}\right)}{\log n^2\left(2+\frac{3}{n^2}\right)} = \lim_{n\to\infty} \frac{\log n + \log\left(3+\frac{2}{n}\right)}{\log n^2 + \log\left(2+\frac{3}{n^2}\right)}$$

$$= \lim_{n\to\infty} \frac{1 + \log\left(3+\frac{2}{n}\right)\cdot\frac{1}{\log n}}{2 + \log\left(2+\frac{3}{n^2}\right)\cdot\frac{1}{\log n}} = \frac{1 + \log 3 \cdot 0}{2 + \log 2 \cdot 0} = \boldsymbol{\frac{1}{2}}$$

(2)
$$(与式) = \lim_{n\to\infty} \frac{1}{n}\log 3^n\left\{\left(\frac{2}{3}\right)^n + 1\right\}$$

$$= \lim_{n\to\infty} \frac{1}{n}\left[\log 3^n + \log\left\{\left(\frac{2}{3}\right)^n + 1\right\}\right]$$

$$= \lim_{n\to\infty}\left[\log 3 + \frac{1}{n}\log\left\{\left(\frac{2}{3}\right)^n + 1\right\}\right] = \boldsymbol{\log 3}$$

□

(ハ) 上の例題からわかることは，本問(1)：$\log_x(x^a + x^b)$ では指数の大きいものがそのまま残るということです．つまり本問(2)では a と $\frac{b}{2}$ の大小で場合分けをすればよいことがわかります．また例題からもわかるように，x^a の係数 2 は極限の結果には影響しません．

(ニ) ある不等式で制限を受けた 2 変数が動いたとき，ある式のとり得る範囲を求めるのによく用いる方法は
・不等式で表される領域を図示する．そして (式) $= k$ とおいてこの図形が領域と共有点をもつような k の範囲を求める．
・まず，どちらか一方の変数を固定して残りの変数を変化させたときの最大値・最小値を求める．次に，残りの変数を変化させたときの最大値の最大値，最小値の最小値を求める――いわゆる「予選決勝法」．
です (☞ IAIIB㉔).

解答

(1)
$$\log_x(x^a + x^b) = \frac{\log(x^a + x^b)}{\log x} \qquad \cdots\cdots ①$$

(i) $a > b$ のとき

$$① = \frac{\log x^a\left(1 + x^{b-a}\right)}{\log x} = \frac{a\log x + \log\left(1 + x^{b-a}\right)}{\log x}$$

$$= a + \frac{1}{\log x} \cdot \log\left(1 + x^{b-a}\right) \quad \cdots\cdots\cdots ②$$
$$\to a \quad (x \to \infty \text{ のとき})$$

(ii) $a = b$ のとき，②において $b = a$ とすれば
$$② = a + \frac{\log 2}{\log x} \to a \quad (x \to \infty \text{ のとき})$$

(iii) $a < b$ のとき，(i)と同様にして (a と b を入れかえる)
$$① \to b \quad (x \to \infty \text{ のとき})$$

以上をまとめて
$$\lim_{x \to \infty} \log_x(x^a + x^b) = \begin{cases} a & (a \geqq b \text{ のとき}) \\ b & (a \leqq b \text{ のとき}) \end{cases}$$

(2) (1)と同様にして
$$L = \lim_{x \to \infty} \log_x(2x^a + x^{\frac{b}{2}}) = \begin{cases} a & \left(a \geqq \frac{b}{2} \text{ のとき}\right) \\ \dfrac{b}{2} & \left(\dfrac{b}{2} \geqq a \text{ のとき}\right) \end{cases} \quad \cdots\cdots\cdots (*)$$

(i) $a \geqq \dfrac{b}{2}$ のとき

これと $a^2 + b^2 \leqq 1$ より点 (a, b) の存在する範囲は右図の通り．$a^2 + b^2 = 1$ と $b = 2a$ との交点は
$$\left(\pm \frac{1}{\sqrt{5}}, \pm \frac{2}{\sqrt{5}}\right) \quad \text{(複号同順)}$$

$L(=a)$ の最小値は a の最小値を求めればよいので，右上図から
$$(a, b) = \left(-\frac{1}{\sqrt{5}}, -\frac{2}{\sqrt{5}}\right) \text{ のとき } L = -\frac{1}{\sqrt{5}}$$

(ii) $\dfrac{b}{2} \geqq a$ のとき

これと $a^2 + b^2 \leqq 1$ より点 (a, b) の存在する範囲は右図の通り．$L\left(=\dfrac{b}{2}\right)$ の最小値は b の最小値の $\dfrac{1}{2}$ 倍を求めればよいので，右下図から
$$(a, b) = \left(-\frac{1}{\sqrt{5}}, -\frac{2}{\sqrt{5}}\right) \text{ のとき}$$
$$L = \frac{1}{2} \cdot \left(-\frac{2}{\sqrt{5}}\right) = -\frac{1}{\sqrt{5}}$$

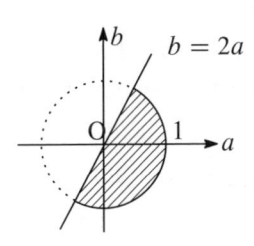

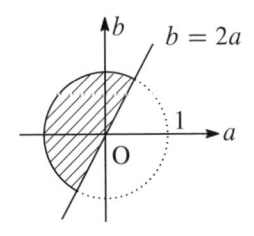

以上(i), (ii)のいずれの場合も
$$(a, b) = \left(-\frac{1}{\sqrt{5}}, -\frac{2}{\sqrt{5}}\right) \text{ のとき } (L \text{ の最小値}) = -\frac{1}{\sqrt{5}}$$

フォローアップ

1. ②の x^{b-a} の極限は，$a > b$ のとき $a - b > 0$ だから
$$\lim_{x \to \infty} x^{b-a} = \lim_{x \to \infty} \frac{1}{x^{a-b}} = 0$$

2. (1)は次のようにはさみうちの原理を用いてもできます．場合(iii)の別解を紹介します．

別解 $x > 1$ のとき ($x \to \infty$ とするので $x > 1$ としてよい)
$a < b$ ならば $0 < x^a < x^b$ である．これより
$$x^b < x^a + x^b < 2x^b$$
$$\therefore \quad \log_x x^b < \log_x(x^a + x^b) < \log_x 2x^b$$
$$\therefore \quad b < \log_x(x^a + x^b) < \log_x 2 + b \quad \cdots\cdots\cdots ③$$

ここで
$$\lim_{x \to \infty} \log_x 2 = \lim_{x \to \infty} \frac{\log 2}{\log x} = 0$$

だから，③において $x \to \infty$ とすると (右辺) $\to b$ となり，はさみうちの原理により
$$\lim_{x \to \infty} \log_x(x^a + x^b) = b \qquad \square$$

3. $\dfrac{\infty}{\infty}$ の不定形で覚えておくべき極限があります (ただし $n > 0$).

$$\lim_{x \to \infty} \frac{x^n}{e^x} = 0, \quad \lim_{x \to \infty} \frac{\log x}{x^n} = 0, \quad \lim_{x \to +0} x^n \log x = 0$$

前半 2 式は，x が十分大きいとき $e^x \gg x^n \gg \log x$ が成立することから直感的にわかります．ここで $\gg$ というのは左が右より桁違いに大きくなるという意味で，正確には $f(x) \to \infty$, $g(x) \to \infty$ $(x \to a)$ のとき
$$f(x) \gg g(x) \stackrel{\text{定義}}{\iff} \lim_{x \to a} \frac{f(x)}{g(x)} = \infty$$

により定義されます．

　上の公式は，これらを証明するような問題でない限り，既知として用いてもかまいません．教科書にはないので，本来は問題文の中に明記するべきでしょうが，これをかくことによって解法のヒントになることにも解法に制限

をつけることにもなりかねません．そういう意味から，大学によりますが，問題文にかいていないことがよくあります．

なお，これらの極限についての証明問題で一番多い形は，まず不等式の証明を行い，次にその不等式においてはさみうちの原理を用いるタイプです．すなわち頻出の

$$\text{不等式} \xrightarrow{\text{はさみうち}} \text{極限}$$

という流れです．第 1 式を証明しておきましょう．まず

$$e^x > \sum_{k=0}^{n} \frac{x^k}{k!} \ (x > 0, \, n : 0 \text{ 以上の整数}) \quad \cdots\cdots\cdots ④$$

の成立を示し，次に $\lim_{x \to \infty} \dfrac{x^n}{e^x} = 0$ を示します（☞ **9** フォローアップ 2.）．

《証明》

$$f_n(x) = e^x - \sum_{k=0}^{n} \frac{x^k}{k!}$$

とおく．

〔1〕$x > 0$ のとき $f_0(x) = e^x - 1 > 0$ である．

〔2〕ある 0 以上の整数 m に対して $f_m(x) > 0 \ (x > 0)$ が成立すると仮定すると，

$$f_{m+1}(x) = e^x - \left(1 + x + \frac{x^2}{2!} + \frac{x^3}{3!} + \cdots + \frac{x^{m+1}}{(m+1)!}\right)$$

より，$x > 0$ において

$$f_{m+1}'(x) = e^x - \left(0 + 1 + x + \frac{x^2}{2!} + \cdots + \frac{x^m}{m!}\right) = f_m(x) > 0$$

だから $f_{m+1}(x)$ は増加関数である．$f_{m+1}(0) = 0$ とあわせて $x > 0$ において $f_{m+1}(x) > 0$ がいえる．以上から，帰納法により④が成立する．□

次に，この不等式は任意の 0 以上の整数 n に対して成立するので，n を $n+1$ とした

$$e^x > \sum_{k=0}^{n+1} \frac{x^k}{k!} > \frac{x^{n+1}}{(n+1)!} \ (x > 0)$$

を用いると，$x > 0$ において

$$0 < \frac{x^n}{e^x} < \frac{x^n}{\dfrac{x^{n+1}}{(n+1)!}} = \frac{(n+1)!}{x}$$

が成立し，$x \to \infty$ のとき (右辺)$\to 0$ だから，はさみうちで
$$\lim_{x \to \infty} \frac{x^n}{e^x} = 0$$
がいえる． □

2番目の公式も不等式を証明して証明することもありますが，第1式を利用して示せます：$\log x = t$ とおいて
$$x = e^t, \ x \to \infty \text{ のとき } t \to \infty$$
だから
$$\lim_{x \to \infty} \frac{\log x}{x^n} = \lim_{t \to \infty} \frac{t}{e^{nt}} = \lim_{t \to \infty} \frac{nt}{e^{nt}} \cdot \frac{1}{n} = 0$$
ここで，$n > 0$ だから $nt \to \infty \ (t \to \infty)$ を用いています．

3番目の公式は $x = \dfrac{1}{t}$ とおきかえると，$x \to +0$ のとき $t = \dfrac{1}{x} \to \infty$ だから
$$\lim_{x \to +0} x^n \log x = \lim_{t \to \infty} \frac{1}{t^n} \log t^{-1} = -\lim_{t \to \infty} \frac{\log t}{t^n} = 0$$
となり2番目に帰着されます．

4. (2)において，L は結局 $a, \dfrac{b}{2}$ のうち大きい方 (正確に表現すると小さくない方) です．一般に，実数の部分集合 $\{a, b, \cdots, c\}$ の最大値を $\max\{a, b, \cdots, c\}$ と表します．この記号を用いると，$L = \max\left\{a, \dfrac{b}{2}\right\}$
(☞ IAIIB ❶).

類似の極限として次のものがあります．正の実数 a, b について
$$\lim_{n \to \infty} \sqrt[n]{a^n + b^n} = \max\{a, b\}$$
これも a, b の大きい方でくくり出すか，はさみうちを用いれば，同様にして示すことができます．各自で試みてください．

―― 方程式の解の極限 ――

5 2以上の自然数 n に対し，関数 $f_n(x)$ を $f_n(x) = 1 - x - e^{-nx}$ と定義する．次の問いに答えよ．

(1) $f_n(x)$ の最大値とそのときの x を求めよ．
(2) 方程式 $f_n(x) = 0$ の解で正のものはただ1つであることを示せ．
(3) (2)の解を a_n とする．$\displaystyle\lim_{n\to\infty} a_n = 1$ を示せ．
(4) $\displaystyle\lim_{n\to\infty} \int_0^{a_n} f_n(x)\,dx$ を求めよ．

〔埼玉大〕

アプローチ

(イ) まず，実数解の存在証明に利用する中間値の定理 (の特別な形) を復習しておきます．

　関数 $f(x)$ が区間 $[a, b]$ で連続であるとき，$f(a)$ と $f(b)$ の符号が異なるならば，方程式 $f(x) = 0$ は $a < x < b$ に少なくとも1つの解をもつ．

　方程式 $F(x) = 0$ の実数解が $a < x < b$ に「ただ1つ存在する」ことを示すには，多くの場合次の2つ

・ $F(x)$ が $a < x < b$ で単調である：$F'(x)$ が定符号である
・ $F(x)$ の符号が変化する：$F(a)F(b) < 0$ (中間値の定理)

を示します ($F(x)$ は連続とします)．中間値の定理でいえるのは存在だけで，「ただ1つ」(一意性という) を示すために「単調性」をいいます．もちろん，必ずこうであるというわけでなく，最終的にはグラフを描いてみることになりますが，区間を区切って考えると上のことを示すことに帰着されます．

(ロ) 方程式の解の極限を求めるときには，次のような解法を用いることが多いです．

(i) 解を求める
(ii) 定数を分離する
(iii) 解を評価する
(iv) 式の中の ∞ になる量，0 になる量，範囲のある量に注目する

例 方程式 $x^2 + nx - n = 0$ の大きい方の解を a_n とする ($n = 1, 2, \cdots$). $\lim_{n \to \infty} a_n$ を求めよ.

<(i)の方法>

解の公式より

$$a_n = \frac{\sqrt{n^2 + 4n} - n}{2} = \frac{2n}{\sqrt{n^2 + 4n} + n} = \frac{2}{\sqrt{1 + \frac{4}{n}} + 1}$$

$$\xrightarrow[n \to \infty]{} \frac{2}{1 + 1} = 1$$

<(ii)の方法>

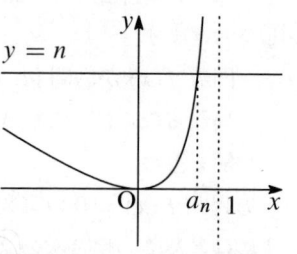

方程式は $x = 1$ のとき不成立だから $x \neq 1$ としてよく, このもとで

(与式) $\iff n = \dfrac{x^2}{1 - x}$ ……①

したがって, $y = \dfrac{x^2}{1 - x}$ と $y = n$ のグラフの共有点 (2 個ある) の x 座標の大きい方が a_n である. ①の左辺は正だから, 右辺が正となる $x < 1$ の範囲で微分して増減を調べ, グラフを描くと右上図の通り. 直線 $x = 1$ が漸近線だから $\lim_{n \to \infty} a_n = 1$

<(iii)の方法>

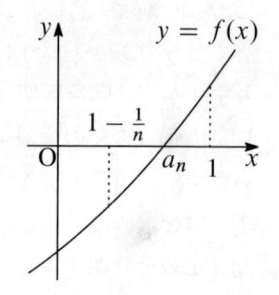

$f(x) = x^2 + nx - n$ とおく.

$f(1) = 1 > 0$, $f\left(1 - \dfrac{1}{n}\right) = -\dfrac{2n - 1}{n^2} < 0$

であり, $f(x)$ は $x > 0$ で増加である. ゆえに

$$1 - \frac{1}{n} < a_n < 1$$

がいえるので, はさみうちの原理から

$$\lim_{n \to \infty} a_n = 1$$

<(iv)の方法>

〔(iii)と同様に $f(x)$ をおいて〕$f(0) = -n < 0$, $f(1) = 1 > 0$ より $0 < a_n < 1$ である. $f(a_n) = 0$ から

$$a_n{}^2 + na_n - n = 0 \quad \therefore \quad a_n - 1 = -\frac{a_n{}^2}{n}$$

ここで $0 < \dfrac{a_n{}^2}{n} < \dfrac{1}{n}$ だから、はさみうちにより $n \to \infty$ のとき $-\dfrac{a_n{}^2}{n} \to 0$ となり

$$a_n - 1 \to 0 \quad \therefore \quad \lim_{n \to \infty} a_n = 1$$

(ハ) 方程式の実数解は多くの場合，具体的に求めることはできません．このような場合の解の極限を求めるときは，一般的には解を評価することにより「はさみうち」にもちこみます．そして，評価するには，解をグラフと x 軸との共有点の x 座標とみて，グラフで考えます．また，方程式の解である (解は方程式をみたす) ということを忘れないように．この問題では，$a_n \to 1$ を示せといっているので，$a_n - 1 \to 0$ をいえばよいのです．あとは(1)で最大値とそのときの x の値をわざわざ求めさせている意味を考えましょう．

(ニ) 対数の定義 $a^P = Q \iff P = \log_a Q$ の2式から P を消去すると

$$a^{\log_a Q} = Q$$

特に

$$e^{\log x} = x$$

であり，例えば $\quad e^{-2\log 3} = e^{\log 3^{-2}} = 3^{-2} = \dfrac{1}{9}$

ですが，これは e^x と $\log x$ が逆関数であることからあきらかです．実際，一般に $f(x)$ の逆関数が $g(x)$ であるとき，

$$f(g(x)) = x, \quad g(f(x)) = x$$

が，それぞれ $g(x)$ の定義域，$f(x)$ の定義域で成り立ちます (☞ **11** フォローアップ 4.).

解答

(1) $f_n(x) = 1 - x - e^{-nx},\; f_n'(x) = -1 + ne^{-nx} = e^{-nx}(n - e^{nx})$

$f_n'(x) = 0$ のとき

$$e^{nx} = n \quad \therefore \quad x = \frac{\log n}{n}$$

で，このとき次表から $f_n(x)$ は最大値

$f_n\left(\dfrac{\log n}{n}\right)$
$= 1 - \dfrac{\log n}{n} - \dfrac{1}{n}$

をとる．

x	$(-\infty)$		$\dfrac{\log n}{n}$		(∞)
$f_n'(x)$		$+$	0	$-$	
$f_n(x)$	$(-\infty)$	↗		↘	$(-\infty)$

(2) $n \geq 2$ により $\dfrac{\log n}{n} > 0$ だから，(1)の表により

$$f_n\left(\dfrac{\log n}{n}\right) > f_n(0) = 0$$

であり，また $f_n(x) \to -\infty \ (x \to \infty)$．ゆえに(1)の表から，$f_n(x) = 0$，$x > 0$ をみたす x はただ 1 つである． □

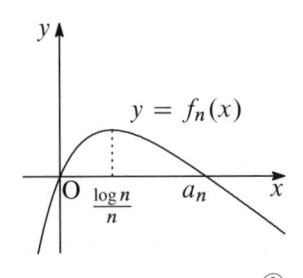

(3) $f_n(a_n) = 0$ から，$1 - a_n = e^{-na_n}$　　　………①

ここで(1), (2)より

$$\dfrac{\log n}{n} < a_n \quad \therefore \quad \log n < na_n$$

であり，$n \to \infty$ のとき $\log n \to \infty$ だから $na_n \to \infty$．ゆえに，①から

$$1 - a_n = e^{-na_n} \to 0 \ (n \to \infty) \quad \therefore \quad \lim_{n \to \infty} a_n = 1 \quad \square$$

(4) $\displaystyle\int_0^{a_n} f_n(x)\,dx = \left[x - \dfrac{1}{2}x^2 + \dfrac{e^{-nx}}{n}\right]_0^{a_n}$

$\qquad\qquad\qquad = a_n - \dfrac{1}{2}a_n{}^2 + \dfrac{e^{-na_n} - 1}{n}$

$\qquad\qquad\qquad = a_n - \dfrac{1}{2}a_n{}^2 - \dfrac{a_n}{n} \qquad (\because ①)$

したがって，(3)の結果から

$$\lim_{n \to \infty} \int_0^{a_n} f_n(x)\,dx = 1 - \dfrac{1}{2} - 0 = \dfrac{1}{2}$$

フォローアップ

1. (2)では，$0 < x < \dfrac{\log n}{n}$ で $f_n(x) > 0$，$\dfrac{\log n}{n} < x$ で $f_n(x)$ は単調減少で符号が変化することから，正の実数解はただ 1 つ存在します．

2. (3)では評価の方法は他にもありえます（☞ □ (iii)）．例えば，$f_n(1)$ は負であることがわかるので，グラフから $a_n < 1$ です．そこで a_n を下からはさむもの：$1 - \square < a_n < 1$，$\square \to 0$ つまり $f_n(1 - \square) > 0$ となる正の数列で $\square \to 0$ となるものを探します．0 に収束する数列ではじめに習うのが $\dfrac{1}{n}$ ですから，とりあえずこのあたりで試してみましょう．

別解 I

　　$f_n(1) = -e^{-n} < 0$

$$f_n\left(1-\frac{1}{n}\right) = 1-\left(1-\frac{1}{n}\right) - e^{-(n-1)} = \frac{1}{n} - \frac{1}{e^{n-1}} = \frac{e^{n-1}-n}{ne^{n-1}}$$

ここで $y = e^x$ の点 $(0, 1)$ での接線が $y = x+1$ であり $y = f(x)$ が下に凸であることから $e^x > 1+x$ $(x \neq 0)$ がわかる〔差を微分してもすぐに示せる〕. これに $x = n-1$ を代入すると $e^{n-1} > n$ となり, $f_n\left(1-\frac{1}{n}\right) > 0$ である. したがって, $1-\dfrac{1}{n} < a_n < 1$ が成立するので, はさみうちにより $\lim_{n\to\infty} a_n = 1$ □

この **別解** I の中で使った評価式

$$e^x \geqq x+1 \quad (\text{等号が成り立つのは } x=0 \text{ のとき})$$

はよく利用します. ある範囲で関数のグラフが下に凸であれば, その範囲で接線は接点を除いてグラフの下側にあることがわかります (☞ **24** (フォローアップ) 2.). この他よく使われるものとして, 上に凸な曲線 $y = \log x$ の点 $(1, 0)$ における接線が $y = x-1$ であることからわかる

$$\log x \leqq x-1 \quad (\text{等号が成り立つのは } x=1 \text{ のとき}) \quad \cdots\cdots\cdots(*)$$

があります. このような関数の凸性からでる不等式は重要で, 凸不等式とよばれています.

解答 で $f_n\left(\dfrac{\log n}{n}\right) = \dfrac{n-1-\log n}{n}$ が正であることをいわないといけない場面がありました. このときはグラフが原点を通過したあとに増加して点 $\left(\dfrac{\log n}{n}, f_n\left(\dfrac{\log n}{n}\right)\right)$ に到達することからわかりましたが, $(*)$ を用いると $n-1-\log n > 0$ だからすぐに符号が判定できます.

3. 定積分の極限は, 積分を計算あるいは評価してから極限をとります. $a_n \to 1$, $f_n(x) \to 1-x$ だから,

$$\lim_{n\to\infty} \int_0^{a_n} f_n(x)\,dx \stackrel{?}{=} \int_0^{\lim_{n\to\infty} a_n} \lim_{n\to\infty} f_n(x)\,dx = \int_0^1 (1-x)\,dx = \frac{1}{2}$$

として, 結果はあいますが, これではまずくて 0 点になる可能性が高いのです. 上の $\stackrel{?}{=}$ のところでは, $\lim$ が $\int$ をこえて内側に入っていますが, こうしてよいという理論的根拠が示されていないからです. このような $\lim$ と $\int$ の交換は一般的には成立しないのです. 標語的にいうと,

$$\lim \int f_n \neq \int \lim f_n$$

であり，ある条件の下では等号が成り立ちますが，それは高校の範囲外です．

4. 文字定数(パラメータ)を含んだ方程式の解の様子を調べるのに，「**文字定数の分離**」という方法がしばしば有効で，これを用いると(2), (3)は以下のようになります (☞ ロ (ii))．

別解 II　　$1 - x = e^{-nx}$ $(x > 0)$ を n について解くと

$$\log(1-x) = -nx \quad \therefore \quad n = \frac{\log(1-x)}{-x} \quad (0 < x < 1)$$

そこで，$g(x) = \dfrac{\log(1-x)}{-x}$ $(0 < x < 1)$ とおくと，

$$g'(x) = \frac{\dfrac{-1}{1-x} \cdot (-x) - \log(1-x) \cdot (-1)}{(-x)^2} = \frac{\dfrac{x}{1-x} + \log(1-x)}{x^2}$$

$$= \frac{h(x)}{x^2} \quad \text{(とおく)} \qquad \text{〔このとり出し方については ☞ 9 (二)〕}$$

$$h'(x) = \frac{(1-x) - x(-1)}{(1-x)^2} + \frac{-1}{1-x} = \frac{x}{(1-x)^2} > 0$$

$$\therefore \quad h(x) > h(0) = 0 \quad \therefore \quad g'(x) > 0$$

したがって $g(x)$ は増加であり，

$$\lim_{x \to +0} g(x) = \lim_{x \to +0} \frac{\log(1+(-x))}{-x} = 1$$

(☞ 3 フォローアップ 4.)

$$\lim_{x \to 1-0} g(x) = \lim_{x \to 1-0} \frac{1}{-x} \cdot \log(1-x) = \infty$$

だから，グラフは右図のようになる．

$f_n(x) = 0$ の正の解は，$y = g(x)$ と $y = n$ のグラフの共有点の x 座標だから，それはただ1つ存在し，$a_n \to 1$ $(n \to \infty)$　　□

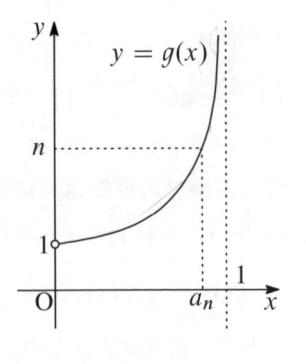

5. 「方程式の 0 や ∞ になる部分を利用して極限を求める」だけで処理できる問題を以下に示します (☞ ロ (iv))．

> **例** n を正の整数とする．$0 < x < \dfrac{\pi}{2}$ のとき
> $(x + 2n\pi)\sin x - \cos x = 0$ の解の $n \to \infty$ ときの極限を求めよ．
> 〔北海道大〕

《解答》 $f(x) = (x + 2n\pi)\sin x - \cos x$ とおくと，$0 < x < \dfrac{\pi}{2}$ において，$(x + 2n\pi)\sin x$ は増加，$\cos x$ は減少だから $f(x)$ は増加であり，
$$f(0) = -1 < 0, \quad f\left(\dfrac{\pi}{2}\right) = \dfrac{\pi}{2} + 2n\pi > 0$$
だから，$f(x) = 0 \; \left(0 < x < \dfrac{\pi}{2}\right)$ をみたす x がただ 1 つ存在する．この解を x_n とおくと
$$f(x_n) = 0 \quad \therefore \quad \sin x_n = \dfrac{\cos x_n}{x_n + 2n\pi}$$
この右辺に $0 < x_n < \dfrac{\pi}{2}$，$0 < \cos x_n < 1$ を用いて
$$0 < \dfrac{\cos x_n}{x_n + 2n\pi} < \dfrac{1}{2n\pi} \quad \therefore \quad 0 < \sin x_n < \dfrac{1}{2n\pi}$$
$n \to \infty$ のとき $\dfrac{1}{2n\pi} \to 0$ だから，はさみうちにより $\sin x_n \to 0$ であり，$0 < x_n < \dfrac{\pi}{2}$ だから $\displaystyle\lim_{n \to \infty} x_n = \mathbf{0}$ □

6. 区間 I で定義された関数 $f(x)$ について
(1) $x_1 < x_2$ ならば $f(x_1) \leqq f(x_2)$
(2) $x_1 < x_2$ ならば $f(x_1) \geqq f(x_2)$

のいずれかが成り立つとき，$f(x)$ は「単調」な関数であるといいます．(1)のときは広義の (単調) 増加あるいは (単調) 非減少，(2)のときは広義の (単調) 減少あるいは (単調) 非増加といいます．(1)で $f(x_1) < f(x_2)$ となるときは (単調)「増加」，(2)で $f(x_1) > f(x_2)$ となるときは (単調)「減少」といいます (☞ **7** フォローアップ 3.)．

　増加とか減少とかいう場合は，単調という形容詞はあってもなくても同じなので，教科書でもいわなくなっていますが，入試問題の文章にはあらわれることがあります．

―― 共通接線 ――

6 k を正の定数とする．2つの曲線 $C_1 : y = \log x$，$C_2 : y = e^{kx}$ について，次の問いに答えよ．

(1) 原点 O から曲線 C_1 に引いた接線が曲線 C_2 にも接するような k の値を求めよ．

(2) (1)で求めた k の値を k_0 とする．定数 k が $k > k_0$ を満たすとき，2つの曲線 C_1，C_2 の両方に接する直線の本数を求めよ．

〔愛媛大〕

アプローチ

(イ) 2曲線 $y = f(x)$，$y = g(x)$ の共通接線の一般的な求め方は，$y = f(x)$ の点 $(t, f(t))$ における接線と $y = g(x)$ の点 $(s, g(s))$ における接線が一致するとして係数比較を行います．あとは s，t の連立方程式を解くことになります．

(ロ) 一般的には (接線の本数) $\neq$ (接点の個数) です．しかし本問の曲線なら両者は同じとしても OK です．なぜなら右のように2点以上で接する直線は存在しないからです．

(ハ) (2)の最後では「右のグラフのように2本ぐらい接線は引けそうだ」という感覚がないとやりにくいでしょう．この目標に向かって議論を進めていきます．

解答

$x = t$ の点における C_1 の接線と $x = s$ の点における C_2 の接線の方程式はそれぞれ

$$y = \frac{1}{t}(x - t) + \log t \quad \therefore \quad y = \frac{1}{t}x - 1 + \log t \quad \cdots\cdots ①$$

$$y = ke^{ks}(x - s) + e^{ks} \quad \therefore \quad y = ke^{ks}x - kse^{ks} + e^{ks} \quad \cdots\cdots ②$$

(1) ①が原点を通るとき

$$0 = -1 + \log t \quad \therefore \quad t = e$$

このとき①は $y = \dfrac{1}{e}x$ となり，これが②と一致するとき
$$ke^{ks} = \dfrac{1}{e}, \quad -kse^{ks} + e^{ks} = 0$$
この第 2 式から $ks = 1$ で，第 1 式から
$$e^{ks} = \dfrac{1}{ke} \quad \therefore \quad e = \dfrac{1}{ke} \quad \therefore \quad k = \dfrac{1}{e^2}$$

(2) 条件より $k > k_0 = \dfrac{1}{e^2}$ ………③

①,②が一致するとき
$$\dfrac{1}{t} = ke^{ks} \cdots ④, \quad -1 + \log t = -kse^{ks} + e^{ks} \cdots ⑤$$
④,⑤を同時にみたす実数 s, t の組の個数が共通接線の本数になる．そこで
④： $t = \dfrac{1}{ke^{ks}}$ を⑤に代入すると
$$-1 + \log \dfrac{1}{ke^{ks}} = -kse^{ks} + e^{ks}$$
$$\therefore \quad e^{ks} - kse^{ks} + ks + \log k + 1 = 0 \qquad \cdots ⑥$$
s が 1 つ定まれば④より t も 1 つ定まるので，⑥をみたす実数 s の個数が求めるものである．そこで⑥の左辺を $f(s)$ とおくと
$$f'(s) = ke^{ks} - ke^{ks} - k^2 se^{ks} + k = k(1 - kse^{ks}) \qquad \cdots (*)$$
$s \leqq 0$ のとき $f'(s) > 0$ （$\because$ $k > 0$）
$s > 0$ のとき，$k > 0$ より se^{ks} は増加関数
だから，$f'(s)$ は減少関数である．これと
$\displaystyle\lim_{s \to \infty} f'(s) = -\infty$ により $f'(s) = 0$ となる s はただ 1 つだけ存在し，その値を α とする．これより右表を得る．

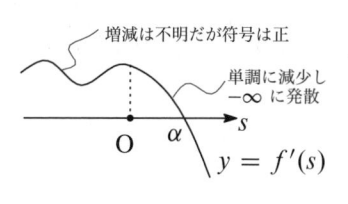

s		α	
$f'(s)$	$+$	0	$-$
$f(s)$	↗		↘

また
$$f(s) = se^{ks}\left(\dfrac{1}{s} - k + \dfrac{k}{e^{ks}} + \dfrac{\log k + 1}{se^{ks}}\right)$$
$$\xrightarrow[s \to \infty]{} -\infty \qquad [\infty \times (-k) = -\infty]$$
$$\lim_{s \to -\infty} f(s) = -\infty \qquad \cdots (\star)$$
であり③を用いると

$$f(0) = \log k + 2 > \log \frac{1}{e^2} + 2 = -2 + 2 = 0$$

だから $y = f(s)$ のグラフの概形は右図の通り．したがって，$f(s) = 0$ は異なる 2 実数解をもつので，共通の接線の本数は **2** である． □

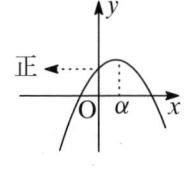

別解　〔④, ⑤までは **解答** と同じ〕④より

$$e^{ks} = \frac{1}{kt} \iff ks = \log \frac{1}{kt} = -\log k - \log t$$

これらを⑤に代入すると，

$$-1 + \log t = (\log k + \log t)\frac{1}{kt} + \frac{1}{kt}$$

分母をはらって整理すると

$$(kt - 1)\log t - kt - 1 - \log k = 0$$

この t の方程式の解の個数を調べればよい．そこで，この左辺を $g(t)$ とおくと

$$g'(t) = k \log t + (kt - 1)\frac{1}{t} - k = k \log t - \frac{1}{t}$$

k は正だから，上式より $g'(t)$ は t の増加関数で

$$\lim_{t \to +0} g'(t) = -\infty,\ \lim_{t \to \infty} g'(t) = \infty$$

だから $g'(t) = 0$ となる t はただ 1 つだけ存在する．その値を β とすると $t = \beta$ の前後で $g'(t)$ の符号は負から正へと変化するので，増減表は右表の通り．

t	(0)		β	
$g'(t)$		$-$	0	$+$
$g(t)$		↘		↗

また

$$\lim_{t \to +0} g(t) = \lim_{t \to +0} (kt \log t - \log t - kt - 1 - \log k)$$
$$= \infty \quad \left(\lim_{t \to +0} t \log t = 0,\ \lim_{t \to +0} \log t = -\infty\right)$$
$$\lim_{t \to \infty} g(t) = \lim_{t \to \infty} t \log t \left(k - \frac{1}{t} - \frac{k}{\log t} - \frac{1 + \log k}{t \log t}\right)$$
$$= \infty$$
$$g(e) = ke - 1 - ke - 1 - \log k = -\log k - 2$$
$$< -\log \frac{1}{e^2} - 2 = 0 \qquad (\because ③)$$

以上から，$y = g(t)$ のグラフの概形は右図のようになり，$g(t) = 0$ の解は 2 個存在する．したがって共通接線は **2 本**ある．　□

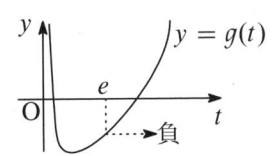

フォローアップ

1. (*)について，$k > 0$ のときの s の関数 $1 - kse^{ks}$ の符号は単純には決定できません．これを微分してもいいですが，まず明らかに符号が決まっている区間 ($s \leq 0$) はおいておきます．次に符号が決まっていない区間 ($s > 0$) のグラフを考えるとこの関数の符号変化がわかります．符号が決まっていない区間は，その代わり増減がわからないか確認しましょう．

例 $f(x) = \sin 2x + \cos 2x - \tan x \left(0 < x < \dfrac{\pi}{2} \right)$ は，$0 < x < \dfrac{\pi}{6}$ において最大値をとる関数であることを示せ．

〔和歌山県立医科大〕

《解答》　$f'(x) = 2\cos 2x - 2\sin 2x - \dfrac{1}{\cos^2 x}$

$\qquad\qquad\quad = 2\cos 2x - 2\sin 2x - 1 - \tan^2 x$

$\qquad f''(x) = -4\sin 2x - 4\cos 2x - 2\tan x \cdot \dfrac{1}{\cos^2 x}$

(i) $0 < x < \dfrac{\pi}{4}$ つまり $0 < 2x < \dfrac{\pi}{2}$ のとき

$$\sin 2x > 0, \ \cos 2x > 0, \ \tan x > 0$$

だから $f''(x) < 0$ となる．これより $f'(x)$ は減少関数で

$$f'(0) = 1 \ (> 0), \ f'\left(\dfrac{\pi}{6}\right) = -\sqrt{3} - \dfrac{1}{3} \ (< 0)$$

だから，$f'(x) = 0$ となる x はただ 1 つ存在し，その値を α とすると $0 < \alpha < \dfrac{\pi}{6}$ をみたす．さらにこの区間では α の前後で，$f'(x)$ は正から負へと符号変化する．

(ii) $\dfrac{\pi}{4} < x < \dfrac{\pi}{2}$ つまり $\dfrac{\pi}{2} < 2x < \pi$ のとき，$\cos 2x < 0$，$\sin 2x > 0$ だから $f'(x) < 0$

(i)(ii)をあわせて次の増減表を得る．

x	0		α		$\dfrac{\pi}{4}$		$\dfrac{\pi}{2}$
$f'(x)$		$+$	0	$-$		$-$	
$f(x)$		↗		↘		↘	

これと $f(x)$ が $0 < x < \dfrac{\pi}{2}$ で連続であることから，$f(x)$ は $x = \alpha$ で最大で，$0 < \alpha < \dfrac{\pi}{6}$ だから題意は示された． □

2. (★) の段階で $y = f(s)$ のグラフが増加から減少と変化することがわかり，$s \to \pm\infty$ のとき $f(s) \to -\infty$ であることがわかりました．しかし極値をとる s の値はわかりません．ということは右の3つのグラフのいずれかであることまでわかりました．(イ)の予想からおそらく(i)のグラフでしょう．そこで，適当に計算しやすい値を代入して $f(s)$ が正になるものをみつけます．それが 解答 では $s = 0$ です．

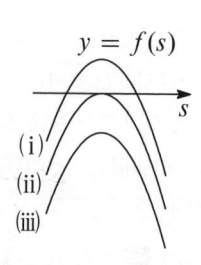

$s \to \infty$ のときの $f(s)$ の極限は
$$e^{ks} \to \infty,\ kse^{ks} \to \infty,\ ks \to \infty$$
ですから $\infty - \infty$ の不定形です．そこで最大量である se^{ks} でくくります．また，$s \to -\infty$ のときの極限は
$$e^{ks} \to 0,\ kse^{ks} \to 0,\ ks \to -\infty$$
ですから式を変形しなくても $-\infty$ であることがわかります．

3. 別解 の中の $\displaystyle\lim_{t \to \infty} g(t)$ は，$\infty - \infty$ の不定形です．だから最大量である $t \log t$ でくくりました (☞ 3 フォローアップ 6.)．

―― 平均値の定理 ――

7 e を自然対数の底とする．$e \leq p < q$ のとき，不等式
$$\log(\log q) - \log(\log p) < \frac{q-p}{e}$$
が成り立つことを証明せよ． 〔名古屋大〕

アプローチ

(イ) 同じ関数の 2 点での値の差 (関数) − (同じ関数) についての評価 (不等式) は，たいてい
- 平均値の定理を利用する
- 定積分の値：$f(b) - f(a) = \int_a^b f'(x)\,dx$ ととらえる

とうまくいきます．

(ロ) 平均値の定理

$f(x)$ が区間 $[a, b]$ で連続で，区間 (a, b) で微分可能なとき
$$f(b) - f(a) = (b-a)f'(c), \quad a < c < b$$
となる c が存在する．

を利用して不等式の証明をするときは，$a < c < b$ と $f'(x)$ の単調性を利用します．つまり $f'(x)$ が増加関数なら $f'(a) < f'(c) < f'(b)$，$f'(x)$ が減少関数なら $f'(a) > f'(c) > f'(b)$ となり，これで $f(b) - f(a)$ の不等式が得られます．

解答

$f(x) = \log(\log x)$ とおくと
$$f'(x) = \frac{(\log x)'}{\log x} = \frac{1}{x \log x}$$

である．平均値の定理により次のような c がある．
$$f(q) - f(p) = f'(c)(q - p), \quad e \leq p < c < q$$
$$\therefore \quad \begin{cases} \log(\log q) - \log(\log p) = \dfrac{1}{c \log c}(q - p) & \cdots\cdots① \\ e \leq p < c < q & \cdots\cdots② \end{cases}$$

ここで②より $c > e$ だから
$$c \log c > e \log e = e \quad \therefore \quad \frac{1}{c \log c} < \frac{1}{e}$$

これと①から
$$\log(\log q) - \log(\log p) = \frac{1}{c\log c}(q-p) < \frac{q-p}{e},$$
となり，与えられた不等式は示された． □

フォローアップ

1. **解答**では平均値の定理を利用しましたが，定積分すなわち面積ととらえることもできます．グラフで考えます．

別解 I $(\log(\log x))' = \dfrac{1}{\log x} \cdot \dfrac{1}{x}$ だから

$$(左辺) = \int_p^q \frac{1}{x\log x}dx$$
$$= \left(y = \frac{1}{x\log x}, \ x\text{軸}, \ x = p, \ x = q \text{ とで囲まれた面積}\right)$$
………③

$x > e$ において，$x\log x$ は正の値をとりながら増加するので $\dfrac{1}{x\log x}$ は減少関数となる．右図の斜線部の面積と③を比較すると

$$③ < \frac{1}{e} \times (q-p) = \frac{q-p}{e}$$

となり，与えられた不等式は示された． □

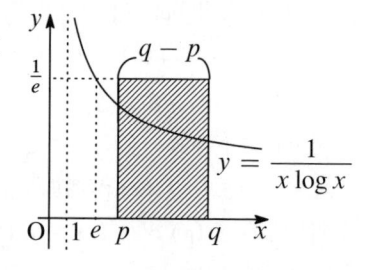

このほか計算で示すこともできます．このときは (左辺) − (右辺) を p または q の関数と考えて微分します．

別解 II $f(p) = \log(\log q) - \log(\log p) - \dfrac{q-p}{e} \ (e \leqq p < q)$ とおく．

$$f'(p) = -\frac{1}{\log p} \cdot \frac{1}{p} + \frac{1}{e} = \frac{p\log p - e}{ep\log p}$$

ここで $g(p) = p\log p - e$ とおくと，$g(p)$ と $f'(p)$ の符号は一致する．
$g'(p) = \log p + 1 > 0 \ (p \geqq e)$ だから $g(p)$ は増加関数で，$e \leqq p < q$ のとき

$$g(p) \geqq g(e) = 0 \quad \therefore \quad f'(p) \geqq 0 \ (\text{等号は } p = e \text{ のとき})$$

よって，$f(p)$ は増加関数で $e \leqq p < q$ のとき

$$f(p) < f(q) = 0 \quad \therefore \quad (左辺) < (右辺) \qquad □$$

2. 本問は平均値の定理，積分の利用，どちらの解法でも示せましたが，次のような問題はどうでしょう．

> 例　$0 < a < b$ のとき
> $$\frac{2(b-a)}{a+b} < \log b - \log a < \frac{(b-a)(a+b)}{2ab}$$
> を示せ．

《解答》　$\log b - \log a = \int_a^b \frac{1}{x}\,dx =$ (図1の斜線部の面積)

$$\frac{2(b-a)}{a+b} = (b-a)\cdot\frac{1}{\frac{a+b}{2}}$$
$$= (図3の斜線部の面積) = (図2の斜線部の面積)$$

$$\frac{(b-a)(a+b)}{2ab} = \frac{1}{2}\left(\frac{1}{a}+\frac{1}{b}\right)(b-a) = (図4の斜線部の面積)$$

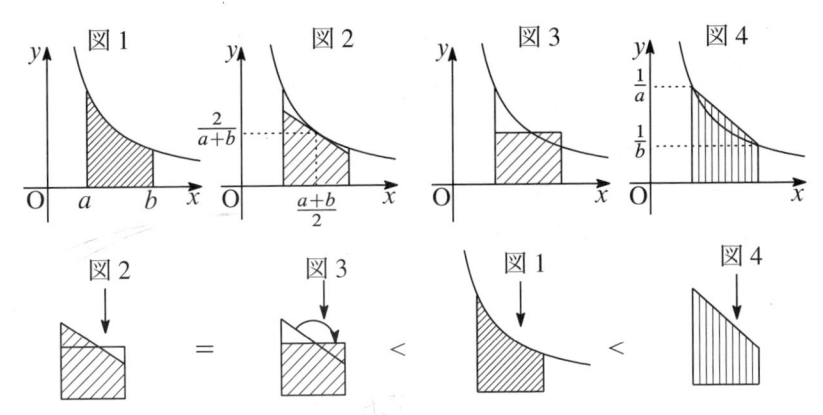

図1　図2　図3　図4

図2　＝　図3　＜　図1　＜　図4

$y = \frac{1}{x}$ $(x > 0)$ のグラフは下に凸だから上図のようになり，与えられた不等式は証明された．　□

　この問題は平均値の定理ではすんなりいきません．一般に左辺，右辺の $b-a$ 以外の式に a，b の両方が含まれているときは，平均値の定理は使えないことが多いです．平均値の定理を利用して不等式を証明するときは，例えば $f'(a) < f'(c) < f'(b)$ を利用する (☞ ロ) ので，左辺，右辺は $b-a$ と a

または b だけの式なら証明できる可能性があります．

　基本的に図 1, 2, 4 の面積の比較です．ただ図 2 の面積を求めるのに補助的に図 3 を利用します．台形の面積公式の $\{(上底) + (下底)\} \div 2$ は図 3 の長方形の縦の長さになります．わかりにくいときは，長方形からはみ出した台形左上の三角形を長方形の右上の三角形に移動させれば面積が等しいことがわかります．この解法で用いている図の性質とは，関数 $\dfrac{1}{x}$ $(x>0)$ のグラフと接線と弦の上下関係，すなわち「下に凸」であることです．

　本問の **別解** II のように，差をとった関数を a または b の関数とみて微分して証明する方法もありますが，少し大変です．不等式の第 1 項と第 3 項がともに分母と分子の a と b についての次数が同じ点に着目し，次のように変形すると少しは楽に計算で示すこともできます．

$$\dfrac{2\left(\dfrac{b}{a}-1\right)}{1+\dfrac{b}{a}} < \log \dfrac{b}{a} < \dfrac{\left(\dfrac{b}{a}-1\right)\left(1+\dfrac{b}{a}\right)}{2\cdot\dfrac{b}{a}}$$

(左辺は分母分子を a, 右辺は分母分子を a^2 で割った．)
$0 < a < b$ より $1 < \dfrac{b}{a}$ だから，$x = \dfrac{b}{a}$ とおくと結局

$$x > 1 \text{ のとき } \dfrac{2(x-1)}{1+x} < \log x < \dfrac{(x-1)(1+x)}{2x}$$

の成立を示す問題に変わります．これなら差をとって微分するという解法で示せるでしょう．各自試みてください．

3.　通常数 III の教科書では平均値の定理の後に関数の増減を学習します．それはなぜでしょう．もう既に数 II で $f'(x) > 0$ なら増加関数を習っているはずなのに．実は数 II できちんと説明していなかったのです．まず $f(x)$ が区間 I で増加関数であることの定義は，

　「I に属する $\alpha < \beta$ をみたす任意の α, β に対して，つねに
　$f(\alpha) < f(\beta)$ が成立する」

です (次図参照, ☞ **5** フォローアップ 6.).

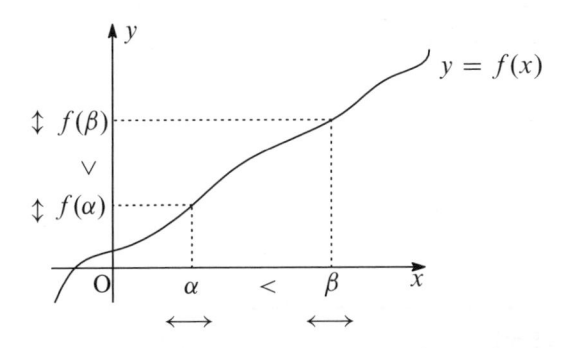

これと $f'(x) > 0$ とどうつながるのでしょうか．「導関数が正だから，接線の傾きは正なので増加する」では証明になりません．単なる直観的説明にすぎません．これをきちんと示すのは一度は経験してほしい議論です．教科書では平均値の定理を利用して証明しています．

「区間 I で $f'(x) > 0 \Longrightarrow f(x)$ は I で増加関数である」

《証明》 I に属する α, β $(\alpha < \beta)$ について，平均値の定理より
$$f(\beta) - f(\alpha) = f'(c)(\beta - \alpha), \ \alpha < c < \beta$$
となる c が存在する．ここで $f'(x) > 0 \ (x \in I)$ により $f'(c) > 0$ で $\beta - \alpha > 0$ だから
$$f(\beta) - f(\alpha) = f'(c)(\beta - \alpha) > 0$$
つまり
$$\beta > \alpha \Longrightarrow f(\beta) > f(\alpha)$$
が成り立ち，$f(x)$ は I で増加関数である． □

これを使うのが**8**です．

《注》 上の命題の逆は成立しません．つまり，増加であっても導関数が正とは限りません．実際右のような微分可能ではない (連続ですらない) 関数で増加関数であるものは存在します．

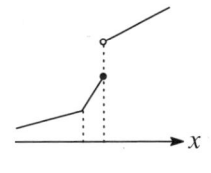

また「区間 I」も大切な仮定です．実際，$f(x) = -\dfrac{1}{x} \ (x \neq 0)$ について，$f'(x) = \dfrac{1}{x^2} > 0$ ですが，$f(-1) = 1 > -1 = f(1)$ となり，$f(-1) < f(1)$ は成立しません．すなわち I は 1 つにつながっていないといけないのです．

―― 関数の増減と不等式 ――

8

(1) x を正数とするとき，$\log\left(1+\dfrac{1}{x}\right)$ と $\dfrac{1}{x+1}$ の大小を比較せよ．

(2) $\left(1+\dfrac{2001}{2002}\right)^{\frac{2002}{2001}}$ と $\left(1+\dfrac{2002}{2001}\right)^{\frac{2001}{2002}}$ の大小を比較せよ．

〔名古屋大〕

アプローチ

(イ) (1)は差をとって微分してもいいですが，$\log\left(1+\dfrac{1}{x}\right)$ の真数 $1+\dfrac{1}{x}$ が $\dfrac{x+1}{x}$ と商の形にかけるので，対数の差に表せます．すると**7**と同様に $f(a)-f(b)$ の形となり，すばやく解けるでしょう．

(ロ) 式の形から(1)の大小比較は直接には(2)の大小比較につながりません．そこでまずいったん(1)からはなれて，純粋に(2)の証明にとりかかりましょう．

(ハ) $f(\alpha)$，$f(\beta)$ の大小比較は，差を変形などして判定できるときはそれでいいのですが，ダメなときは $f(x)$ の増減を調べます．もし $f(x)$ が増加関数で $\alpha<\beta$ ならば $f(\alpha)<f(\beta)$ です（☞**7** フォローアップ 3.）．

(ニ) $\left(1+\dfrac{1}{x}\right)^x$ に $x=\dfrac{2001}{2002}$，$\dfrac{2002}{2001}$ を代入した形をしています．ということは(関数)$^{(関数)}$ の増減を調べることになるので，対数をとってから微分します．つまり関数 $g(x)=x\log\left(1+\dfrac{1}{x}\right)$ を考えます（対数微分）．

解答

(1) $f(x)=\log x$ とおくと，$f'(x)=\dfrac{1}{x}$ であり，平均値の定理より

$$f(x+1)-f(x)=f'(c)(x+1-x) \cdots\cdots① $$
$$x<c<x+1 \cdots\cdots② $$

となる c が存在する．①から

$$\log(x+1)-\log x=\dfrac{1}{c} \quad \therefore \quad \log\left(1+\dfrac{1}{x}\right)=\dfrac{1}{c}$$

また②より $\dfrac{1}{c}>\dfrac{1}{x+1}$ だから，

$$\log\left(1+\dfrac{1}{x}\right)>\dfrac{1}{x+1}$$

(2) $g(x) = \log\left(1 + \dfrac{1}{x}\right)^x = x\log\left(1 + \dfrac{1}{x}\right)$ $(x > 0)$
とおく．

$$g'(x) = \log\left(1 + \dfrac{1}{x}\right) + x\left\{\log\left(1 + \dfrac{1}{x}\right)\right\}'$$
$$= \log\left(1 + \dfrac{1}{x}\right) + x\left\{\log(x+1) - \log x\right\}'$$
$$= \log\left(1 + \dfrac{1}{x}\right) + x\left(\dfrac{1}{x+1} - \dfrac{1}{x}\right)$$
$$= \log\left(1 + \dfrac{1}{x}\right) - \dfrac{1}{x+1} > 0 \qquad (\because (1))$$

だから $g(x)$ は増加関数である．

したがって，$\dfrac{2001}{2002} < \dfrac{2002}{2001}$ により $g\left(\dfrac{2001}{2002}\right) < g\left(\dfrac{2002}{2001}\right)$ だから，

$$\log\left(1 + \dfrac{2002}{2001}\right)^{\frac{2001}{2002}} < \log\left(1 + \dfrac{2001}{2002}\right)^{\frac{2002}{2001}}$$

$$\therefore\ \left(1 + \dfrac{2002}{2001}\right)^{\frac{2001}{2002}} < \left(1 + \dfrac{2001}{2002}\right)^{\frac{2002}{2001}}$$

(フォローアップ)

1. (1)は次のようにも証明できます．

別解 I $\log\left(1 + \dfrac{1}{x}\right) = \log\left(\dfrac{x+1}{x}\right) = \log(x+1) - \log x$

$$= \int_x^{x+1} \dfrac{1}{t}\,dt = (\text{図 1 の面積})$$

$$> (\text{図 2 の面積}) = \dfrac{1}{x+1}$$

$$\therefore\ \log\left(1 + \dfrac{1}{x}\right) > \dfrac{1}{x+1}$$

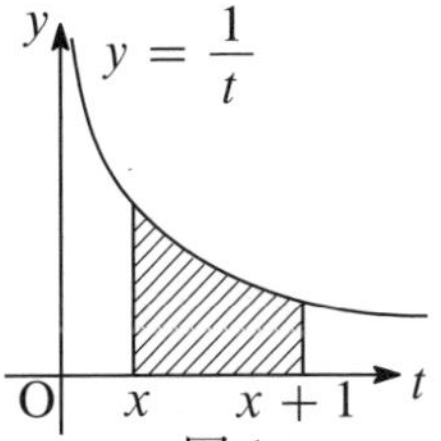

図 1 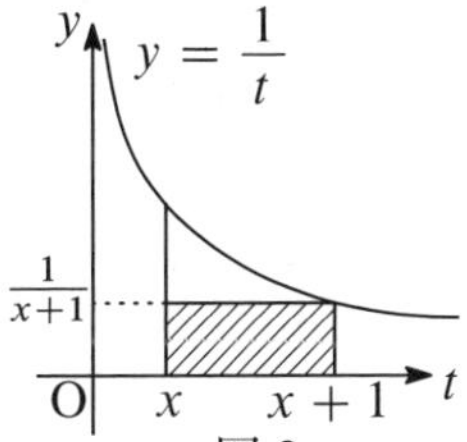   図 2

□

別解 II $f(x) = \log\left(1 + \dfrac{1}{x}\right) - \dfrac{1}{x+1}$

$$= \log(x+1) - \log x - \frac{1}{x+1} \quad (x>0)$$

とおく．

$$f'(x) = \frac{1}{x+1} - \frac{1}{x} + \frac{1}{(x+1)^2} = \frac{-1}{x(x+1)^2} < 0 \quad (x>0)$$

だから，$f(x)$ は $x>0$ で減少し

$$\lim_{x\to\infty} f(x) = \lim_{x\to\infty} \left\{ \log\left(1+\frac{1}{x}\right) - \frac{1}{x+1} \right\} = 0$$

したがって，$x>0$ のとき $f(x)>0$ であり，

$$\log\left(1+\frac{1}{x}\right) > \frac{1}{x+1} \qquad \square$$

2. 本問を一般化すると次のようになります．

例 I $\beta > \alpha > 0$ のとき $(1+\alpha)^\beta$ と $(1+\beta)^\alpha$ の大小を比較せよ．

《方針》 $F(\alpha, \beta) \gtreqless F(\beta, \alpha)$ 型の方程式・不等式を考えるときは，この式の変数を分離して，$f(\alpha) \gtreqless f(\beta)$ と同値変形できるかどうかを考えます．できれば(2)と同様の議論になります．

本例題では比較する 2 式の対数をとり，その 2 式を $\alpha\beta$ で割れば $\dfrac{\log(1+\alpha)}{\alpha}$，$\dfrac{\log(1+\beta)}{\beta}$ となるので，$f(x) = \dfrac{\log(1+x)}{x} \ (x>0)$ の増減を考えることになります．

《解答》 $f(x) = \dfrac{\log(1+x)}{x} \ (x>0)$ とおくと

$$f'(x) = \frac{\dfrac{x}{1+x} - \log(1+x)}{x^2}$$

ここで $g(x) = \bigl(f'(x) の分子\bigr)$ とおくと (☞ 9 (二))

$$g'(x) = \frac{1}{(1+x)^2} - \frac{1}{1+x} = \frac{-x}{(1+x)^2} < 0 \quad (x>0)$$

これと $g(0)=0$ により，$x>0$ で $g(x)<0$ となり $f'(x)<0$ である．

よって $f(x)$ は $x>0$ で減少するので，$\beta > \alpha > 0$ より $f(\beta) < f(\alpha)$ となり，これを変形すると

$$\frac{\log(1+\beta)}{\beta} < \frac{\log(1+\alpha)}{\alpha} \iff \alpha\log(1+\beta) < \beta\log(1+\alpha)$$
$$\iff \log(1+\beta)^\alpha < \log(1+\alpha)^\beta$$

だから，$(1+\beta)^\alpha < (1+\alpha)^\beta$ □

例Ⅰの方程式バージョンが次の例題です．

例Ⅱ a を正の定数として，x の方程式 $x^a = a^x$ $(x > 0)$ の解の個数を求めよ．

《解答》 与えられた方程式は両辺が正より対数をとって
$$x^a = a^x \iff \log x^a = \log a^x \iff \frac{\log x}{x} = \frac{\log a}{a}$$
したがって，$f(x) = \dfrac{\log x}{x}$ とおき，$f(x) = f(a)$ の解の個数，つまり
$$y = f(x) \text{ と } y = f(a) \text{ のグラフの共有点の個数}$$
を考えればよい．
$$f'(x) = \frac{\frac{1}{x} \cdot x - \log x \cdot 1}{x^2} = \frac{1 - \log x}{x^2}$$
より次表を得る．

x	(0)		e	
$f'(x)$		$+$	0	$-$
$f(x)$		↗	$\frac{1}{e}$	↘

$$\lim_{x \to +0} f(x) = \lim_{x \to +0} \frac{1}{x} \cdot \log x = -\infty$$
$$\lim_{x \to \infty} f(x) = 0$$

よって $y = f(x)$ の概形は次図の通り〔これはかなり誇張しています．本当はもっとなだらかに減少するのでこんなグラフではありません〕．

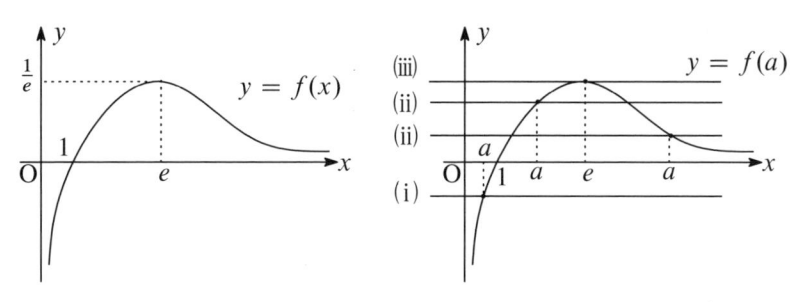

右上図より

(i) $0 < a \leqq 1$ のとき $f(a) \leqq 0$ だから $y = f(x)$ と $y = f(a)$ の共有点の個数は 1 個．

(ii) $1 < a < e,\ e < a$ のとき $0 < f(a) < \dfrac{1}{e}$ だから $y = f(x)$ と $y = f(a)$ の共有点の個数は 2 個.

(iii) $a = e$ のとき $f(a) = \dfrac{1}{e}$ だから $y = f(x)$ と $y = f(a)$ の共有点の個数は 1 個.

以上から
$$\begin{cases} 0 < a \leqq 1,\ a = e \text{ のとき,} & \text{解の個数は } \mathbf{1} \text{ 個} \\ 1 < a < e,\ e < a \text{ のとき,} & \text{解の個数は } \mathbf{2} \text{ 個} \end{cases}$$
□

《注》 問題が

「$m^n = n^m$, $0 < n < m$ をみたす整数 $m,\ n$ を求めよ.」

であれば，例 II と同様の作業で，解が 2 個あることから $1 < n < e < m$ であることがわかります．これと n は整数により $n = 2$ となり $2^m = m^2$，$2 < m$ から $m = 4$ と求まります．

━━ 関数の増減 ━━

9 実数 $t > 1$ に対し，xy 平面上の点
$$O(0, 0), \quad P(1, 1), \quad Q\left(t, \frac{1}{t}\right)$$
を頂点とする三角形の面積を $a(t)$ とし，線分 OP，OQ と双曲線 $xy = 1$ とで囲まれた部分の面積を $b(t)$ とする．このとき
$$c(t) = \frac{b(t)}{a(t)}$$
とおくと，関数 $c(t)$ は $t > 1$ においてつねに減少することを示せ．

〔東京大〕

アプローチ

(イ) $\overrightarrow{AB} = (a, b), \overrightarrow{AC} = (c, d)$ のとき，$\triangle ABC = \frac{1}{2}|ad - bc|$

もちろん，三角形が存在するなら，ベクトル (a, b) と (c, d) が平行でない (正確には「1次独立」である) ので $ad - bc \neq 0$ です．ちなみに，空間のときは
$$\triangle ABC = \frac{1}{2}\sqrt{|\overrightarrow{AB}|^2|\overrightarrow{AC}|^2 - (\overrightarrow{AB} \cdot \overrightarrow{AC})^2}$$
として計算します (☞ IAIIB **29**).

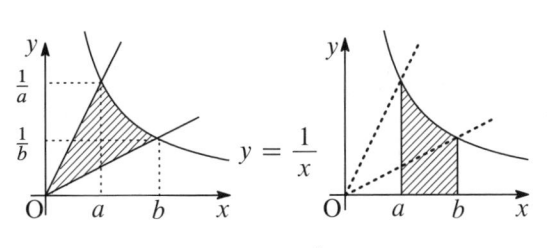

(ロ)

$$(左の面積) = \frac{1}{2} \cdot a \cdot \frac{1}{a} + \int_a^b \frac{1}{x} dx - \frac{1}{2} \cdot b \cdot \frac{1}{b}$$
$$= \int_a^b \frac{1}{x} dx = (右の面積)$$

結果的に上図の2つ斜線部の面積は等しくなります．

(ハ) $f'(x)$ の符号がわからないときは，符号のわからないところだけをとり出してさらに微分します．それはわからないところのグラフ (符号変化) を

考えるためです．

(ニ) $f(x) - g(x)\log x$ の符号の判定をするためにこれを微分しても，導関数の符号もはっきりしないときがあります．このときは $g(x)$ でくくってから $\dfrac{f(x)}{g(x)} - \log x$ を微分してみましょう．そうすると $\log x$ の係数に x の式がないので導関数の符号判定はやりやすくなることが多いです．なぜなら $\log x$ は微分すると $\dfrac{1}{x}$ となるので，導関数から $\log$ がなくなり多項式およびその分数式どうしで比較ができる可能性があります．

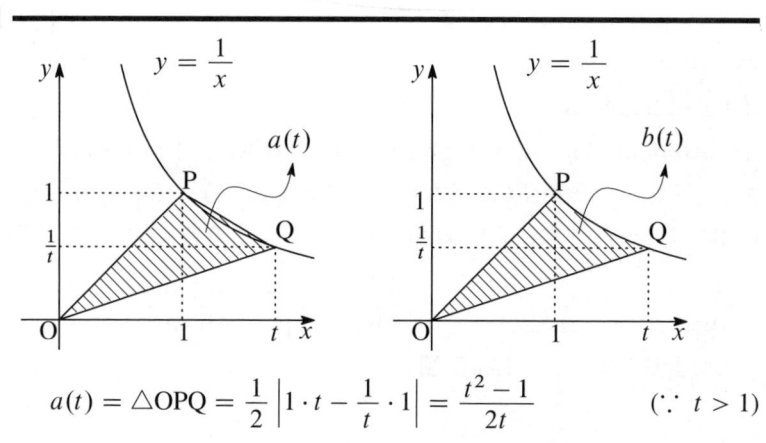

解答

$$a(t) = \triangle \text{OPQ} = \frac{1}{2}\left|1 \cdot t - \frac{1}{t} \cdot 1\right| = \frac{t^2 - 1}{2t} \quad (\because t > 1)$$

また

$$b(t) = \frac{1}{2} \cdot 1 \cdot 1 + \int_1^t \frac{1}{x} dx - \frac{1}{2} \cdot t \cdot \frac{1}{t}$$
$$= \bigl[\log x\bigr]_1^t = \log t$$

よって

$$c(t) = \frac{b(t)}{a(t)} = \frac{2t \log t}{t^2 - 1}$$

これより

$$c'(t) = 2 \cdot \frac{(t \log t)'(t^2 - 1) - t \log t \cdot 2t}{(t^2 - 1)^2}$$
$$= 2 \cdot \frac{(t^2 - 1) - (t^2 + 1)\log t}{(t^2 - 1)^2} \qquad \cdots\cdots ①$$
$$= 2 \cdot \frac{t^2 + 1}{(t^2 - 1)^2}\left(\frac{t^2 - 1}{t^2 + 1} - \log t\right) \qquad \cdots\cdots ②$$

ここで $f(t) = \dfrac{t^2-1}{t^2+1} - \log t$ とおくと $c'(t)$ と $f(t)$ は同符号だから, $f(t)$ が $t > 1$ のとき負であることを証明すればよい. そこで
$$f'(t) = \dfrac{2t(t^2+1) - (t^2-1)2t}{(t^2+1)^2} - \dfrac{1}{t} = \dfrac{-(t^2-1)^2}{t(t^2+1)^2} < 0$$
より $f(t)$ は減少であり, $f(1) = 0$ だから $t > 1$ のとき $f(t) < 0$ であることがいえる. よって題意が示された. □

(フォローアップ)

1. もし①のまま $f(t) = t^2 - 1 - (t^2+1)\log t$ とおき $f(t)$ の符号を調べるため微分したとすると,
$$f'(t) = t - \dfrac{1}{t} - 2t\log t$$
となり, このままでは符号判定ができません. やはり②のように $\log t$ の係数でくくっておくべきです. もしこのまま突っ走ると
$$f''(t) = t^{-2} - 2\log t - 1, \quad f'''(t) = -2t^{-3} - 2t^{-1} < 0$$
これから $t > 1$ において, $f''(t)$ は減少で $f''(1) = 0$ だから $f''(t) < 0$. したがって $f'(t)$ は減少となり $f'(1) = 0$ だから $f'(t) < 0$ となるので, $f(t)$ は $t > 1$ でつねに減少となる.

このようになんとか解答できますが, 3回も微分することになってしまいます. ちょっとしたことで微分の回数が減らせるのだから, 工夫した方がよいでしょう.

2. 上の手法と対照的な問題があります.

> 例 次の不等式を証明せよ.
> $$\cos x \leq e^{-\frac{x^2}{2}} \quad \left(0 \leq x \leq \dfrac{\pi}{2}\right)$$

《解答》 証明すべき式は
$$e^{\frac{x^2}{2}} \cos x \leq 1$$
と同値である. そこで左辺を $f(x)$ とおくと, $0 < x < \dfrac{\pi}{2}$ のとき
$$f'(x) = xe^{\frac{x^2}{2}}\cos x - e^{\frac{x^2}{2}}\sin x = e^{\frac{x^2}{2}}\cos x(x - \tan x) < 0$$
$$\left(\because\ 0 < x < \dfrac{\pi}{2}\text{のとき}\ x < \tan x\right)$$

よって，$f(x)$ は $0 \leqq x \leqq \dfrac{\pi}{2}$ で減少し，$f(x) \leqq f(0) = 1$ だから，題意は示された． □

ここで基本不等式
$$0 < x < \frac{\pi}{2} \text{ のとき } \sin x < x < \tan x$$
を用いています．これは三角関数の微積分の基礎になる不等式で，教科書では図形的に示しています．これから $\lim\limits_{x \to 0} \dfrac{\sin x}{x} = 1$ が導かれ，この公式から $\sin x$ の導関数が求められるのです．この論理の流れは一度教科書で確認しておいてください．そのまま入試に出題されることがあります．

上の解答のような不等式の証明を関数の増減に帰着させるときに，端点の扱いが気になりますが，一般に，次のことが成り立ちます．

関数 $f(x)$ が $a \leqq x \leqq b$ で連続で，$a < x < b$ で $f'(x) > 0$ ならば，$f(x)$ は $a \leqq x \leqq b$ で増加である．

これは平均値の定理からわかります (☞ 7 フォローアップ 3.)．したがって，端では関数が定義されていればよく，区間の内部での導関数の符号を調べればよいのです．

上の例では（左辺）－（右辺）をそのまま微分すると符号が判定できない式があらわれます．そこで右辺の指数関数を左辺の関数にくっつけてしまいます．そうすると微分した式が指数関数でくくれて符号が判定できます．一般化すると $f(x) - e^x$ を $e^x\{e^{-x}f(x) - 1\}$ の形にして $\{\quad\}$ の中身を微分します．すると $e^{-x}\{f'(x) - f(x)\}$ となり $f'(x) - f(x)$ なら符号が判定しやすくなるということです．

この方法で 4 フォローアップ 3. にあった
$$e^x > \sum_{k=0}^{n} \frac{x^k}{k!} \quad (x > 0, \, n : 0 \text{ 以上の整数})$$
の別証明ができます．

《証明》 両辺に $e^{-x}(> 0)$ をかけると
$$1 > e^{-x} \sum_{k=0}^{n} \frac{x^k}{k!}$$
となるので，これを証明すればよい．この右辺を $f(x)$ とおくと，

$$f'(x) = -e^{-x}\left(1 + x + \frac{x^2}{2!} + \cdots + \frac{x^n}{n!}\right)$$
$$+ e^{-x}\left(0 + 1 + x + \cdots + \frac{x^{n-1}}{(n-1)!}\right)$$
$$= -e^{-x} \cdot \frac{x^n}{n!} < 0 \qquad (x > 0)$$

となり $f(x)$ は $x > 0$ で減少である．したがって
$$f(x) < f(0) = 1 \quad (x > 0)$$

となり，与えられた不等式が示された． □

帰納法がいらないので，ずいぶんすっきり示せました．

―― 最大・最小 ――

10 a, b を実数，e を自然対数の底とする．すべての実数 x に対して $e^x \geqq ax + b$ が成立するとき，以下の問いに答えよ．

(1) a, b の満たすべき条件を求めよ．

(2) 次の定積分 $\int_0^1 (e^x - ax - b)\,dx$ の最小値と，そのときの a, b の値を求めよ．

〔千葉大〕

アプローチ

(イ) つねに $f(x) \geqq 0$ が成立する条件は，($f(x)$ の最小値)$\geqq 0$ です．もちろん，最小値が存在するときに限ります．

(ロ) (1)では $f'(x) = 0 \iff e^x = a$ となるので，この解が存在するかしないかで第一段階の場合分けを行います．つまり $a > 0$ と $a \leqq 0$ の場合分けです．次に $x \to -\infty$ の極限を考えるときに第二段階の場合分けが生じます．つまり $a = 0$，$a < 0$ の場合分けです．

(ハ) (2)では **4** (ニ)の2つの解法のどちらの解法が得策でしょうか？

解答

(1) すべての実数 x に対して，$e^x \geqq ax + b$ つまり $e^x - ax - b \geqq 0$ となる条件を求める．そこで $f(x) = e^x - ax - b$ とおくと
$$f'(x) = e^x - a$$

(i) $a < 0$ のとき，$\displaystyle\lim_{x \to -\infty} f(x) = -\infty$ より不適．

(ii) $a = 0$ のとき，$f'(x) > 0$ だから $f(x)$ は増加であり，また $\displaystyle\lim_{x \to -\infty} f(x) = -b$ だから，このときの条件は
$$-b \geqq 0 \quad \therefore \quad b \leqq 0$$

(iii) $a > 0$ のとき，$f'(x) = 0 \iff e^x = a \iff x = \log a$ だから，このときの条件は

x		$\log a$	
$f'(x)$	$-$	0	$+$
$f(x)$	↘	最小	↗

$f(\log a) \geqq 0 \quad \therefore \quad a - a\log a - b \geqq 0$

以上より，求める条件は

「$a = 0$ かつ $b \leqq 0$」または「$a > 0$ かつ $b \leqq a - a\log a$」

(2) 題意の定積分を I とおくと,
$$I = \int_0^1 (e^x - ax - b)\,dx = \left[e^x - \frac{a}{2}x^2 - bx\right]_0^1 = e - 1 - \frac{a}{2} - b$$

(i) $a = 0$, $b \leq 0$ のとき, $-b \geq 0$ だから
$$I = e - 1 - b \geq e - 1$$

(ii) $a > 0$, $b \leq a - a\log a$ のとき, $-b \geq -a + a\log a$ だから
$$I \geq e - 1 - \frac{a}{2} - a + a\log a = a\log a - \frac{3}{2}a + e - 1$$

ここで $g(a) = a\log a - \dfrac{3}{2}a + e - 1$ とおくと
$$g'(a) = \log a + a \cdot \frac{1}{a} - \frac{3}{2} = \log a - \frac{1}{2}$$

これより右表を得る. よって
$$I \geq g(a) \geq g(\sqrt{e}) = e - \sqrt{e} - 1$$
であり, $I = e - \sqrt{e} - 1$ となるのは

a	0		$\sqrt{e}$	
$g'(a)$		$-$	0	$+$
$g(a)$		↘	最小	↗

$$b = a - a\log a \text{ かつ } a = \sqrt{e} \quad \therefore\ a = \sqrt{e},\ b = \frac{\sqrt{e}}{2}$$
のときである.

(i), (ii)および $e - 1 > e - 1 - \sqrt{e}$ であることから, I の最小値は
$$a = \sqrt{e},\ b = \frac{\sqrt{e}}{2} \text{ のとき } e - \sqrt{e} - 1 \qquad \square$$

別解 (1) $y = e^x$ がつねに $y = ax + b$ の上方(の領域, 境界を含む)にあるための条件を求めればよい.

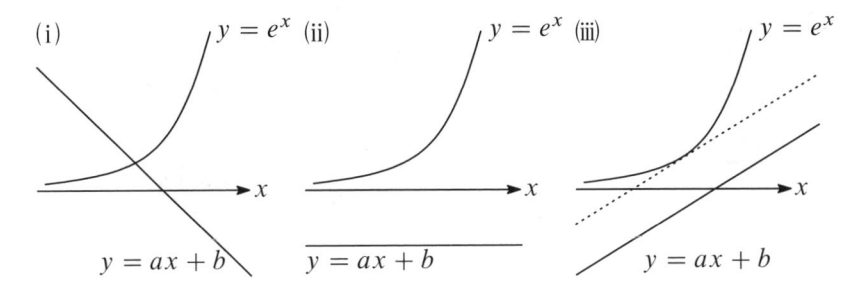

(i) [図: $y = e^x$ と $y = ax + b$ ($a<0$)]
(ii) [図: $y = e^x$ と $y = ax + b$ ($a=0$)]
(iii) [図: $y = e^x$ と $y = ax + b$ ($a>0$)]

グラフより
(i) $a < 0$ のときは不適.
(ii) $a = 0$ のとき $b \leq 0$ が条件である.

(iii) $a>0$ のとき,b が $y=e^x$ における傾き a の接線の y 切片以下であればよいことがわかる.そこで $y'=e^x$ より
$$y'=a \iff e^x=a \iff x=\log a$$
だから,点 $(\log a, a)$ における接線の方程式を求めて,
$$y=a(x-\log a)+a \quad \therefore \quad y=ax-a\log a+a$$
よって $b \leqq a-a\log a$ が条件である.

以上より求める条件は,
「$a=0$ かつ $b \leqq 0$」または「$a>0$ かつ $b \leqq a-a\log a$」

(2) $e^x \geqq ax+b$ が成立しているとき,定積分 $I=\displaystyle\int_0^1 \{e^x-(ax+b)\}dx$ は
$$y=e^x,\ y=ax+b,\ x=0,\ x=1$$
で囲まれた部分の面積を表す.

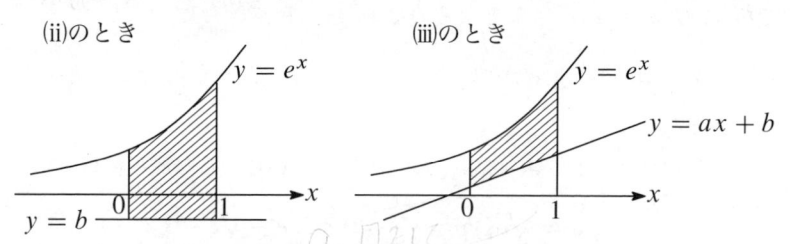

(ii)のとき　　　　　(iii)のとき

この面積が最小になるのは直線の傾きを一定にして変化させると(1)の(ii)は $b=0$ のときであり,(1)の(iii)は $y=e^x$ と $y=ax+b$ が接しているとき,つまり $b=a-a\log a$ のときであることがわかる.

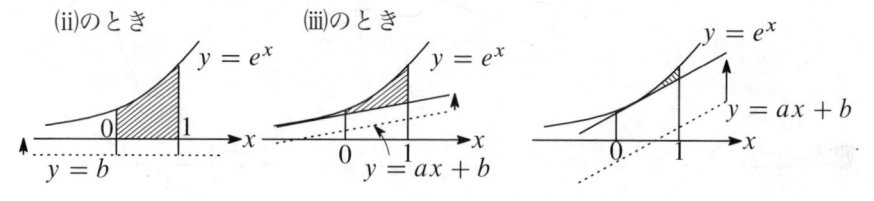

(ii)のとき　　(iii)のとき

しかし上図からもわかるように最小となるのは(iii)のときを考えればよい.よって
$$I=\int_0^1 \{e^x-ax-(a-a\log a)\}dx = a\log a-\frac{3}{2}a+e-1$$
これを $g(a)$ とおいて $g(a)$ の最小値を求めればよい.〔以下 解答 と同じ〕□

フォローアップ

1. 別解 はグラフを利用した解法です．そのときに差のグラフを考えるのではなく，動くグラフと動かないグラフに分離すると見通しが立てやすいです．

2. (パ)について，今回の不等式を図示するのは手間がかかるので後者の解法をとりました．4では前者の解法をとっています．不等式や式の形によって最適な解法をとりましょう．

3. 解答 も 別解 もともに，a を固定して b を動かす解法をとっています．式で行っているのが 解答 で，図の中で行っているのが 別解 です．

　(ii)ではまず a を固定すると，$b \leq a - a\log a$ より $-b$ の最小値は $-a + a\log a$ になります．これを代入した結果が $g(a)$ です．最後は a を動かして最小値を求めます．

4. (1)とよく似た問題を練習しましょう．方程式 $f(x) = 0$ の解がないというのは，つねに $f(x) > 0$ または $f(x) < 0$ なので，本問と同様に最大最小問題に帰着されます．

例 直線 $y = px + q$ が関数 $y = \log x$ のグラフと共有点をもたないために p, q が満たすべき必要十分条件を求めよ．

〔京都大〕

《解答》 求める条件は，
$$px + q - \log x = 0 \quad (x > 0)$$
が解をもたないことである．そこで $f(x) = px + q - \log x \ (x > 0)$ とおくと，
$$f'(x) = \frac{px - 1}{x}$$

(i) $p \leq 0$ のとき，$x > 0$ より $px - 1 < 0$ だから $f'(x) < 0$．よって，$f(x)$ は減少関数で
$$\lim_{x \to +0} f(x) = \infty, \ \lim_{x \to \infty} f(x) = -\infty$$
となり，$f(x) = 0$ は解をもつ．

(ii) $p>0$ のとき,$f'(x)=0$ となるのは $x=\dfrac{1}{p}\ (>0)$ のときである.

$f(x)$ の増減は右表のとおり.

$\displaystyle\lim_{x\to +0}f(x)=\infty$ だから,$f(x)=0$ が解をもたないための条件は

x	0		$\dfrac{1}{p}$	
$f'(x)$		$-$	0	$+$
$f(x)$		$\searrow$		$\nearrow$

$$f\!\left(\dfrac{1}{p}\right)>0 \quad \therefore \quad 1+q-\log\dfrac{1}{p}>0$$

以上(i),(ii)より求める条件は

$p>0$ かつ $1+q+\log p>0$ □

この**例**でも,本問と同様にグラフを描いて考えることはできますが,式であっさりやった方がすっきりして早いでしょう.意味を考えることは大切ですが,解答(論証)はそれにひっぱられない方がよいことはしばしばあります.

―― 定積分の計算 ――

11 次の定積分を求めよ．

(1) $\displaystyle\int_0^a \log(a^2 + x^2)\,dx$ （a は正の定数）

(2) $\displaystyle\int_0^{\frac{\pi}{2}} \frac{\sin\theta}{\sin\theta + \cos\theta}\,d\theta$ 〔横浜国立大〕

(3) $\displaystyle\int_0^1 \frac{1}{2 + 3e^x + e^{2x}}\,dx$ 〔東京理科大〕

アプローチ

(イ) log を含む積分は，例えば

$$\int \frac{(\log x)^2}{x}\,dx = \int (\log x)^2 \cdot \frac{1}{x}\,dx = \frac{1}{3}(\log x)^3 + C$$

のような

$$\int \{f(x)\}^k f'(x)\,dx = \frac{1}{k+1}\{f(x)\}^{k+1} + C \quad (k \neq -1)$$

の形でない限り部分積分を使うことが多いです．

(ロ) $\displaystyle\int \frac{(多項式)}{(多項式)}$ について

・ (分母の次数) $\leq$ (分子の次数) なら分子を分母で割って帯分数化する．

・ $\displaystyle\int \frac{f'(x)}{f(x)}\,dx = \log|f(x)| + C$ の形ではないかをチェックする．

・ 分母が因数分解できるときは，部分分数に分解する (☞ (ヘ))．

・ 分母が因数分解できない 2 次式のときは，平方完成して(ハ)を利用する．

(ハ) $\dfrac{1}{(x+p)^2 + a^2}$ を含む積分で困ったら $x + p = a\tan\theta$ とおきます．このとき θ と x が 1 : 1 に対応し，積分範囲のすべての x の値をとり得る連続な θ の区間に置換します．通常 $-\dfrac{\pi}{2} < \theta < \dfrac{\pi}{2}$ とします．

(ニ) 一般に

$$\int_0^{\frac{\pi}{2}} F(\sin\theta, \cos\theta)\,d\theta = \int_0^{\frac{\pi}{2}} F(\cos\theta, \sin\theta)\,d\theta \quad \cdots\cdots\cdots(\star)$$

が成り立ちます．つまり，$\sin\theta, \cos\theta$ だけからなる関数を $\left[0, \dfrac{\pi}{2}\right]$ で定積分した結果と，$\sin\theta, \cos\theta$ を入れかえた関数を $\left[0, \dfrac{\pi}{2}\right]$ で定積分した結果

は同じになります (ただし証明無しで用いてはダメ). これを一般化すると
$$\int_0^a f(x)dx = \int_0^a f(a-x)dx \qquad \cdots\cdots\cdots (\star\star)$$
となります. 実際, a を $\frac{\pi}{2}$ とすれば $\sin\left(\frac{\pi}{2}-x\right) = \cos x$, $\cos\left(\frac{\pi}{2}-x\right) = \sin x$ だから $(\star)$ が得られます.

左辺は $x=0$ から $x=a$ までの定積分を求めるのに対し, 右辺では $x=a$ から $x=0$ までの定積分を求めている感じです. つまり $a-x$ というのは「a から x 戻る」といった感覚です. もっと砕けた表現にすると「a から 0 への逆向きの積分」となります. $(\star\star)$ の証明は簡単で, 次のようになります.

定積分の等式証明は置換積分で示すことが多いです (中には部分積分を用いるものもあります). この場合どう置換するかはすぐわかるでしょう.

《証明》 右辺において $a-x=t$ とおくと, $-dx=dt$, $\begin{array}{c|c} x & 0 \to a \\ \hline t & a \to 0 \end{array}$ だから
$$(右辺) = \int_a^0 f(t)(-dt) = \int_0^a f(t)\,dt = (左辺) \qquad \square$$

ここで, 定積分は積分変数によらないことを用いています:
$$\int_a^b f(x)\,dx = \int_a^b f(t)\,dt = \int_a^b f(y)\,dy = \cdots$$

(ホ) $\int f(e^x)\,dx$ で困ったら $e^x=t$ とおいてみます. すると
$$\int f(e^x)\,dx = \int \frac{f(t)}{t}\,dt$$
となります.

(ヘ) 部分分数分解のとき, 分子は分母より 1 だけ次数の低いものを設定します.

＜設定例＞

・ $\dfrac{2x+3}{(x^2+3)(x-1)} = \dfrac{ax+b}{x^2+3} + \dfrac{c}{x-1}$

・ $\dfrac{2x+3}{(x+3)^2(x-1)} = \dfrac{a}{(x+3)^2} + \dfrac{b}{(x+3)} + \dfrac{c}{(x-1)}$

しかし後半の方は次のステップを踏んでいます. まず $\dfrac{a'x+b'}{(x+3)^2} + \dfrac{c}{x-1}$ となる a', b', c が求まれば,

$$a'x + b' = a'(x + 3 - 3) + b' = a'(x + 3) - 3a' + b'$$

と第一式を変形して

$$\frac{a'(x+3) - 3a' + b'}{(x+3)^2} + \frac{c}{x-1} = \frac{a'}{x+3} + \frac{-3a' + b'}{(x+3)^2} + \frac{c}{x-1}$$

となります．ということは最初から $\dfrac{定数}{(x+3)^2} + \dfrac{定数}{(x+3)} + \dfrac{c}{x-1}$ と設定すればよいというわけです．この方が積分するのが楽でしょう．

(ト) 多項式の恒等式の係数決定は，「両辺を展開し整理して係数比較」または「次数より1つ多い個数の数値代入」のいずれかで行います．

解答

(1) $\displaystyle (与式) = \left[x \log(x^2 + a^2) \right]_0^a - \int_0^a x \cdot \frac{2x}{x^2 + a^2} dx$

$\displaystyle \qquad = a \log(2a^2) - \int_0^a \left(2 + \frac{-2a^2}{x^2 + a^2} \right) dx$ 〔帯分数化を行った〕

$\displaystyle \qquad = a \log(2a^2) - 2a + 2a^2 \int_0^a \frac{1}{x^2 + a^2} dx$

ここで $x = a \tan \theta$ とおくと，$dx = \dfrac{a}{\cos^2 \theta} d\theta$, $\begin{array}{c|c} x & 0 \to a \\ \hline \theta & 0 \to \frac{\pi}{4} \end{array}$ より

$$\int_0^a \frac{1}{x^2 + a^2} dx = \int_0^{\frac{\pi}{4}} \frac{1}{a^2(\tan^2 \theta + 1)} \cdot \frac{a}{\cos^2 \theta} d\theta = \int_0^{\frac{\pi}{4}} \frac{1}{a} d\theta = \frac{\pi}{4a}$$

だから

$$(与式) = a \log(2a^2) - 2a + 2a^2 \cdot \frac{\pi}{4a} = \boldsymbol{2a \log a + \left(\frac{\pi}{2} + \log 2 - 2 \right) a}$$

(2) $\displaystyle I = \int_0^{\frac{\pi}{2}} \frac{\sin \theta}{\sin \theta + \cos \theta} d\theta, \quad J = \int_0^{\frac{\pi}{2}} \frac{\cos \theta}{\sin \theta + \cos \theta} d\theta$

とし，I において $\theta = \dfrac{\pi}{2} - t$ とおくと $d\theta = -dt$ であり $\begin{array}{c|c} \theta & 0 \to \frac{\pi}{2} \\ \hline t & \frac{\pi}{2} \to 0 \end{array}$ より

$$I = \int_{\frac{\pi}{2}}^0 \frac{\sin\left(\frac{\pi}{2} - t\right)}{\sin\left(\frac{\pi}{2} - t\right) + \cos\left(\frac{\pi}{2} - t\right)} (-dt)$$

$$\quad = \int_0^{\frac{\pi}{2}} \frac{\cos t}{\cos t + \sin t} dt = J$$

よって $I = J$ だから

$$I = \frac{I+J}{2} = \frac{1}{2}\int_0^{\frac{\pi}{2}} \frac{\sin\theta + \cos\theta}{\cos\theta + \sin\theta}d\theta = \frac{1}{2}\int_0^{\frac{\pi}{2}} d\theta = \frac{\pi}{4}$$

(3) $e^x = t$ とおくと

$$e^x dx = dt \quad \therefore \quad dx = \frac{dt}{t}, \quad \begin{array}{c|c} x & 0 \to 1 \\ \hline t & 1 \to e \end{array}$$

より

$$\begin{aligned}
(与式) &= \int_1^e \frac{1}{t^2 + 3t + 2} \cdot \frac{dt}{t} = \int_1^e \frac{dt}{t(t+1)(t+2)} \quad \cdots\cdots\cdots (*) \\
&= \int_1^e \left(\frac{1}{2}\cdot\frac{1}{t} - \frac{1}{t+1} + \frac{1}{2}\cdot\frac{1}{t+2}\right) dt \\
&= \left[\frac{1}{2}\log t - \log(t+1) + \frac{1}{2}\log(t+2)\right]_1^e \\
&= \left[\frac{1}{2}\{\log t - 2\log(t+1) + \log(t+2)\}\right]_1^e = \left[\frac{1}{2}\log\frac{t(t+2)}{(t+1)^2}\right]_1^e \\
&= \frac{1}{2}\left\{\log\frac{e(e+2)}{(e+1)^2} - \log\frac{3}{4}\right\} = \frac{1}{2}\log\frac{4e(e+2)}{3(e+1)^2} \\
&= \frac{1}{2}\left\{1 + \log\frac{4}{3} - 2\log(e+1) + \log(e+2)\right\}
\end{aligned}$$

フォローアップ

1. (2) 区間 $\left[0, \frac{\pi}{2}\right]$ の $\sin\theta, \cos\theta$ だけからなる関数の定積分が単独で計算しにくいときは，この $\sin\theta, \cos\theta$ を入れかえた関数の，同じ区間での定積分と組みあわせて考えるのがポイントです．解答では置換により $I = J$ を証明しましたが，次のように示すこともできます．

$$\begin{aligned}
J - I &= \int_0^{\frac{\pi}{2}} \frac{\cos\theta - \sin\theta}{\sin\theta + \cos\theta}d\theta = \int_0^{\frac{\pi}{2}} \frac{(\sin\theta + \cos\theta)'}{\sin\theta + \cos\theta}d\theta \\
&= \Big[\log|\sin\theta + \cos\theta|\Big]_0^{\frac{\pi}{2}} = 0
\end{aligned}$$

$$\therefore \quad I = J$$

2. (*) から次の行への式変形は次のように行っています．

$$\frac{1}{t(t+1)(t+2)} = \frac{a}{t} + \frac{b}{t+1} + \frac{c}{t+2}$$

(a, b, c は定数) と設定して両辺を $t(t+1)(t+2)$ 倍すると

$$1 = a(t+1)(t+2) + bt(t+2) + ct(t+1)$$

これは t の 2 次以下の恒等式だから，$t = 0, -1, -2$ のとき成立することが必要十分です．そこでこれらを代入すると

$$1 = 2a,\ 1 = -b,\ 1 = 2c \quad \therefore\ a = \frac{1}{2},\ b = -1,\ c = \frac{1}{2}$$

となり

$$\frac{1}{t(t+1)(t+2)} = \frac{1}{2t} - \frac{1}{t+1} + \frac{1}{2(t+2)}$$

また，数列の和の計算のところでも使う変形：$\dfrac{1}{t(t+1)} = \dfrac{1}{t} - \dfrac{1}{t+1}$ はよく知っているでしょう．これから

$$\frac{1}{(t+1)(t+2)} = \frac{1}{t+1} - \frac{1}{t+2}$$

もわかるので，これらをあわせて

$$\frac{1}{t(t+1)(t+2)} = \frac{1}{2}\left\{\frac{1}{t(t+1)} - \frac{1}{(t+1)(t+2)}\right\}$$
$$= \frac{1}{2}\left\{\left(\frac{1}{t} - \frac{1}{t+1}\right) - \left(\frac{1}{t+1} - \frac{1}{t+2}\right)\right\}$$

とする方法もあります．

3. $\dfrac{1}{x^2 + a^2}$ のときだけ $x = a\tan\theta$ と思っている人が多いようです．(ロ)，(ハ)をしっかり理解してください．

例 I $\quad I = \displaystyle\int_{-1}^{0} \frac{1}{x^2 + 2x + 2}\,dx$ を求めよ．

《解答》

$$I = \int_{-1}^{0} \frac{1}{(x+1)^2 + 1}dx$$

において $x + 1 = \tan\theta$ とおくと $dx = \dfrac{1}{\cos^2\theta}d\theta$，$\begin{array}{c|ccc} x & -1 & \to & 0 \\ \hline \theta & 0 & \to & \frac{\pi}{4} \end{array}$ より

$$I = \int_0^{\frac{\pi}{4}} \frac{1}{\tan^2\theta + 1} \cdot \frac{1}{\cos^2\theta}d\theta = \int_0^{\frac{\pi}{4}} d\theta = \frac{\pi}{4} \qquad \square$$

上の置換を深く理解してもらいたいので，まず次の計算をしてみましょう．逆関数の微分は合成関数の微分法を用います．

> **例** II 次の関数の逆関数を変数 x で表すとき，その導関数を x の式で表せ．
> (1) $y = \sin x \ \left(-\dfrac{\pi}{2} < x < \dfrac{\pi}{2}\right)$
> (2) $y = \tan x \ \left(-\dfrac{\pi}{2} < x < \dfrac{\pi}{2}\right)$

《解答》 (1) 逆関数は
$$x = \sin y \quad \left(-\dfrac{\pi}{2} < y < \dfrac{\pi}{2} \cdots\cdots ①\right)$$
で決まる x の関数 y で，この両辺を x で微分すると
$$1 = \cos y \cdot \dfrac{dy}{dx} \quad \therefore \quad \dfrac{dy}{dx} = \dfrac{1}{\cos y}$$
①のとき $\cos y > 0$ だから，$\cos y = \sqrt{1 - \sin^2 y} = \sqrt{1 - x^2}$ より
$$\dfrac{dy}{dx} = \dfrac{1}{\sqrt{1 - x^2}}$$

(2) 逆関数は
$$x = \tan y \quad (ただし①)$$
で決まる x の関数 y で，この両辺を x で微分すると
$$1 = \dfrac{1}{\cos^2 y} \cdot \dfrac{dy}{dx} \quad \therefore \quad \dfrac{dy}{dx} = \cos^2 y$$
$1 + \tan^2 y = \dfrac{1}{\cos^2 y}$ だから $1 + x^2 = \dfrac{1}{\cos^2 y}$ より
$$\dfrac{dy}{dx} = \dfrac{1}{1 + x^2} \qquad □$$

上のことから，(1)(2)の逆関数をそれぞれ Arcsin x, Arctan x と表すと
$$(\text{Arcsin } x)' = \dfrac{1}{\sqrt{1 - x^2}} \quad \therefore \quad \int \dfrac{1}{\sqrt{1 - x^2}}\, dx = \text{Arcsin } x + C$$
$$(\text{Arctan } x)' = \dfrac{1}{1 + x^2} \quad \therefore \quad \int \dfrac{1}{1 + x^2}\, dx = \text{Arctan } x + C$$
となり，$\sqrt{a^2 - x^2}$, $a^2 + x^2$ を含む積分で $x = a\sin\theta$ や $x = a\tan\theta$ と置換するのは，これらの関数の不定積分が $\sin x$ や $\tan x$ の逆関数で表されるからなのです．

4. 逆関数についてきちんと説明しておきます．

実数の区間 I で定義された関数 f の値域を J とすると，$f : I \to J$ です．f の逆関数 g とは，$I \ni x \mapsto f(x) \in J$ の逆の対応のことで，それを g とかくと，$g : J \to I$ で
$$y = f(x) \iff x = g(y) \qquad \cdots\cdots\cdots ②$$
がすべての $x \in I$, $y \in J$ で成り立ちます．したがって，
$$f(g(y)) = y \ (y \in J), \ g(f(x)) = x \ (x \in I) \qquad \cdots\cdots\cdots ③$$
がつねに成り立ちます．逆関数が存在するための条件は <u>$f : I \to J$ が 1 対 1 であること</u>で，微積分のためには増加か減少であるときだけ (そのような範囲だけで) を考えます．また f, g が微分可能のときには，逆関数の導関数は③を微分すると得られます．例えば第 1 式を y で微分すると，合成関数の微分により
$$f'(g(y))g'(y) = 1 \quad \therefore \quad g'(y) = \frac{1}{f'(g(y))}$$
であり，$f(x) = \sin x$, $I = \left(-\dfrac{\pi}{2}, \dfrac{\pi}{2}\right)$, $J = (-1, 1)$ (それぞれ実数の区間) のときには $\sin g(y) = y$ だから，
$$g'(y) = \frac{1}{\cos g(y)} = \frac{1}{\sqrt{1 - \sin^2 g(y)}} = \frac{1}{\sqrt{1 - y^2}}$$
y を x におきかえたものが 3. 例 II(1) の答です．

逆関数は②により定義されるもので，ひらたくいえば $y = f(x)$ を x について解いたものです．これは普通は $g(y)$ のように y の式になりますから，独立変数を x にするという高校数学の約束により y を x におきかえて $g(x)$ とします．だから $y = \sin x$ の逆関数を<u>独立変数 x で表すと $x = \sin y$ を y</u> について解いたものになります．また，②からわかるように xy 平面での $y = f(x)$ のグラフと $x = g(y)$ のグラフは同じです．<u>x と y を入れかえて $y = g(x)$ とする</u>ので，そのグラフは $y = f(x)$ のグラフと直線 $y = x$ について対称になるのです．ここでは，逆関数については②，同じことですが，③が本質であることを強調しておきます．

なお，f^{-1} という記号があるので，もちろん使ってもいいのですが，微積分ではまぎらわしいので避けた方がよいでしょう．実際 $\sin^{-1} x$ は $\sin x$ の逆関数なのか $\sin x$ の逆数なのか，わからなくなってしまいます．

──── つぎはぎ関数の定積分と微分可能性 ────

12 関数 $g(t)$ を $g(t) = \begin{cases} t & (t \geq 0) \\ 0 & (t < 0) \end{cases}$ と定義する．

実数 x に対し，$f(x) = \displaystyle\int_{-2}^{2} g(1-t^2)g(t-x)\,dt$ とおく．

(1) $f(x)$ を求めよ．

(2) $f(x)$ はすべての x で微分可能であることを示せ．

〔埼玉大〕

アプローチ

(イ) 本問の関数は，$g(\bigcirc)$ の中身 $\bigcirc$ が負なら 0 で，そうでなければ中身の $\bigcirc$ のままという関数です．例えば $h(x)$ が左下図のような関数であれば，$g(h(x))$ は右下図のような関数になります．

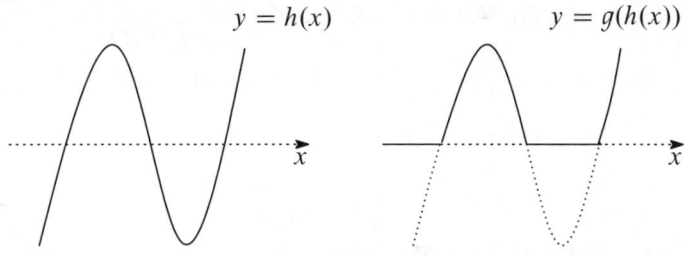

$y = h(x)$ $\qquad\qquad\qquad$ $y = g(h(x))$

(ロ) $f(x)$ は，各 x に対して右辺の積分を計算した結果の値を対応させる関数で，t で積分するときは x は定数です．また，0 の定積分は 0 なので，$g(1-t^2)g(t-x)$ が 0 でない区間だけを計算することになります．つまり積分するのは $1-t^2$，$t-x$ が 0 以上の区間だけになり，この区間がそのまま積分区間になります．もともと積分区間は $-2 \leq t \leq 2$ ですが，$1-t^2$ が 0 以上になる区間は $-1 \leq t \leq 1$ だから，この区間で $t-x$ の符号を考えることになります．ちなみに $t-x$ は t の関数であることを忘れないように．また結局，積分をするのは中身そのままの関数 $(1-t^2)(t-x)$ です．

(ハ) 積分区間が原点対称のときは

$$\int_{-a}^{a} x^{奇数}\,dx = 0, \quad \int_{-a}^{a} x^{偶数}\,dx = 2\int_{0}^{a} x^{偶数}\,dx$$

(ただし，指数は 0 以上の整数) を利用しましょう．もっと一般化すると

$$\int_{-a}^{a}(奇関数)dx = 0, \quad \int_{-a}^{a}(偶関数)dx = 2\int_{0}^{a}(偶関数)dx$$

(ニ) $f(x)$ が $x = a$ で微分可能であることの定義は $\lim_{x \to a}\dfrac{f(x) - f(a)}{x - a}$ が存在することです．

　これは噛み砕いていえば $y = f(x)$ のグラフの $x = a$ に対応する点で接線が引けるということです．またいいかえれば，グラフが滑らかにつながっているということです．だから絶対値のついた $y = |x|$ のような関数は，グラフがポキッと折れているので，その点では微分可能ではありません．

(ホ) つぎはぎ関数のつなぎ目での微分可能性は，まずそのつなぎ目でグラフがつながっているか，つまり連続であるかを確認します．次にそのつなぎ目の左右のグラフについて接線の傾きを求めます．それらが一致すれば微分可能ということになります（☞ フォローアップ 2.）．

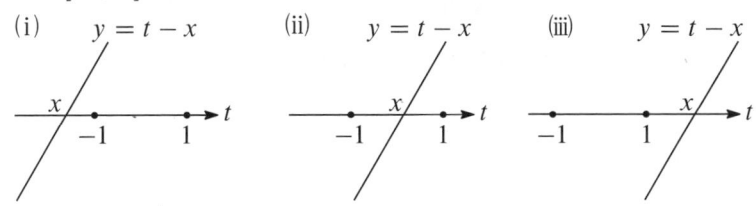

解答

(1)
$$g(1 - t^2) = \begin{cases} 1 - t^2 & (1 - t^2 \geqq 0 \text{ のとき}) \\ 0 & (1 - t^2 < 0 \text{ のとき}) \end{cases}$$
$$= \begin{cases} 1 - t^2 & (-1 \leqq t \leqq 1 \text{ のとき}) \\ 0 & (t < -1,\ 1 < t \text{ のとき}) \end{cases}$$

だから
$$f(x) = \int_{-2}^{2} g(1 - t^2)g(t - x)dt = \int_{-1}^{1}(1 - t^2)g(t - x)dt$$

t の区間 $[-1, 1]$ と x との位置関係は下の3通り．

(i)　$y = t - x$　　　(ii)　$y = t - x$　　　(iii)　$y = t - x$

(i) $x \leqq -1$ のとき
$$f(x) = \int_{-1}^{1}(1 - t^2)(t - x)dt = \int_{-1}^{1}(t - t^3 - x + xt^2)dt$$
$$= 2\int_{0}^{1}(xt^2 - x)dt = 2\left[\frac{1}{3}xt^3 - xt\right]_{0}^{1}$$

$$= \frac{2}{3}x - 2x = -\frac{4}{3}x$$

(ii) $-1 \leqq x \leqq 1$ のとき

$$f(x) = \int_x^1 (1-t^2)(t-x)dt = \int_x^1 (t - t^3 - x + xt^2)dt$$
$$= \left[\frac{1}{2}t^2 - \frac{1}{4}t^4 - xt + \frac{1}{3}xt^3 \right]_x^1$$
$$= -\frac{1}{12}x^4 + \frac{1}{2}x^2 - \frac{2}{3}x + \frac{1}{4}$$

(iii) $x \geqq 1$ のとき,$g(t-x) = 0 \, (-1 \leqq t \leqq 1)$ だから $f(x) = 0$

(i)〜(iii)より

$$f(x) = \begin{cases} -\dfrac{4}{3}x & (x \leqq -1) \\ -\dfrac{x^4}{12} + \dfrac{x^2}{2} - \dfrac{2x}{3} + \dfrac{1}{4} & (-1 \leqq x \leqq 1) \\ 0 & (1 \leqq x) \end{cases}$$

(2) 上の場合分けの端点 $x = \pm 1$ でそれぞれの関数値は一致するので,$f(x)$ は任意の実数 x において連続であり,$x \neq \pm 1$ では微分可能だから,$x = \pm 1$ での微分可能性を示せばよい.そこで

$$f'(x) = \begin{cases} -\dfrac{4}{3} & (x < -1) & \cdots\cdots\text{①} \\ -\dfrac{x^3}{3} + x - \dfrac{2}{3} & (-1 < x < 1) & \cdots\cdots\text{②} \\ 0 & (x > 1) & \cdots\cdots\text{③} \end{cases}$$

であり,$h(x) = -\dfrac{x^3}{3} + x - \dfrac{2}{3}$ とおくと

$$h(-1) = \frac{1}{3} - 1 - \frac{2}{3} = -\frac{4}{3} = \text{①}$$
$$h(1) = -\frac{1}{3} + 1 - \frac{2}{3} = 0 = \text{③}$$

となるので $x = \pm 1$ で微分可能であり,題意が示された. □

フォローアップ

1. ①〜③の場合分けの範囲から $=$ が抜けていますが,それは端点では $f(x)$ が微分できるとは限らないからです.導関数はこの点で定義できるかどうかはこの段階ではわかりません.そういう理由から $=$ をとってあります.

2. 解答 (2)で用いたことは直観的にあきらかでしょうが,きちんと示すと

次のようになります．

$f(x)$ が微分可能な関数 $g(x)$, $h(x)$ によって
$$f(x) = \begin{cases} g(x) & (x \leq a) \\ h(x) & (x > a) \end{cases}$$
と表されたとき，$f(x)$ が $x = a$ で微分可能であるための必要十分条件は
$$g(a) = h(a), \quad g'(a) = h'(a)$$
です．実際，微分可能なら連続ですから，$\lim_{x \to a} f(x) = f(a)$ が成り立つことが必要ですが，
$$\lim_{x \to a-0} f(x) = \lim_{x \to a-0} g(x) = g(a)$$
$$\lim_{x \to a+0} f(x) = \lim_{x \to a+0} h(x) = h(a)$$
だから，$f(a) = g(a) = h(a)$ です．また，$Q = \dfrac{f(x) - f(a)}{x - a}$ を考えると，
$$\lim_{x \to a-0} Q = \lim_{x \to a-0} \frac{g(x) - g(a)}{x - a} = g'(a)$$
$$\lim_{x \to a+0} Q = \lim_{x \to a+0} \frac{h(x) - h(a)}{x - a} = h'(a)$$
だから，$g'(a) = h'(a)(= f'(a))$ □

定義にもとづいた証明問題などであれば，上のような議論が求められることもあります．連続，微分係数の定義を左右の極限に分けて扱うことを頭に入れておいてください．

3. 次のような関数とか抽象関数であれば，やはり定義に戻って微分可能であるかを議論しないとダメです．

例 I 次の $f(x)$ は $x = 0$ のとき微分可能であるかどうかを調べよ．
$$f(x) = \begin{cases} x^2 \sin \dfrac{1}{x} & (x \neq 0 \text{ のとき}) \\ 0 & (x = 0 \text{ のとき}) \end{cases}$$

《解答》
$$\lim_{x \to 0} \frac{f(x) - f(0)}{x - 0} = \lim_{x \to 0} \frac{x^2 \sin \dfrac{1}{x} - 0}{x} = \lim_{x \to 0} x \sin \frac{1}{x} \quad \cdots\cdots (*)$$
ここで
$$0 \leq \left| x \sin \frac{1}{x} \right| \leq |x| \quad \cdots\cdots (\star)$$

が成立し，$x \to 0$ とすると $|x| \to 0$ となるので，はさみうちの原理より
$$\lim_{x \to 0} x \sin \frac{1}{x} = 0$$
したがって (*) の極限値が存在し，$f(x)$ は $x = 0$ で微分可能である． □

《注》 上の解答の (★) の式の代わりに
$$-1 \leq \sin \frac{1}{x} \leq 1 \text{ より} -x \leq x \sin \frac{1}{x} \leq x$$
とするのは少しまずいです．なぜなら，$x \to +0$ のときは $x > 0$ だから正しいですが，$x \to -0$ のときは $x < 0$ だから 2 番目の不等式の不等号の向きを逆転させないとダメです．こういう場合分けをするのはくだらないので絶対値をつけた解答にしました．

例 II 関数 $f(x)$ は実数で定義された連続関数で，すべての x, y について $f(x+y) = f(x) + f(y)$ をみたすとする．$f(x)$ が $x = 0$ で微分可能であれば実数全体で微分可能であることを証明せよ．

《解答》 $f(x+h) = f(x) + f(h)$ だから
$$\lim_{h \to 0} \frac{f(x+h) - f(x)}{h} = \lim_{h \to 0} \frac{f(x) + f(h) - f(x)}{h}$$
$$= \lim_{h \to 0} \frac{f(h)}{h} \qquad \cdots\cdots\cdots ①$$
の極限が存在することがいえればよい．そこで条件式に $x = y = 0$ を代入すると $f(0) = f(0) + f(0)$ となり $f(0) = 0$．これと $x = 0$ で微分可能であることより次の極限は存在する．
$$\lim_{h \to 0} \frac{f(h) - f(0)}{h} = \lim_{h \to 0} \frac{f(h)}{h} \; (= f'(0))$$
これは①と同じだから題意は証明された． □

《注》 ①の値が存在すれば $f'(x)$ だから，上の証明から $f'(x) = f'(0)$ であることがわかり，$f(0) = 0$ とあわせて $f(x) = f'(0)x$ となることがわかります．このように条件式 $f(x+y) = \cdots$ と $x = 0$ での微分可能であることから導関数の定義を用いて $f'(x)$ を求め，$f(0)$ の値から関数 $f(x)$ を求める流れは頻出です．誘導が無くても自力で導けるようにしましょう．

── (指数関数)×(周期関数) の定積分 ──

13 a を正の数，n を自然数とする．2 つの曲線 $y = e^{-ax}\sin x$，$y = e^{-ax}\cos x$ で囲まれた図形のうち，y 軸と直線 $x = 2n\pi$ の間にある部分の面積を S_n とおく．次の各問いに答えよ．

(1) $S_{n+1} - S_n = e^{-2na\pi}S_1$ が成り立つことを示せ．

(2) $\displaystyle\lim_{n\to\infty} S_n = 2S_1$ となるように a を定めよ．

〔東京学芸大〕

アプローチ

(イ) 定積分の等式の証明はまず置換積分で示そうと考えます (☞ **11**(ニ))．

(ロ) (周期関数) × (指数関数) の定積分は原点近くまで平行移動 (置換) してから積分すると計算が楽になります．

(ハ) (1)は「$x = 2n\pi$ から $x = 2(n+1)\pi$ までの間の面積を，$x = 0$ から $x = 2\pi$ までの面積で表せ」ということです．

(ニ) (2)は「(1)で求めた漸化式を解いて極限を求めよ」ということです．

(ホ) $a_{n+1} - a_n = f(n)$ $(n \geq 1)$ のとき，

$$\sum_{k=1}^{n-1}(a_{k+1} - a_k) = \sum_{k=1}^{n-1} f(k)$$

$$\therefore\ a_n - a_1 = \sum_{k=1}^{n-1} f(k)\ (n \geq 2)$$

これが階差数列から一般項を求めるときの作業になります．あまり機械的にするのではなく，この仕組みをよく理解しましょう．

左辺は以下の通り
$a_2 - a_1$
$a_3 - a_2$
$a_4 - a_3$
$\vdots$
+) $a_n - a_{n-1}$
────────
$a_n - a_1$

(ヘ) 部分和の極限は無限級数 (の和) になります．

解答

(1) $\displaystyle S_n = \int_0^{2n\pi} |e^{-ax}(\sin x - \cos x)|\,dx = \int_0^{2n\pi} e^{-ax}|\sin x - \cos x|\,dx$

と表されるので

$$S_{n+1} - S_n = \int_{2n\pi}^{2(n+1)\pi} e^{-ax}|\sin x - \cos x|\,dx$$

となる．ここで $x - 2n\pi = t$ つまり $x = t + 2n\pi$ とおくと

$$dx = dt, \quad \begin{array}{c|ccc} x & 2n\pi & \to & 2(n+1)\pi \\ \hline t & 0 & \to & 2\pi \end{array}$$

より

$$S_{n+1} - S_n = \int_0^{2\pi} e^{-a(t+2n\pi)} |\sin(t + 2n\pi) - \cos(t + 2n\pi)| \, dt$$

上式において

$e^{-a(t+2n\pi)} = e^{-2na\pi} \cdot e^{-at}$, $\sin(t + 2n\pi) = \sin t$, $\cos(t + 2n\pi) = \cos t$

だから

$$S_{n+1} - S_n = e^{-2na\pi} \int_0^{2\pi} e^{-at} |\sin t - \cos t| \, dt = e^{-2na\pi} S_1 \quad \square$$

(2) (1)より $n \geq 2$ のとき

$$S_n = S_1 + \sum_{k=1}^{n-1} e^{-2ka\pi} S_1 = \sum_{k=0}^{n-1} e^{-2ak\pi} S_1$$

これより $\{S_n\}$ は初項 S_1，公比 $e^{-2a\pi}$ の等比数列の第 n 項まで和で，$a > 0$ により $0 < e^{-2a\pi} < 1$ だから，

$$\lim_{n \to \infty} S_n = \sum_{k=0}^{\infty} e^{-2ak\pi} S_1 = \frac{S_1}{1 - e^{-2a\pi}}$$

これが $2S_1$ に等しいので，$S_1 \neq 0$ より

$$\frac{1}{1 - e^{-2a\pi}} = 2 \quad \therefore \quad e^{-2a\pi} = \frac{1}{2} \quad \therefore \quad e^{2a\pi} = 2$$

$$\therefore \quad a = \frac{\log 2}{2\pi}$$

(フォローアップ)

1. 本問は積分を変形するだけで，計算する必要はありません．ちなみに (指数関数)×(三角関数) の積分計算は，部分積分を 2 度くり返す方法が教科書的ですが，以下の方法がより実践的でしょう．積の微分を利用して，微分すると被積分関数が出てくるような関数を作ります．

$$(e^{-ax} \sin x)' = -a e^{-ax} \sin x + e^{-ax} \cos x \quad \cdots\cdots\cdots ①$$
$$(e^{-ax} \cos x)' = -e^{-ax} \sin x - a e^{-ax} \cos x \quad \cdots\cdots\cdots ②$$

①×a + ②，①－②×a より

$$(a e^{-ax} \sin x + e^{-ax} \cos x)' = (-a^2 - 1) e^{-ax} \sin x$$

$$(e^{-ax}\sin x - ae^{-ax}\cos x)' = (a^2+1)e^{-ax}\cos x$$

$$\therefore \int e^{-ax}\sin x\, dx = -\frac{e^{-ax}}{a^2+1}(a\sin x + \cos x) + C$$

$$\int e^{-ax}\cos x\, dx = \frac{e^{-ax}}{a^2+1}(\sin x - a\cos x) + C$$

2. 解答の流れは「積分区間を分ける ($S_{n+1} - S_n$ にして積分区間を分けたところ)→ 平行移動の置換を行う (S_1 で表すところ)→ 無限和を求める ((2)の作業に対応)」です．これを参考にすると次のような問題もスラスラ解けるようになります．

例 $\displaystyle\lim_{n\to\infty}\int_0^{n\pi}|e^{-x}\sin x|\,dx$ を求めよ．ただし n は自然数である．

《解答》

$$\int_0^{n\pi}|e^{-x}\sin x|\,dx \left(=\int_0^{\pi}+\int_{\pi}^{2\pi}+\cdots+\int_{(n-1)\pi}^{n\pi}\right)$$

〔$|\sin x|$ の周期 π で積分区間を分ける〕

$$=\sum_{k=1}^{n}\int_{(k-1)\pi}^{k\pi}|e^{-x}\sin x|\,dx$$

$$=\sum_{k=1}^{n}\int_0^{\pi}\left|e^{-\{t+(k-1)\pi\}}\sin\{t+(k-1)\pi\}\right|dt$$

〔$x = t + (k-1)\pi$ と置換した〕

$$=\sum_{k=1}^{n}e^{-(k-1)\pi}\int_0^{\pi}e^{-t}|\sin\{t+(k-1)\pi\}|\,dt$$

$$=\sum_{k=1}^{n}e^{-(k-1)\pi}\int_0^{\pi}e^{-t}|\sin t|\,dt \qquad 〔|\sin t|\text{ の周期は }\pi〕$$

$$=\sum_{k=1}^{n}e^{-(k-1)\pi}\int_0^{\pi}e^{-t}\sin t\,dt = \frac{e^{-\pi}+1}{2}\sum_{k=1}^{n}e^{-(k-1)\pi}$$

〔この積分計算は フォローアップ 1.を参考にした〕

$$=\frac{e^{-\pi}+1}{2}\cdot(\text{初項 }1\text{, 公比 }e^{-\pi}\text{, 項数 }n\text{ の等比数列の和})$$

したがって，上式の極限を求めると無限等比級数の和は収束して

$$(与式) = \frac{e^{-\pi}+1}{2}\sum_{k=1}^{\infty}e^{-(k-1)\pi} = \frac{e^{-\pi}+1}{2}\cdot\frac{1}{1-e^{-\pi}} = \frac{e^{\pi}+1}{2(e^{\pi}-1)}$$

□

解答の途中で $|\sin(t+n\pi)|$ が $|\sin t|$ に変わりました．それは，$y=|\sin t|$ は周期 π の周期関数だからで，そのグラフは π の整数倍だけ平行移動したとしても変化しません．すなわち $|\sin(t+n\pi)|=|\sin t|$ です．

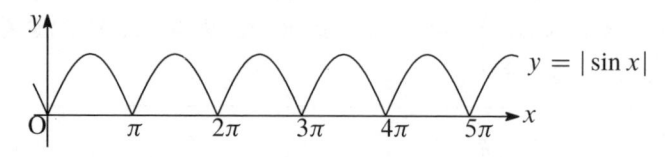

$y = |\sin x|$ のグラフ

3. 周期関数というのは三角関数しかないと思っている人がいるようですが，次のような関数も周期関数です．なお，つねに $f(x+p)=f(x)$ となる実数 p を $f(x)$ の周期といい，0 でない周期をもつ関数を周期関数といいます．正の周期の最小のものを基本周期といいますが，普通は周期といったら基本周期のことです．

> 例 関数 $f(x)$ を次のように定義する．
> $$f(x) = \begin{cases} x & \left(0 \leq x \leq \frac{1}{2} \text{のとき}\right) \\ 1-x & \left(\frac{1}{2} \leq x \leq 1 \text{のとき}\right) \end{cases}$$
> すべての x について $f(x+1)=f(x)$ ……… ①
> このとき $\displaystyle\lim_{n\to\infty}\int_0^n e^{-x}f(x)\,dx$ を求めよ．

《方針》 条件①は周期が 1 の関数であることを表現しています．この $f(x)$ について $\displaystyle\int_{k-1}^{k} e^{-x}f(x)dx$ を計算をするときは，$x-(k-1)=t$ とおいて
$$\int_0^1 e^{-t-(k-1)}f(t+(k-1))dt = e^{-(k-1)}\int_0^1 e^{-t}f(t)dt$$
と変形してから計算を実行します．極限 $\displaystyle\lim_{n\to\infty}\int_0^n e^{-x}f(x)\,dx$ も同様にして求めることができます．答は $\dfrac{e+1-2\sqrt{e}}{e-1} = \dfrac{\sqrt{e}-1}{\sqrt{e}+1}$ □

―― 絶対値を含む関数の定積分 ――

14 $a > 0$, $t > 0$ に対して定積分
$$S(a, t) = \int_0^a \left| e^{-x} - \frac{1}{t} \right| dx$$
を考える.

(1) a を固定したとき, t の関数 $S(a, t)$ の最小値 $m(a)$ を求めよ.

(2) $\lim_{a \to 0} \dfrac{m(a)}{a^2}$ を求めよ.

〔東京工業大〕

アプローチ

(イ) $\int_a^b |f(x) - g(x)| dx$ は, $y = f(x)$, $y = g(x)$ のグラフではさまれた部分の面積ととらえると見通しよく解けるときがあります. 本問でも, このように式をとらえて図を眺めると 2 つのグラフがどのような位置のとき面積が最小となるかがわかります. あとはそのときをくわしく調べます.

(ロ) $a^{\log_a Q} = Q$ です (☞ **5** (二)).

(ハ) 不定形 $\dfrac{0}{0}$ については, **3** (ロ), **3** フォローアップ 4. を確認しましょう.
本問に関係ありそうな $\dfrac{0}{0}$ の公式は
$$\lim_{x \to 0} \frac{e^x - 1}{x} = 1$$
ですので, $\dfrac{m(a)}{a^2}$ について $a \to 0$ のとき, (分母) $\to 0$ になるので, 分子 $m(a)$ に $e^a - 1$ に相当する式が隠れているはずです.

解答

(1) $S(a, t)$ は区間 $[0, a]$ において $y = e^{-x}$ と $y = \dfrac{1}{t}$ ではさまれた領域の面積である. つまり次図の斜線部の面積を表す.

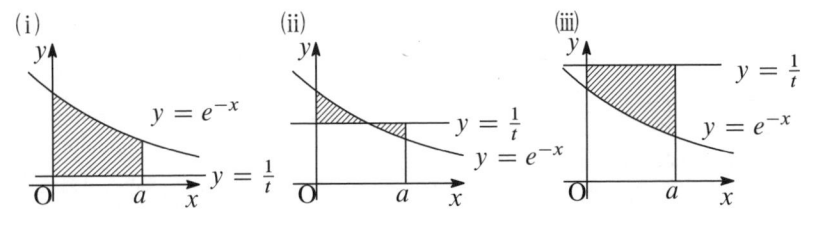

(i) (ii) (iii)

$y = \dfrac{1}{t}$ を下から上に動かしてみると斜線部の面積が最小となり得るのは(ii)のときであることがわかる．つまり最小となるのは

$$e^{-a} \leq \dfrac{1}{t} \leq 1 \qquad \therefore \quad 1 \leq t \leq e^a$$

のときである (右図参照)．また

$$e^{-x} = \dfrac{1}{t} \iff e^x = t \iff x = \log t$$

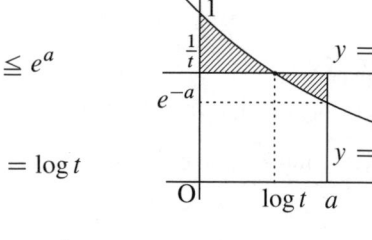

したがって

$$S(a, t) = \int_0^{\log t} \left(e^{-x} - \dfrac{1}{t} \right) dx + \int_{\log t}^a \left(\dfrac{1}{t} - e^{-x} \right) dx$$

$$= \int_{\log t}^0 \left(\dfrac{1}{t} - e^{-x} \right) dx + \int_{\log t}^a \left(\dfrac{1}{t} - e^{-x} \right) dx$$

$$= \left[\dfrac{1}{t}x + e^{-x} \right]_{\log t}^0 + \left[\dfrac{1}{t}x + e^{-x} \right]_{\log t}^a$$

$$= 1 + \dfrac{a}{t} + e^{-a} - 2\left(\dfrac{\log t}{t} + e^{-\log t} \right)$$

$$= \dfrac{-2\log t + (a-2)}{t} + 1 + e^{-a} = f(t) \text{ (とおく)}$$

$$f'(t) = \dfrac{(-2)\cdot\dfrac{1}{t}\cdot t - \{-2\log t + (a-2)\}\cdot 1}{t^2} = \dfrac{2\log t - a}{t^2}$$

以上から右表のようになり，求める最小値は

$$m(a) = f(e^{\frac{a}{2}}) = -2e^{-\frac{a}{2}} + 1 + e^{-a}$$

t	1		$e^{\frac{a}{2}}$		e^a
$f'(t)$		$-$	0	$+$	
$f(t)$		↘	最小	↗	

(2)

$$\lim_{a \to 0} \dfrac{m(a)}{a^2} = \lim_{a \to 0} \dfrac{e^{-a} - 2e^{-\frac{a}{2}} + 1}{a^2} = \lim_{a \to 0} \dfrac{(e^{-\frac{a}{2}} - 1)^2}{a^2}$$

$$= \lim_{a \to 0} \left(\dfrac{e^{-\frac{a}{2}} - 1}{-\dfrac{a}{2}} \right)^2 \cdot \dfrac{1}{4} = 1^2 \cdot \dfrac{1}{4} = \boldsymbol{\dfrac{1}{4}}$$

──[フォローアップ]────────────

1. 次のような問題を考えてみてください．

例 $I(a) = \int_0^\pi |\sin x - a|\, dx$ の最小値を求めよ．

《方針》 本問と同様に下図の斜線部の面積であると考えると，(ii)の状況つまり $0 \leqq a \leqq 1$ のときに最小となることがわかります．

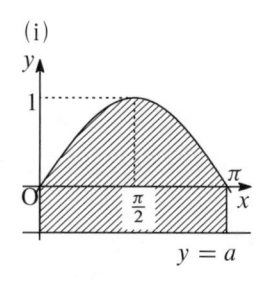

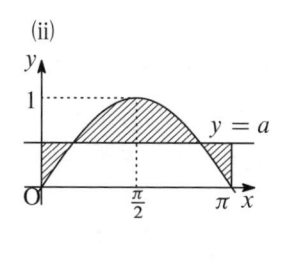

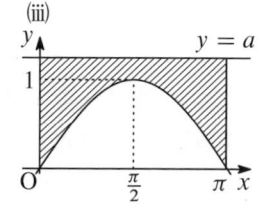

(i) (ii) (iii)

問題はここからです．本問とは違い，交点の x 座標を求めることができません．そこで $0 \leqq t \leqq \dfrac{\pi}{2}$ として，点 $(t, \sin t)$ を通り x 軸に平行な直線と $y = \sin x$ $\left(0 \leqq x \leqq \dfrac{\pi}{2}\right)$ とではさまれた領域の面積の最小値を求めると考えます．これ以降は次のようになります．

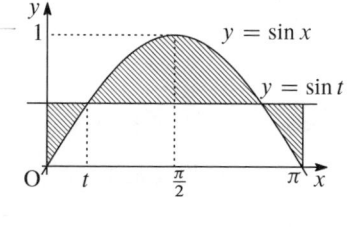

$$\frac{1}{2}I(a) = \int_0^t (\sin t - \sin x)\, dx + \int_t^{\frac{\pi}{2}} (\sin x - \sin t)\, dx$$

$$= \Big[x\sin t + \cos x\Big]_0^t + \Big[x\sin t + \cos x\Big]_{\frac{\pi}{2}}^t$$

$$= 2t\sin t + 2\cos t - \frac{\pi}{2}\sin t - 1 = f(t) \text{ (とおく)}$$

$$f'(t) = 2\left(t - \frac{\pi}{4}\right)\cos t$$

$0 < t < \dfrac{\pi}{2}$ のとき $\cos t > 0$ だから右表を得る．よって $I(a) = 2f(t)$ の最小値は

t	0		$\dfrac{\pi}{4}$		$\dfrac{\pi}{2}$
$f'(t)$		$-$	0	$+$	
$f(t)$		↘	最小	↗	

$$2 \cdot f\left(\frac{\pi}{4}\right) = \mathbf{2(\sqrt{2} - 1)} \qquad \square$$

2. (フォローアップ) 1. 例のことを考えると本問を $y=\dfrac{1}{t}$ と $y=e^{-x}$ ではさまれた領域の面積ととらえるよりも，交点の x 座標を s とおいて $y=e^{-s}$ と $y=e^{-x}$ ではさまれた領域の面積ととらえた方がよさそうです．つまり本問は

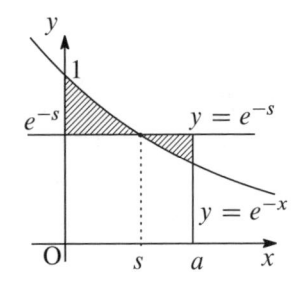

$$S(a,t) = \int_0^s (e^{-x}-e^{-s})\,dx$$
$$+ \int_s^a (e^{-s}-e^{-x})\,dx$$

として s の関数として最小値を求める方がよく，一般的に面積は交点の座標の関数として表すのが基本です．このとき，続きの解答は以下のようになります．

$$S(a,t) = \bigl[-e^{-x}-e^{-s}x\bigr]_0^s + \bigl[e^{-s}x+e^{-x}\bigr]_s^a$$
$$= (a-2-2s)e^{-s}+e^{-a}+1 = g(s)\,(\text{とおく})$$
$$g'(s) = e^{-s}(2s-a)$$

$0 \leqq s \leqq a$ における $g(s)$ の増減は右表のようになり，$s=\dfrac{a}{2}$ で最小となることがわかる（以下略）．

s	0		$\dfrac{a}{2}$	
$g'(s)$		$-$	0	$+$
$g(s)$		↘		↗

3. 実は本問の $S(a,t)$ が最小となる t は図形的にわかります．まず交点の x 座標が区間 $[0,a]$ の中点にあるときを考えます（次図(i)）．そこから $y=\dfrac{1}{t}$ の直線を上に動かします．すると $S(a,t)$ は増加します（次図(ii)を参照）．同様に $y=\dfrac{1}{t}$ を下に動かしても $S(a,t)$ は増加します．これから(i)のときが最小であることがわかります．

しかし，このような方法は入試の答案に用いない方がよいでしょう．直観的すぎるとして，満点がもらえない可能性があります．ただし，計算で導いた結果の図形的な意味がわかれば「なるほど，そういうことを計算していたのか」と理解できますね．計算でやっていることの意味がわかることは理解を深める意味で大切です．しかしそれは論証とは違います．数学が高等になっていくと「理解」と「証明」とは必ずしも一致しないものなのです．

(i) $y = e^{-x}$

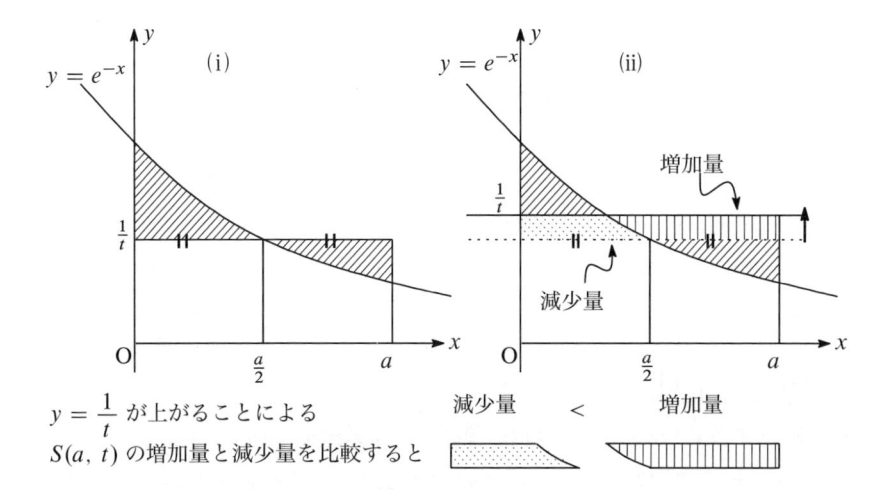

(ii) $y = e^{-x}$, 増加量, 減少量

$y = \dfrac{1}{t}$ が上がることによる
$S(a, t)$ の増加量と減少量を比較すると　　減少量 ＜ 増加量

―― 媒介変数表示曲線 I ――

15 xy 平面上に，媒介変数 t により表示された曲線
$$C : x = e^t - e^{-t}, \quad y = e^{3t} + e^{-3t}$$
がある．
(1) x の関数 y の増減と凹凸を調べ，曲線 C の概形を描け．
(2) 曲線 C，x 軸，2 直線 $x = \pm 1$ で囲まれる部分の面積を求めよ．

〔東北大〕

アプローチ

(イ) 媒介変数(パラメータ)表示曲線のグラフの概形を描くには，
・パラメータの関数として x，y の動きを調べ，それらをあわせてグラフを描く
・パラメータを消去し，y (あるいは x) を x (あるいは y) の関数として表して，そのグラフを描く

の 2 通り考えられます．この問題ではいずれの方法でやってもできますが，一般的なのはパラメータのまま扱う方法なので，この方法をとることにします．このときは $\dfrac{dx}{dt}$，$\dfrac{dy}{dt}$ の符号を調べ，下のような表を完成させます．

まず x，y の増減を別々に調べます．x の増加は右に動く ($\rightarrow$)，減少は左に動く ($\leftarrow$)，y の増加は上に動く ($\uparrow$)，減少は下に動く ($\downarrow$) と考えます．後はその動きを合成して点の動きを追っていきます．

t				
dx/dt	+	+	−	−
dy/dt	+	−	+	−
x	→	→	←	←
y	↑	↓	↑	↓
(x, y)	↗	↘	↖	↙

(ロ) 曲線の凹凸は，教科書によれば次のように定義されています：微分可能な関数 $f(x)$ について，ある区間で

曲線 $y = f(x)$ は下に凸 $\iff$ $f'(x)$ が増加する
曲線 $y = f(x)$ は上に凸 $\iff$ $f'(x)$ が減少する

これから，$f(x)$ について

$$f''(x) > 0 \implies y = f(x) \text{ は下に凸}$$

などがいえます．パラメータで表示されているときも，これにしたがって，

$\dfrac{d^2y}{dx^2} > 0$ となる曲線の部分は下に凸であるといえます．すると問題は 2 次導関数の計算です．$x = f(t)$, $y = g(t)$ のとき，パラメータで表された関数の導関数の公式から

$$\frac{dy}{dx} = \frac{\dfrac{dy}{dt}}{\dfrac{dx}{dt}} = \frac{g'(t)}{f'(t)}$$

ですが，これをもう一度 x で微分します．$\dfrac{dy}{dx} = z$ とおくと，合成関数の微分法と逆関数の微分法から $\dfrac{dz}{dx} = \dfrac{dz}{dt} \cdot \dfrac{dt}{dx} = \dfrac{dz}{dt} \cdot \dfrac{1}{\dfrac{dx}{dt}}$ となるので，

$$\frac{d^2y}{dx^2} = \frac{d}{dt}\left(\frac{g'(t)}{f'(t)}\right) \cdot \frac{dt}{dx} = \frac{g''(t)f'(t) - g'(t)f''(t)}{\{f'(t)\}^2} \cdot \frac{1}{\dfrac{dx}{dt}}$$

$$= \frac{g''(t)f'(t) - g'(t)f''(t)}{\{f'(t)\}^3}$$

となります．この結果を覚えるのではなく，これを導く過程を理解してください．

(ハ) パラメータ表示曲線についての面積は，例えば，まず y を x の関数とみて積分で表してから，パラメータに置換して，

$$S = \int_a^b y\,dx = \int_\alpha^\beta y\frac{dx}{dt}\,dt = \int_\alpha^\beta g(t)f'(t)\,dt$$

などとして計算します．また，グラフの対称性などにも注意すると積分の計算量を減らすことができます．

解答

(1) $C : x = e^t - e^{-t}, \quad y = e^{3t} + e^{-3t}$

$$\frac{dx}{dt} = e^t + e^{-t} > 0, \quad \frac{dy}{dt} = 3(e^{3t} - e^{-3t})$$

$$\frac{dy}{dx} = \frac{\dfrac{dy}{dt}}{\dfrac{dx}{dt}} = 3 \cdot \frac{e^{3t} - e^{-3t}}{e^t + e^{-t}}$$

$$\frac{d^2y}{dx^2} = \frac{d}{dt}\left(\frac{dy}{dx}\right) \cdot \frac{dt}{dx} = 3 \cdot \frac{(\text{分子})}{(e^t + e^{-t})^3}$$

$$(\text{分子}) = 3(e^{3t}+e^{-3t})(e^t+e^{-t}) - (e^{3t}-e^{-3t})(e^t-e^{-t})$$
$$= 3(e^{4t}+e^{2t}+e^{-2t}+e^{-4t}) - (e^{4t}-e^{2t}-e^{-2t}+e^{-4t})$$
$$= 2(e^{4t}+e^{-4t}) + 4(e^{2t}+e^{-2t}) > 0$$

したがって，すべての実数 t について $\dfrac{d^2y}{dx^2} > 0$ となり，曲線 C は下に凸である．また，

t	$(-\infty)$		0		(∞)
$\dfrac{dx}{dt}$		+	+	+	
x	$(-\infty)$	↗	0	↗	(∞)

t	$(-\infty)$		0		(∞)
$\dfrac{dy}{dt}$		−	0	+	
y	(∞)	↘	2	↗	(∞)

これらをあわせると

t	$(-\infty)$		0		(∞)
x	$(-\infty)$	→	0	→	(∞)
y	(∞)	↓	2	↑	(∞)
(x,y)		↘	$(0,2)$	↗	

となり，y は x の関数として $x < 0$ で減少，$x > 0$ で増加し，C の概形は右図のようになる．

(2) $x(t) = e^t - e^{-t},\ y(t) = e^{3t} + e^{-3t}$ とおくと，$x(-t) = -x(t),\ y(-t) = y(t)$ だから，C は y 軸について対称である．また，$x(t) = 1,\ t > 0$ となる t を α とおくと，

$$e^\alpha - e^{-\alpha} = 1 \quad \therefore\ e^{2\alpha} - e^\alpha - 1 = 0 \quad \therefore\ e^\alpha = \frac{1+\sqrt{5}}{2}$$

(1)の図と対称性から，求める面積は

$$S = 2\int_0^1 y\,dx = 2\int_0^\alpha y\frac{dx}{dt}\,dt$$
$$= 2\int_0^\alpha (e^{3t}+e^{-3t})(e^t+e^{-t})\,dt = 2\int_0^\alpha (e^{4t}+e^{2t}+e^{-2t}+e^{-4t})\,dt$$
$$= 2\left[\frac{1}{4}(e^{4t}-e^{-4t}) + \frac{1}{2}(e^{2t}-e^{-2t})\right]_0^\alpha$$
$$= \frac{1}{2}(e^{4\alpha}-e^{-4\alpha}) + (e^{2\alpha}-e^{-2\alpha}) = \frac{1}{2}(e^{2\alpha}-e^{-2\alpha})(e^{2\alpha}+e^{-2\alpha}+2)$$

ここで，

$$e^{2\alpha} = \left(\frac{1+\sqrt{5}}{2}\right)^2 = \frac{3+\sqrt{5}}{2} \quad \therefore\ e^{-2\alpha} = \frac{2}{3+\sqrt{5}} = \frac{3-\sqrt{5}}{2}$$

だから，

$$S = \frac{1}{2} \cdot \sqrt{5} \cdot 5 = \frac{5\sqrt{5}}{2}$$

フォローアップ

1. パラメータ表示された関数についての2次導関数については，
$$\frac{d^2y}{dx^2} \neq \frac{\dfrac{d^2y}{dt^2}}{\dfrac{d^2x}{dt^2}}$$
である点に注意してください．微分の計算はあまり形式的にやると間違いますが，仮に分数だとして右辺を約分しても，$\dfrac{d^2y}{d^2x}$ であって，左辺とは違います．

2. パラメータ t を消去することができます．実際，
$$(e^t + e^{-t})^2 = (e^t - e^{-t})^2 + 4 = x^2 + 4 \qquad \therefore \quad e^t + e^{-t} = \sqrt{x^2 + 4}$$
したがって，$e^{3t} + e^{-3t} = (e^t + e^{-t})(e^{2t} - 1 + e^{-2t})$ から
$$C : y = (x^2 + 1)\sqrt{x^2 + 4}$$
とかけます．$x = e^t - e^{-t}$ はすべての実数をとるので，C はすべての実数 x について定義されます．これから y'' を計算して凹凸を調べることができ，グラフもすぐわかります．ところが，残念ながら
$$S = 2\int_0^1 (x^2 + 1)\sqrt{x^2 + 4}\, dx$$
となり，この積分はすぐにはできないので，面積の計算が難しくなってしまいます．

3. 一般に，$\sqrt{x^2 + a^2}$ を含む積分は，
$$x = \frac{a}{2}(e^t - e^{-t}) \quad \text{または} \quad x = \frac{a}{2}\left(t - \frac{1}{t}\right)$$
と置換すると無理式がなくなって (有理化)，積分が計算できます (☞ 28)．
フォローアップ 1.)．入試では誘導がつくので，この置換を覚える必要はありません．上の S の場合は $a = 2$ のときですから，はじめの置換では $x = e^t - e^{-t}$ となり，C のパラメータ表示にもどります．2番目の置換によると，$x = t - \dfrac{1}{t}$ $(t > 0)$ とおき
$$\sqrt{x^2 + 4} = \sqrt{t^2 + 2 + \frac{1}{t^2}} = t + \frac{1}{t}, \quad dx = \left(1 + \frac{1}{t^2}\right)dt$$

だから，
$$2\int (x^2+1)\sqrt{x^2+4}\,dx = 2\int \left(t^2-1+\frac{1}{t^2}\right)\left(t+\frac{1}{t}\right)\left(1+\frac{1}{t^2}\right)dt$$
となり，あとの計算は各自試みてください．結果は
$$\frac{1}{2}x(x^2+4)^{\frac{3}{2}}+C$$
となります (☞ 28 (フォローアップ) 1. 例 II (2))．

また $\log x$ 型の部分積分
$$\int f(x)\,dx = xf(x) - \int xf'(x)\,dx$$
による方法もあり，誘導つきで何度も入試に出題されていますので，頭に入れておいてください (☞ 28)．

4. $y=f(x)$ と表せる曲線の場合と違い，パラメータ表示曲線の座標軸・原点についての対称性は，多くの場合，簡単にはわかりません．例えば，曲線 C について
$$(x, y) \in C \implies (-x, y) \in C$$
が成り立つなら，C は y 軸対称です．本問では，C 上の任意の点 $\mathrm{P}(x(t), y(t))$ に対して，その y 軸に関する対称点 $\mathrm{Q}(-x(t), y(t))$ が，$(x(-t), y(-t))$ とかけることから C 上の点になっていて，対称性がわかります．

t を時間のように考えて□秒後の点と○秒後の点が△対称と考えるとわかりやすいかもしれません．本問ではちょうど 0 秒後が点 $(0, 2)$ です．そこから t 秒進んだ点と t 秒戻った点は y 座標は等しく x 座標は符号が反対であろうからそれを調べるといった感じです．もうすこし練習しましょう．

例 $x(t) = \cos^3 t$, $y(t) = \sin^3 t$ ($0 \leq t \leq 2\pi$) で表される曲線は x 軸対称である

《方針》 2π 秒ではじめの状態だから，そこから t 秒もどった点を考えると

$x(2\pi - t) = \cos^3(2\pi - t) = \cos^3 t = x(t)$
$y(2\pi - t) = \sin^3(2\pi - t) = -\sin^3 t = -y(t)$
だから，x 軸対称になります．

なお，これはアステロイド (星芒形，asteroid) とよばれる曲線で，右図のようになり y 軸対称でもあります．パラメータを消去することにより
$$x^{\frac{2}{3}} + y^{\frac{2}{3}} = 1$$
ともかけます．これは半径 1 の円の内側を，半径 $\dfrac{1}{4}$ の小円が滑らずに転がるときに，小円上の定点が描く軌跡で，サイクロイド型曲線です (☞ ⑯ フォローアップ 3.).

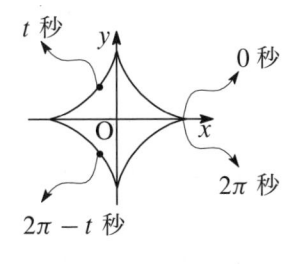

―― 媒介変数表示曲線 II ――

16 座標平面上において，点 P と点 Q は時刻 0 から π まで，次の条件にしたがって動く．

点 P は点 A$(-1, 0)$ を出発し，原点 O を中心とする半径 1 の円周上を時計回りに動く．ただし，時刻 t で P は $\angle\text{POA} = t \ (0 \leq t \leq \pi)$ をみたす．点 P を通り x 軸に垂直な直線が直線 $y = -1$ と交わる点を H とする．点 Q は P の回りを反時計回りに

$$\text{PQ} = t \ (0 \leq t \leq \pi) \ \text{および} \ \angle\text{HPQ} = t \ (0 < t \leq \pi)$$

をみたすように動く．時刻 π における Q の位置を B とする．次の問いに答えよ．

(1) 時刻 t における Q の座標を (x, y) とする．x と y を t で表し，y は t について単調に増加することを示せ．

(2) 時刻 $\dfrac{j\pi}{6}$ と $\dfrac{(j+1)\pi}{6}$ の間で Q の x 座標が最大値をとるように整数 j を定めよ．

(3) 点 A を通り y 軸に平行な直線，点 B を通り x 軸に平行な直線，および Q の軌跡で囲まれた部分の面積 S を求めよ．

〔大阪大〕

アプローチ

(イ) ベクトルは「大きさ」(長さ) と「向き」によりきまります．xy 平面のベクトルの向きは，x 軸正の方向からの回転角により与えられます．これは偏角といってもよいので，以下座標平面のベクトルのときには偏角ということにします．

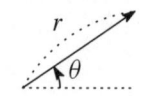

座標平面において $\vec{0}$ でないベクトル $\vec{a}$ は

$$\vec{a} = r(\cos\theta, \sin\theta) \quad (r > 0)$$

と表せて，このとき $\vec{a}$ の大きさ r，偏角 θ です．ここで，回転には向きがあるので，回転角 (偏角) は符号のある実数である点に注意してください．

この問題では，P は O のまわりに回転し，Q は P のまわりに回転します．このように 2 つの動きが同時におこるときは，ベクトルを利用して，

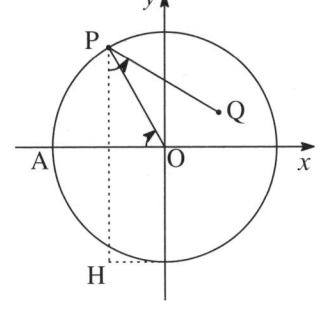

$$\overrightarrow{OQ} = \overrightarrow{OP} + \overrightarrow{PQ}$$

のように，運動を分解します．それぞれの $\overrightarrow{OP}$ と $\overrightarrow{PQ}$ は大きさ一定ですから，あとは回転角を求めます．$\overrightarrow{OP}$ は $\overrightarrow{OA}$ 方向 (偏角 π) から $-t$ 回転し，また $\overrightarrow{PQ}$ は $\overrightarrow{PH}$ (偏角 $-\dfrac{\pi}{2}$) から t 回転しています．なお，ベクトルのなす角や偏角を考えるときは，始点をそろえてはかることに注意してください．

(ロ) 曲線についての面積を積分で表すとき，普通は縦にみて $\displaystyle\int_a^b y\,dx$ としますが，横にみて $\displaystyle\int_c^d x\,dy$ とした方がよいこともあります．どちらをとるかは，曲線の様子によります．x の方からみて単調なら縦にみる，y の方からみて単調なら横にみる，のが普通です．また，どちらも単調なら計算しやすい方をとります．なお，これら2つの積分の関係は，右図のようなときは，図から

$$\int_a^b y\,dx + \int_c^d x\,dy = bd - ac$$

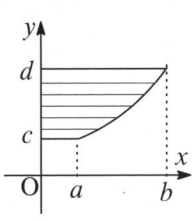

となります．

【解答】

(1) $\overrightarrow{OP}$ は大きさ 1 で偏角 $\pi - t$，$\overrightarrow{PQ}$ は大きさ t で偏角 $-\dfrac{\pi}{2} + t$ だから，

$\overrightarrow{OP} = (\cos(\pi - t),\ \sin(\pi - t))$
$\phantom{\overrightarrow{OP}} = (-\cos t,\ \sin t)$
$\overrightarrow{PQ} = t\left(\cos\left(-\dfrac{\pi}{2} + t\right),\ \sin\left(-\dfrac{\pi}{2} + t\right)\right)$
$\phantom{\overrightarrow{PQ}} = (t \sin t,\ -t \cos t)$

したがって，$\overrightarrow{OQ} = \overrightarrow{OP} + \overrightarrow{PQ}$ から

$$x = -\cos t + t \sin t,\quad y = \sin t - t \cos t$$

であり，$0 < t < \pi$ で

$$\frac{dy}{dt} = \cos t - (\cos t - t \sin t) = t \sin t > 0$$

だから，y は $0 \leqq t \leqq \pi$ で単調に増加する． □

(2) $\dfrac{dx}{dt} = 2 \sin t + t \cos t$

(i) $0 < t \leqq \dfrac{\pi}{2}$ のとき，$\sin t > 0$, $\cos t \geqq 0$ だから，$\dfrac{dx}{dt} > 0$

(ii) $\dfrac{\pi}{2} < t < \pi$ のとき，$\dfrac{dx}{dt} = 2\cos t \left(\tan t + \dfrac{1}{2}t\right)$ において，$\cos t < 0$
であり，$\tan t + \dfrac{1}{2}t$ は増加で

$$\tan \dfrac{4\pi}{6} + \dfrac{1}{2} \cdot \dfrac{4\pi}{6} = -\sqrt{3} + \dfrac{\pi}{3} < 0$$

$$\tan \dfrac{5\pi}{6} + \dfrac{1}{2} \cdot \dfrac{5\pi}{6} = -\dfrac{\sqrt{3}}{3} + \dfrac{5\pi}{12} = \dfrac{5\pi - 4\sqrt{3}}{12} > 0$$

だから，$\dfrac{4\pi}{6} < t < \dfrac{5\pi}{6}$ で $\dfrac{dx}{dt} = 0$ となる t がただ 1 つ存在し，それを t_1 とおくと，右表のようになり，$t = t_1$ で x は最大値をとる．ゆえに，求める j は $j = 4$

t	0		t_1		π
$\dfrac{dx}{dt}$		+	0	−	
x		↗		↘	

(3) (1), (2) から Q の軌跡を C とすると，考える部分は下図の斜線部のようになる．C は y $(0 \leqq y \leqq \pi)$ の関数 x のグラフとして表せるので，

t	0		t_1		π
x	−1	→		←	1
y	0	↑		↑	π
Q	A	↗		↖	B

$$S = \int_0^\pi \{x - (-1)\}\, dy = \int_0^\pi x\, dy + \pi$$

ここで，

$$\int_0^\pi x\, dy = \int_0^\pi x \dfrac{dy}{dt}\, dt = \int_0^\pi (-\cos t + t\sin t) \cdot t\sin t\, dt$$

$$= \int_0^\pi \left(-\dfrac{1}{2}t\sin 2t + t^2 \cdot \dfrac{1 - \cos 2t}{2}\right) dt$$

$$= \int_0^\pi \left\{\dfrac{1}{2}t^2 - \dfrac{1}{2}(t\sin 2t + t^2\cos 2t)\right\} dt$$

$$= \left[\dfrac{1}{6}t^3 - \dfrac{1}{4}t^2\sin 2t\right]_0^\pi = \dfrac{\pi^3}{6}$$

だから，

$$S = \dfrac{\pi^3}{6} + \pi$$

[フォローアップ]

1. $\dfrac{dx}{dt}$ の符号を調べるときは，**6** (フォローアップ) 1. でもいいましたが，そのままで符号がわかっている区間 $0 \leq t \leq \dfrac{\pi}{2}$ では調べる必要がないので，それ以外の区間 $\dfrac{\pi}{2} < t \leq \pi$ での増減を調べます．[解答]では $\cos t$ でくくり出して調べましたが，もちろん微分をしてもわかります．

$$\dfrac{d}{dt}(2\sin t + t\cos t) = 3\cos t - t\sin t < 0 \ \left(\dfrac{\pi}{2} < t \leq \pi\right)$$

だから単調減少です．この区間の中で $\dfrac{j}{6}\pi$ となるのは $\dfrac{2}{3}\pi$, $\dfrac{5}{6}\pi$ だからこれらの点での符号を調べます．

2. $\displaystyle\int (t\sin 2t + t^2\cos 2t)\,dt$ の計算は，普通にはそれぞれの項を部分積分で求めます．しかし実は積の微分の形をしています．実際

$$\left(t^2\sin 2t\right)' = 2t\sin 2t + t^2 \cdot 2\cos 2t$$

ですから，

$$\int (t\sin 2t + t^2\cos 2t)\,dt = \dfrac{1}{2}t^2\sin 2t + C$$

となります．このようなことは日頃からアンテナを張っていないと見過ごしてしまいます．気づくのとそうでないのとでは雲泥の差があります．もうすこし練習してみましょう．

例 $\displaystyle\int e^{-x}\sin\left(x + \dfrac{\pi}{4}\right)dx$ を計算せよ．

《解答》
$$(与式) = \int e^{-x}\left(\dfrac{1}{\sqrt{2}}\sin x + \dfrac{1}{\sqrt{2}}\cos x\right)dx$$
$$= \int -\dfrac{1}{\sqrt{2}}(e^{-x}\cos x)'\,dx = -\dfrac{1}{\sqrt{2}}e^{-x}\cos x + C \quad \Box$$

3. 本問のような曲線のパラメータ表示を求めるときにベクトルを利用することがよくあります．入試では頻出のサイクロイド型曲線のパラメータ表示がこの典型例です．

例I xy 平面で，原点 O を中心とする半径 2 の定円 C のまわりに，半径 1 の動円 D が接しながら，反時計まわりにすべらずに転がるものとする．はじめ 2 つの円は点 A(2, 0) で接しているとするとき，最初点 A にあった D 上の点 Q の描く曲線の媒介変数表示を求めよ．

《解答》 D の中心を P, 2 円の接点を T とし，P が O のまわりを角 θ 回転したときを考える．$\overrightarrow{OQ} = \overrightarrow{OP} + \overrightarrow{PQ}$ において，$\overrightarrow{OP} = 3(\cos\theta, \sin\theta)$. また，$\overparen{TQ} = \overparen{AT} = 2\theta$ より，$\overrightarrow{PQ}$ は $\overrightarrow{PT}$ が角 2θ 回転したものだから，$\overrightarrow{PQ}$ の偏角は $\theta + \pi + 2\theta = 3\theta + \pi$ となり，
$\overrightarrow{PQ} = (\cos(3\theta + \pi), \sin(3\theta + \pi))$
$= (-\cos 3\theta, -\sin 3\theta)$

ゆえに，Q(x, y) とおくと
$\overrightarrow{OQ} = 3(\cos\theta, \sin\theta) + (-\cos 3\theta, -\sin 3\theta)$
だから，
$$\begin{cases} x = 3\cos\theta - \cos 3\theta \\ y = 3\sin\theta - \sin 3\theta \end{cases} \quad \cdots\cdots\cdots ①$$

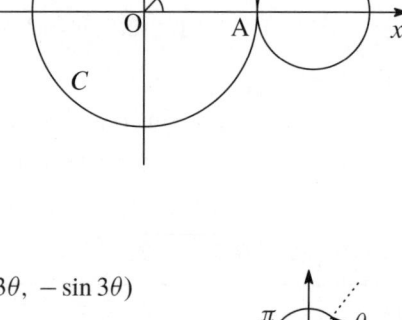

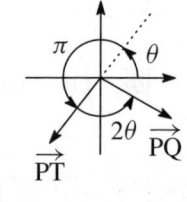

例II xy 平面で，原点 O を中心とする半径 5 の定円 C の内側に，半径 1 の動円 D が接しながらすべらずに反時計まわりに転がるものとする．はじめに 2 つの円は点 A(5, 0) で接しているとき，最初点 A にあった D 上の点 Q の描く曲線の媒介変数表示を求めよ．

《解答》 D の中心を P, 2 円の接点を T とし，P が O のまわりを角 θ 回転したときを考えると，
$$\overrightarrow{OP} = 4(\cos\theta, \sin\theta)$$
また，$\overparen{TQ} = \overparen{AT} = 5\theta$ だから，$\overrightarrow{PQ}$ は $\overrightarrow{PT}$ を -5θ 回転したものである．$\overrightarrow{PT}$ の偏角は θ だから，$\overrightarrow{PQ}$ の偏角は
$$\theta + (-5\theta) = -4\theta$$
となるので，
$$\overrightarrow{PQ} = (\cos(-4\theta), \sin(-4\theta))$$
$$= (\cos 4\theta, -\sin 4\theta)$$
ゆえに，Q(x, y) とおくと
$$\overrightarrow{OQ} = \overrightarrow{OP} + \overrightarrow{PQ} = (4\cos\theta, 4\sin\theta) + (\cos 4\theta, -\sin 4\theta)$$
より
$$\begin{cases} x = 4\cos\theta + \cos 4\theta \\ y = 4\sin\theta - \sin 4\theta \end{cases}$$
□

例 III 円 $C : x^2 + (y-1)^2 = 1$ と長さ 2π のひもがある．ひもの一方の端を原点に固定し右まわりに C に一周巻きつける．次に，固定していないひもの端 Q をもってたるまないように，ぴんと張ってひもをほどいていくとき，この端 Q の描く曲線を媒介変数表示せよ．

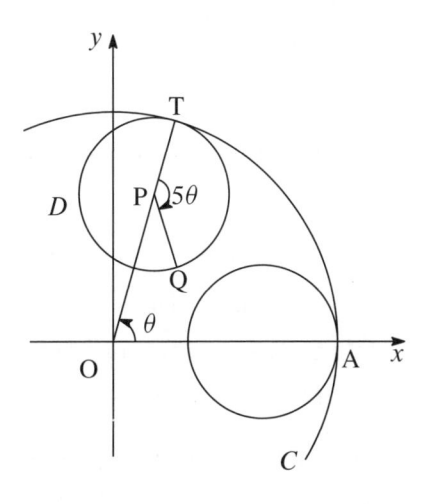

《解答》 A(0, 1) とし右図のように円 C の P までひもをほどいたときの $\overparen{\mathrm{OP}}$ を θ とおく. $\overrightarrow{\mathrm{AP}}$ の偏角は
$$-\frac{\pi}{2}+\theta$$
だから
$$\overrightarrow{\mathrm{AP}} = \left(\cos\left(\theta-\frac{\pi}{2}\right),\ \sin\left(\theta-\frac{\pi}{2}\right)\right)$$
$$= (\sin\theta,\ -\cos\theta)$$
$|\overrightarrow{\mathrm{PQ}}| = \theta$ であり, $\overrightarrow{\mathrm{PQ}}$ の偏角が
$$\left(-\frac{\pi}{2}+\theta\right)-\frac{\pi}{2} = \theta-\pi$$
だから, $\overrightarrow{\mathrm{PQ}} = \theta(\cos(\theta-\pi),\ \sin(\theta-\pi)) = -(\theta\cos\theta,\ \theta\sin\theta)$
ゆえに Q(x, y) とおくと, $\overrightarrow{\mathrm{OQ}} = \overrightarrow{\mathrm{OA}} + \overrightarrow{\mathrm{AP}} + \overrightarrow{\mathrm{PQ}}$ より
$$(x,\ y) = (0,\ 1) + (\sin\theta,\ -\cos\theta) - (\theta\cos\theta,\ \theta\sin\theta)$$
だから
$$\begin{cases} x = \sin\theta - \theta\cos\theta \\ y = 1 - \cos\theta - \theta\sin\theta \end{cases} \qquad \square$$

なお, 参考までに 例 I, II, III のグラフの概形は左から順に次のようになります.

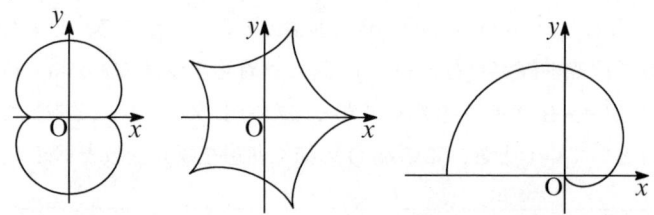

また, 15 フォローアップ 4. のアステロイドも同じタイプの曲線です. これらの媒介変数表示は, 曲線の長さを求める問題につながることがよくあります (☞ 28 (ハ)). 例えば, 例 I で D が C のまわりを 1 周するときの Q の描く曲線の長さは, ①から
$$\frac{dx}{d\theta} = 3(-\sin\theta+\sin 3\theta),\quad \frac{dy}{d\theta} = 3(\cos\theta-\cos 3\theta)$$
$$\left(\frac{dx}{d\theta}\right)^2 + \left(\frac{dy}{d\theta}\right)^2 = 9\{2-2(\sin\theta\sin 3\theta+\cos\theta\cos 3\theta)\}$$

$$= 18\{1 - \cos(3\theta - \theta)\} = 36\sin^2\theta = (6\sin\theta)^2$$

となり，

$$\int_0^{2\pi} \sqrt{\left(\frac{dx}{d\theta}\right)^2 + \left(\frac{dy}{d\theta}\right)^2} \, d\theta$$

$$= \int_0^{2\pi} |6\sin\theta| \, d\theta = 12 \int_0^{\pi} \sin\theta \, d\theta = 24 \quad \text{〔整数！} \pi \text{ がつかない〕}$$

他の曲線のときも同様に曲線の長さが計算できます．各自で試みてください．

4. (3)の面積の計算では，横にみて計算している点に注意してください．C は，x 軸の方からみれば，単調ではありません．一般に面積の積分計算では，x 方向からみて x で積分するか，y 方向からみて y で積分するか，いずれか求めやすい方でやればよいのです．標語的にいうと，

タテにみてダメならヨコにみる

本問について縦にみて積分で表そうとすると，次のようになります．C の $0 \leq t \leq t_1$ の部分を $y = y_-$，$t_1 \leq t \leq \pi$ の部分を $y = y_+$ と表し，$t = t_1$ のときの x を α とすると

$$S = \int_{-1}^{1} \pi \, dx + \int_1^{\alpha} y_+ \, dx - \int_{-1}^{\alpha} y_- \, dx$$

$$= 2\pi + \int_{\pi}^{t_1} y \frac{dx}{dt} \, dt - \int_0^{t_1} y \frac{dx}{dt} \, dt$$

$$= 2\pi + \int_{\pi}^{0} y \frac{dx}{dt} \, dt \qquad \cdots\cdots (*)$$

となり，これを計算することになります．ここで，x, y の立式の段階で定積分が 2 つに分かれていても媒介変数に置換すれば結局 1 つにまとめられるということに注目してください．つまり途中の極値の場所など (いまの場合では α) がわからなくても最初と最後の媒介変数の値がわかっていれば立式できるということです．すこし一般的に考えてみましょう．

媒介変数表示された曲線

$$x = f(t),\ y = g(t)\ (a \leqq t \leqq b)$$

が右図のようであるとき，斜線部の面積は

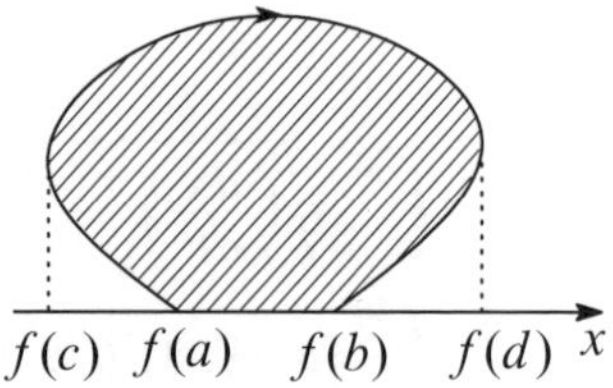

$$\int_{f(c)}^{f(d)} y dx - \int_{f(c)}^{f(a)} y dx - \int_{f(b)}^{f(d)} y dx$$

$$= \int_c^d g(t)f'(t)dt - \int_c^a g(t)f'(t)dt - \int_b^d g(t)f'(t)dt$$

$$= \int_c^d g(t)f'(t)dt + \int_a^c g(t)f'(t)dt + \int_d^b g(t)f'(t)dt$$

$$= \int_a^b g(t)f'(t)dt$$

とまとめられます．このように途中の極値をとる t の値は求まらなかったら，文字でおいて計算を行えばいいのです．最後は結局スタートとゴールの t の値で計算できる場合がほとんどです．このようなことは面積だけはなく回転体の体積でもいえます．

なお (∗) の計算にもどると，このあと部分積分を用いて

$$(*) = 2\pi + \Big[xy\Big]_{t=\pi}^{t=0} - \int_\pi^0 x\frac{dy}{dt}dt$$

$$= 2\pi + \{(-1)\cdot 0 - 1\cdot \pi\} - \int_\pi^0 x\frac{dy}{dt}dt$$

〔(x, y) は $t=0$ のとき $(-1, 0)$，　$t=\pi$ のとき $(1, \pi)$〕

$$= \pi + \int_0^\pi x\frac{dy}{dt}dt$$

となり 解答 と同じ式になりました．

―― 回転体の体積:回転軸をまたぐ ――

17 2曲線 $C_1: y = \cos x$, $C_2: y = \cos 2x + a$ $(a > 0)$ が互いに接している. すなわち, C_1, C_2 には共有点があり, その点において共通の接線をもっている. このとき, 次の問いに答えよ.

(1) 正数 a の値を求めよ.

(2) $0 < x < 3\pi$ の範囲で2曲線 C_1, C_2 のみで囲まれる図形を x 軸のまわりに1回転させてできる回転体の体積を求めよ.

〔静岡大〕

アプローチ

(イ) 「2曲線が接する」とは, 共有点をもち, その点で接線を共有することです. 式で表すと,

2曲線 $y = f(x)$ と $y = g(x)$ が $x = t$ の点で接する $\iff \begin{cases} f(t) = g(t) \\ f'(t) = g'(t) \end{cases}$

となるので, 連立方程式を解くことに帰着されます.

なお, 入試問題では「2曲線が接する」という表現はあまりみかけません. 本問のように説明しているか, 「ある点を共有し, その点で同一の直線に接している」などと表現されていることが多いです. このような表現を見たとき, 「接線の方程式を立てよう」と思うのではなく, まず接点を設定し上式のような連立方程式を立てようとすることがポイントです.

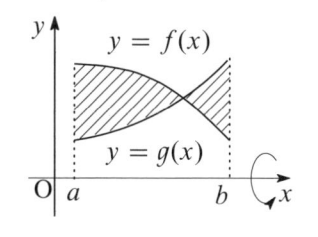

(ロ) 2曲線 $y = f(x)$ と $y = g(x)$ で囲まれた部分 D を, x 軸まわりに回転して得られる立体の体積 V は, D が右上図のように座標軸の片側にあれば

$$V = \int_a^b \pi |f(x)^2 - g(x)^2|\,dx$$

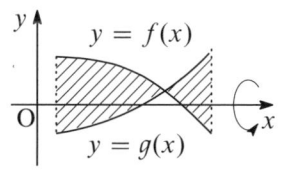

で求められます. しかし, 右下図のように D が x 軸をまたいでいると, これではダメで, 回転軸に垂直な平面 $x = $ (一定) による切り口は一般には円環領域で, その外側の円の半径は $|f(x)|$ と $|g(x)|$ の大きい方です. この図ではわかりにくいので, 例えば,

x 軸の下側にある部分を x 軸に関して折り返し，x 軸の上側にある部分とあわせてできる領域を回転させると考えます．

図形が回転軸をまたぐ回転体 $\Longrightarrow$ 片側によせる

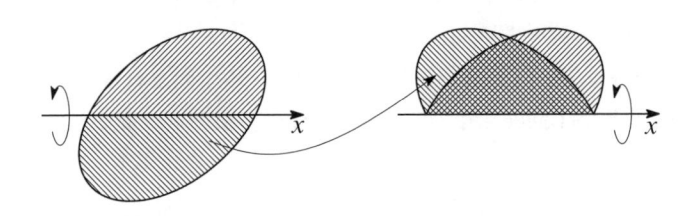

こうすると上下関係がはっきりします．

(ハ) 定積分の計算はできるだけまとめてから行います．すなわち，
$$\int_a^b f(x)\,dx + \int_b^c f(x)\,dx = \int_a^c f(x)\,dx$$
とくに図の対称性，関数の周期性から積分がまとめられることがわかることがあります．図をていねいに描いて，よくみましょう．

解答

(1)　$C_1 : y = \cos x,\ y' = -\sin x$
　　　$C_2 : y = \cos 2x + a,\ y' = -2\sin 2x$
C_1 と C_2 の接点の x 座標を t とすると，
$$\cos t = \cos 2t + a \qquad \cdots\cdots\cdots ①$$
$$-\sin t = -2\sin 2t \qquad \cdots\cdots\cdots ②$$

② から　$\sin t(4\cos t - 1) = 0$　　$\therefore$　$\sin t = 0$ または $\cos t = \dfrac{1}{4}$

・$\sin t = 0$ のとき，$t = m\pi$ (m は整数)．① から
　　$t = 2n\pi$ ならば $a = 0$, $t = (2n-1)\pi$ ならば $a = -2$ (n は整数)
となり，$a > 0$ をみたさない．

・$\cos t = \dfrac{1}{4}$ のとき，これをみたす t は存在し，① から
$$a = \cos t - (2\cos^2 t - 1) = \dfrac{1}{4} - 2\left(\dfrac{1}{4}\right)^2 + 1 = \dfrac{9}{8}$$

(2)　$\cos\alpha = \dfrac{1}{4},\ 0 < \alpha < \dfrac{\pi}{2}$ となる α をとると，$0 < x < 3\pi$ での接点の x 座標は $\alpha,\ 2\pi - \alpha,\ 2\pi + \alpha$ で，考える部分は次図のようになる．

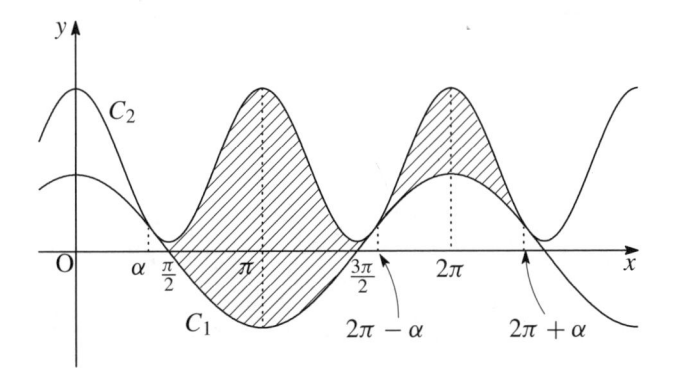

この部分のうち $y \leqq 0$ の部分を x 軸に対称に折り返すことにより，次図の斜線部を x 軸まわりに回転させて得られる立体の体積が V である．

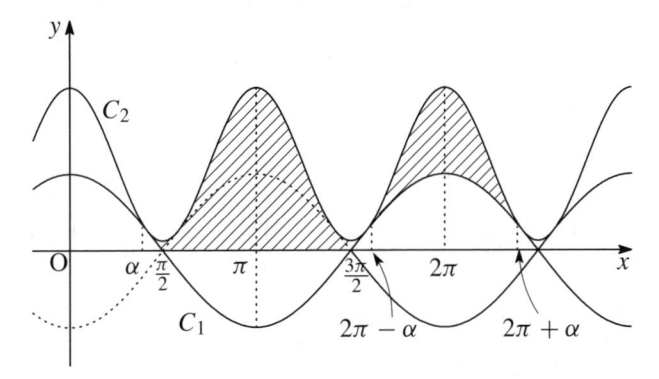

ここで，C_1，C_2 の周期性から，図の $2\pi \leqq x \leqq 2\pi + \alpha$ の部分は，C_1 と C_2 と y 軸とで囲まれる $0 \leqq x \leqq \alpha$ の部分と合同であり，そこへ移動しても体積は変化しない．すると，次図の斜線部を考えればよいが，これは直線 $x = \pi$ に関して対称である．したがって，$y_1 = \cos x$，$y_2 = \cos 2x + \dfrac{9}{8}$ とおくと，

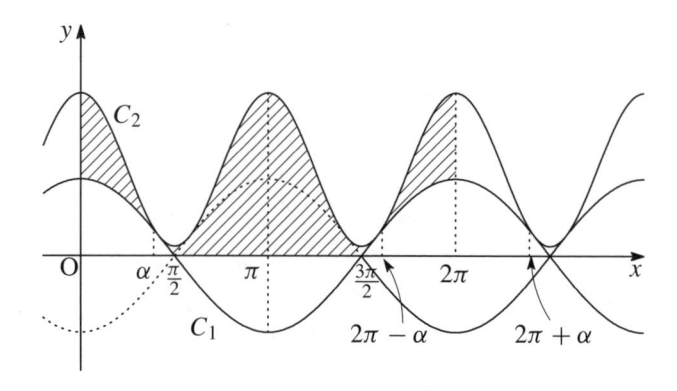

$$V = 2\int_0^{\frac{\pi}{2}} \pi(y_2{}^2 - y_1{}^2)\,dx + 2\int_{\frac{\pi}{2}}^{\pi} \pi y_2{}^2\,dx$$

さらに，C_2 の $\dfrac{\pi}{2} \leqq x \leqq \pi$ の部分は $0 \leqq x \leqq \dfrac{\pi}{2}$ の部分と合同だから，

$$\begin{aligned}
V &= 2\pi \int_0^{\frac{\pi}{2}} (y_2{}^2 - y_1{}^2)\,dx + 2\pi \int_0^{\frac{\pi}{2}} y_2{}^2\,dx \\
&= 4\pi \int_0^{\frac{\pi}{2}} y_2{}^2\,dx - 2\pi \int_0^{\frac{\pi}{2}} y_1{}^2\,dx \\
&= 4\pi \int_0^{\frac{\pi}{2}} \left(\frac{1+\cos 4x}{2} + \frac{9}{4}\cos 2x + \frac{81}{64} \right) dx - 2\pi \int_0^{\frac{\pi}{2}} \frac{1+\cos 2x}{2}\,dx \\
&= 4\pi \left[\frac{113}{64}x + \frac{9}{8}\sin 2x + \frac{1}{8}\sin 4x \right]_0^{\frac{\pi}{2}} - 2\pi \left[\frac{1}{2}x + \frac{1}{4}\sin 2x \right]_0^{\frac{\pi}{2}} \\
&= \frac{113}{32}\pi^2 - \frac{1}{2}\pi^2 = \frac{97}{32}\pi^2
\end{aligned}$$

フォローアップ

1. $f(x)$ が周期 p の周期関数のとき，

$$\int_a^b f(x)\,dx = \int_{a+p}^{b+p} f(x)\,dx \qquad \cdots\cdots\cdots ③$$

$$\int_a^{a+p} f(x)\,dx = \int_0^p f(x)\,dx \qquad \cdots\cdots\cdots ④$$

が成り立ちます．これらは図を描けばあきらかですが，式で示すと次のようになります．③は，$x = t + p$ と置換し，周期性 $f(t+p) = f(t)$ を用いると

$$\int_{a+p}^{b+p} f(x)\,dx = \int_a^b f(t+p)\,dt = \int_a^b f(t)\,dt = \int_a^b f(x)\,dx$$

また④は，③を用いて
$$\int_a^{a+p} f(x)\,dx = \int_a^0 f(x)\,dx + \int_0^{a+p} f(x)\,dx$$
$$= \int_{a+p}^p f(x)\,dx + \int_0^{a+p} f(x)\,dx = \int_0^p f(x)\,dx$$

となります．④は，どこから積分しても<u>1 周期分なら積分は同じということ</u>を意味します．

　この③，④を用いると 2 番目の図のまま次のように計算することができます．
$$\int_\alpha^{\alpha+2\pi} \pi y_2{}^2 dx - \int_\alpha^{\frac{\pi}{2}} \pi y_1{}^2 dx - \int_{\frac{3}{2}\pi}^{\alpha+2\pi} \pi y_1{}^2 dx$$
$$= \int_0^{2\pi} \pi y_2{}^2 dx - \int_{\alpha+2\pi}^{\frac{\pi}{2}+2\pi} \pi y_1{}^2 dx - \int_{\frac{3}{2}\pi}^{\alpha+2\pi} \pi y_1{}^2 dx$$
〔第 1 項で④を用いて，第 2 項で③を用いている〕
$$= \int_0^{2\pi} \pi y_2{}^2 dx - \int_{\frac{3}{2}\pi}^{\frac{5}{2}\pi} \pi y_1{}^2 dx$$

以下の計算は，積分区間の違いはありますが 解答 と同様にできます．

　周期関数の定積分は，③，④など周期性をうまく利用してかなり簡単になることがあります．例えば，
$$I = \int_\pi^{4\pi} |3\sin x + 4\cos x|\,dx = \int_\pi^{4\pi} 5|\sin(x+\alpha)|\,dx$$
について，$|\sin x|$ の周期は π ですから，積分区間は 3 周期分で
$$I = 5 \cdot 3 \int_0^\pi |\sin x|\,dx = 5 \cdot 3 \int_0^\pi \sin x\,dx = 15\Bigl[-\cos x\Bigr]_0^\pi = 30$$

―― 回転体の体積：y 軸まわり ――

18 2つの放物線 $y = x^2 - 1$, $y = x^2 - 8x + 23$ について，次の各問に答えよ．

(1) これらの2つの放物線には共通する接線がある．この共通する接線の方程式を求めよ．

(2) これら2つの放物線および共通する接線により囲まれる部分を y 軸のまわりに回転してできる回転体の体積を求めよ．

〔宇都宮大〕

アプローチ

(イ) 図の斜線部を y 軸のまわりに回転して得られる立体の体積は，次のようにして求めます．

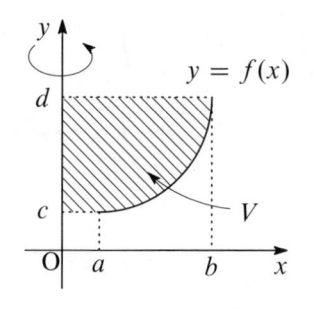

(i) $y = f(x) \iff x = g(y)$ として，
$$V = \int_c^d \pi x^2 \, dy = \int_c^d \pi g(y)^2 \, dy$$

(ii) 上の積分を $y = f(x)$ で置換して，
$$V = \int_a^b \pi x^2 \frac{dy}{dx} dx = \int_a^b \pi x^2 f'(x) \, dx$$

(iii) バームクーヘン分割公式
$$W = \int_a^b 2\pi x f(x) \, dx$$

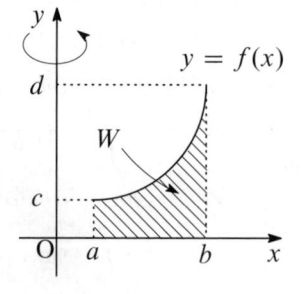

もちろん，基本は(i)ですが，これは曲線の方程式 $y = f(x)$ が $x^2 = (y$ の式$)$ とかきなおせて，これが積分しやすい関数になるときです．そうならないときは，積分変数を x に置換して，(ii)で計算します．(iii)は x 軸との間にある部分を回転してできる立体についてで，考えている立体が違うので注意して使ってください．

(iii)は次のようにして導けます．$y = f(x)$ が上図のようであるとき，(ii)で部分積分を行うと
$$V = \int_a^b \pi x^2 f'(x) \, dx = \pi \Big[x^2 f(x) \Big]_a^b - \int_a^b 2\pi x f(x) \, dx$$

$$= \pi b^2 d - \pi a^2 c - \int_a^b 2\pi x f(x)\,dx \qquad \cdots\cdots\cdots ⓐ$$

ところで，A$(a, 0)$，B$(b, 0)$，C$(0, c)$，D$(0, d)$，E(a, c)，F(b, d) とおくと，$\pi b^2 d$ は長方形 OBFD を回転して得られる円柱の体積，$\pi a^2 c$ は長方形 OAEC を回転して得られる円柱の体積だから $W + V + \pi a^2 c = \pi b^2 d$ であり，これとⓐから

$$W = \pi b^2 d - \pi a^2 c - V = \int_a^b 2\pi x f(x)\,dx$$

となります．

囗 回転体の体積でも，曲線が囲む部分を回転させるときは，どのように囲んでいるかがわからないと，きちんと求められません．上下関係に注意して，図を描くようにしましょう．曲線を表す関数が複雑なときは，式で上下関係を確認します．

[解答]

$$C_1 : y = x^2 - 1, \qquad C_2 : y = x^2 - 8x + 23$$

(1) 共通接線 l と C_1，C_2 の接点の x 座標をそれぞれ s，t とすると，l は

$$y = 2s(x - s) + s^2 - 1 \quad \therefore \quad y = 2sx - s^2 - 1$$
$$y = (2t - 8)(x - t) + t^2 - 8t + 23 \quad \therefore \quad y = (2t - 8)x - t^2 + 23$$

とかける．これらが一致するので，

$$\begin{cases} 2s = 2t - 8 \\ -s^2 - 1 = -t^2 + 23 \end{cases} \quad \therefore \quad \begin{cases} t - s = 4 \\ (t + s)(t - s) = 24 \end{cases}$$

$$\therefore \quad t + s = 6 \quad \therefore \quad (s, t) = (1, 5)$$

したがって，l は $\boldsymbol{y = 2x - 2}$

(2) $C_1 : x^2 = y + 1, \quad l : x = \dfrac{y}{2} + 1$

$$C_2 : y = (x - 4)^2 + 7 \quad \therefore \quad x = 4 \pm \sqrt{y - 7}$$

l と C_1，l と C_2 の接点の座標は $(1, 0)$，$(5, 8)$ である．また，C_1 と C_2 の共有点の座標は，

$$y = x^2 - 1 = x^2 - 8x + 23 \quad \therefore \quad (x, y) = (3, 8)$$

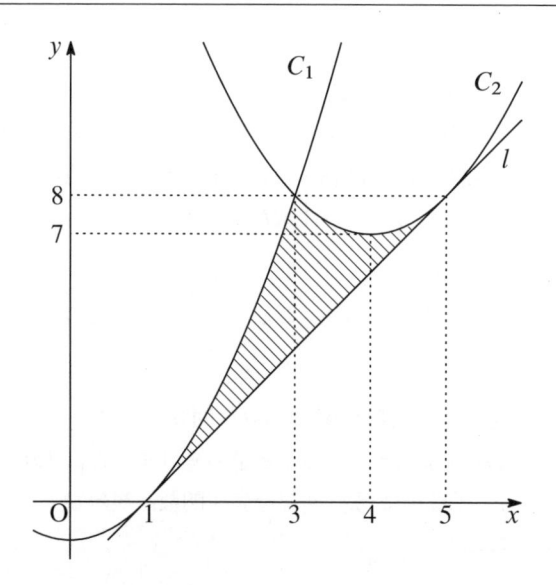

したがって，求める体積を V とすると

$$V = \int_0^8 \pi \left(\frac{y}{2}+1\right)^2 dy - \int_0^8 \pi(y+1)\, dy$$
$$ - \int_7^8 \{\pi(4+\sqrt{y-7})^2 - \pi(4-\sqrt{y-7})^2\}\, dy$$
$$= \pi \int_0^8 \frac{y^2}{4}\, dy - \pi \int_7^8 16\sqrt{y-7}\, dy$$
$$= \frac{\pi}{4}\left[\frac{y^3}{3}\right]_0^8 - 16\pi\left[\frac{2}{3}(y-7)^{\frac{3}{2}}\right]_7^8$$
$$= \frac{128}{3}\pi - \frac{32}{3}\pi = \mathbf{32\pi}$$

（フォローアップ）

1. C_2 の方程式は x について解くと2つの関数が出てきます．このうち，$x = 4 + \sqrt{y-7}$ は C_2 の $x \geqq 4$ の部分を表し，$x = 4 - \sqrt{y-7}$ は $x \leqq 4$ の部分を表しています．

2. (イ)(ii)の例としては，次のようなものがあります．

例 $y = \sin x \left(0 \leqq x \leqq \dfrac{\pi}{2}\right)$ のグラフ，y 軸，直線 $y = 1$ とで囲まれる部分を y 軸のまわりに回転して得られる立体の体積 V を求めよ．

《解答》 $y = \sin x$ について

$$V = \int_0^1 \pi x^2 \, dy = \int_0^{\frac{\pi}{2}} \pi x^2 \dfrac{dy}{dx} dx$$

$$= \pi \int_0^{\frac{\pi}{2}} x^2 \cos x \, dx$$

$$= \pi \left\{ \left[x^2 \sin x\right]_0^{\frac{\pi}{2}} - \int_0^{\frac{\pi}{2}} 2x \sin x \, dx \right\}$$

$$= \pi \left\{ \dfrac{\pi^2}{4} - 2\left(\left[x(-\cos x)\right]_0^{\frac{\pi}{2}} + \int_0^{\frac{\pi}{2}} \cos x \, dx \right) \right\} = \dfrac{\pi^3}{4} - 2\pi \quad \square$$

3. バームクーヘン分割公式は(イ)では関数が増加のときに示しましたが，減少のときでも同様に成り立ちます．すると，関数を増加の部分と減少の部分に分割し，例えば $f(x)$ ($a \leqq x \leqq b$) が $a \leqq x \leqq c$ で増加，$c \leqq x \leqq b$ で減少ならば

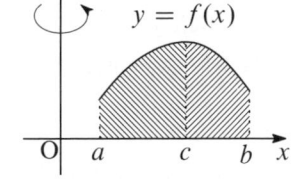

$$W = \int_a^c 2\pi x f(x) \, dx + \int_c^b 2\pi x f(x) \, dx = \int_a^b 2\pi x f(x) \, dx$$

となり，体積計算の問題となるような関数のときにはいつも成り立ちます．

さらに次のように拡張できます．右図のように 2 曲線 $y = f(x)$ と $y = g(x)$ の間にある図形の $a \leqq x \leqq b$ にある部分を y 軸まわりに回転して得られる立体の体積 V は次の式で与えられます．

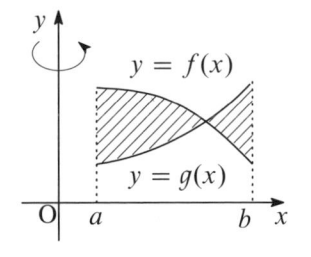

$$V = \int_a^b 2\pi x |f(x) - g(x)| \, dx$$

これを利用すると，次のように(2)の体積が計算できます．

別解

$$V = \int_1^3 2\pi x\{(x^2-1)-(2x-2)\}\,dx$$
$$\quad + \int_3^5 2\pi x\{(x^2-8x+23)-(2x-2)\}\,dx$$
$$= 2\pi \int_1^3 x(x-1)^2\,dx + 2\pi \int_3^5 x(x-5)^2\,dx$$
$$= 2\pi \left\{\left[x\cdot\frac{1}{3}(x-1)^3\right]_1^3 - \int_1^3 \frac{1}{3}(x-1)^3\,dx\right\}$$
$$\quad + 2\pi \left\{\left[x\cdot\frac{1}{3}(x-5)^3\right]_3^5 - \int_3^5 \frac{1}{3}(x-5)^3\,dx\right\}$$
$$= 2\pi\left(2^3 - \frac{2^4}{12}\right) + 2\pi\left(2^3 + \frac{2^4}{12}\right) = \mathbf{32\pi} \qquad \square$$

4. (イ)(iii)の公式の導き方をもうすこし違う観点から説明しておきます．

　区分求積の公式をみればわかるように，積分 $\int_0^1 f(x)\,dx$ とは区間を n 等分し $\Delta x = \dfrac{1}{n}$，$x_k = k\Delta x$ としたとき，高さ $f(x_k)$，幅 Δx の長方形の面積の和の極限 $\displaystyle\lim_{n\to\infty}\sum_{k=1}^n f(x_k)\Delta x$ でした．すなわち長方形 n 個の和集合で領域を近似して，その極限で領域の面積 S をとらえたものです：和の範囲などを無視して標語的に表すと

$$\sum f(x)\Delta x \longrightarrow \int f(x)\,dx = S$$

となります．すなわち x から $x+\Delta x$ の部分の面積を ΔS とかくと，$\Delta S \fallingdotseq f(x)\Delta x$ で，これから $dS = f(x)\,dx$ (これは論証ではない，雰囲気の説明) となり，$S = \int_0^1 f(x)\,dx$ となる，というわけです．

　区間 $[x, x+\Delta x]$ の部分を回転させてできる立体の体積を ΔW とします．この立体は，厚み Δx，半径 x，高さ $f(x)$ の円筒で近似でき，これを切り開くと，高さ $f(x)$，幅 $2\pi x$，厚み Δx の直方体で近似できます (次図)．したがって $\Delta W \fallingdotseq 2\pi x f(x)\Delta x$ となり，これをよせあつめると，上の公式になります．立体をバームクーヘン (バウムクーヘン，Baumkuchen) のように細分して，それらの和の極限として体積を求めていることがわかります．これがこの名称の由来です．

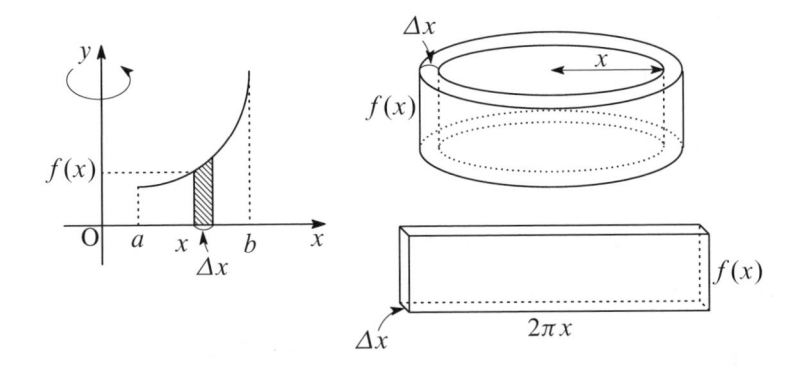

この考察が積分と結びつくところをていねいに説明すると次のようになります．曲線と x 軸との間にある部分のうち区間 $[a, x]$ にある領域を y 軸まわりに回転してできる立体の体積を $W(x)$ とします．いま求めたいのは $W = W(b)$ であり，$x = a$ のときは領域にならないので $W(a) = 0$ です．さて，$W(x)$ を直接求めるのは無理なので，その導関数を求めることにします．そこで，導関数の定義にしたがって，x を Δx だけ変化させたときの，$W(x)$ の変位を $\Delta W = W(x + \Delta x) - W(x)$ とおいて，$\displaystyle\lim_{\Delta x \to 0} \frac{\Delta W}{\Delta x}$ を考えます．まず，ΔW は上に示したように，薄い直方体で近似できるので，

$$\Delta W \fallingdotseq 2\pi x f(x) \Delta x \qquad \therefore \quad \frac{\Delta W}{\Delta x} \fallingdotseq 2\pi x f(x) \qquad \cdots\cdots\cdots ⓑ$$

これはまだ誤差を含んだ式ですが，極限をとると等号になり，導関数の定義から

$$W'(x) = \lim_{\Delta x \to 0} \frac{\Delta W}{\Delta x} = 2\pi x f(x) \qquad \cdots\cdots\cdots ⓒ$$

ゆえに

$$W = W(b) = W(b) - W(a) = \int_a^b W'(x)\,dx = \int_a^b 2\pi x f(x)\,dx$$

なお，ⓑのところをきちんと不等式で表すと (評価すると)，はさみうちの不等式となり，ⓒも正当化されます．

このような議論をどこかでみたことないでしょうか？ 実は教科書にのっています．例えば，面積とか体積が積分で求められる (というか，厳密には定義されるといった方がいいですが) ことの説明が，教科書にあります．そこでのやり方をいまの場合になぞっているのです．難しく感じるかもしれませんが，これは教科書の基本事項であり，この考え方こそが微積分 (無限小

解析) の根本原理なのです．微分と積分が同時に表れ，これらが一体のものであることがよくわかるでしょう．実は基本が一番難しい．

5. 解答 の V の立式における第 3 項の定積分は，$y = 8$ と C_2 とで囲まれた部分の領域を y 軸のまわりに回転させた立体の体積でこれは次のように計算することもできます．

右図のように y の関数 x_1, x_2 を定めると

$$\int_7^8 \pi(x_2{}^2 - x_1{}^2)\,dy$$
$$= \pi \int_7^8 (x_2 + x_1)(x_2 - x_1)\,dy$$
$$= \pi \int_7^8 8(x_2 - x_1)\,dy$$
$$\left(\because \frac{x_1 + x_2}{2} = 4\right)$$
$$= 8\pi \cdot (斜線部の面積)$$
$$= 8\pi \cdot \frac{1}{6}(5 - 3)^3 = \frac{32}{3}\pi$$

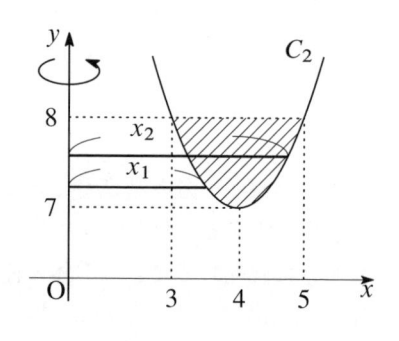

このような解法が有効なのは，y 軸に平行な直線に関して対称な領域を y 軸のまわりに回転するときで，$y = \sin x$，放物線，円，サイクロイドなどのときです．$x_1 + x_2$ の部分が対称軸の 2 倍になり，$x_2 - x_1$ の積分は面積の積分に帰着されます．

―― 空間領域の体積 ――

19 座標空間内に 2 点 A(1, 0, 0) と B(−1, 0, 0) がある．不等式 $\angle APB \geq 135°$ をみたす空間内の点 P の全体の集合に，2 点 A, B をつけ加えてできる立体の体積を求めよ．

〔千葉大〕

アプローチ

(イ) 点 P の全体がどんな領域になるかが問題です．$\angle APB =$ (一定) を考えると，角の条件だから直線 AB に関して回転しても変化しません．すると，これは回転体になることがわかります．

回転体の体積を求めるには，

(i) 回転軸に垂直に切り，その切り口の面積を求め，それを回転軸にそって積分する

(ii) 回転軸を含む平面で切り，その切り口の境界の方程式を求め，その回転体として体積を求める

などが考えられます．ここでは，平面図形に帰着させる(ii)のやり方をとります．

(ロ) 「同じ弧に対する円周角は等しい」という平面幾何の定理から，平面において，2 定点をみこむ角が一定の軌跡には円弧が表れます．平面上の 2 定点 A, B と角 α $(0 < \alpha < 2\pi)$ について，$\angle APB = \alpha$ となる点 P の軌跡は，図のような 2 つの円弧からなる図形です (ただし A, B は除く)．

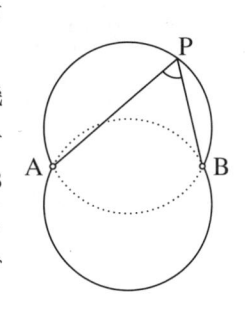

(ハ) 積分 $I = \displaystyle\int_{\alpha}^{\beta} \sqrt{a^2 - x^2}\,dx$ は，原則として $x = a\sin\theta$ と置換しますが，実際には円の一部の面積と考えて図でやる方がはやく，間違いもすくないでしょう．図で $K(\alpha, 0)$, $H(\beta, 0)$ とすると，I は斜線部の面積で

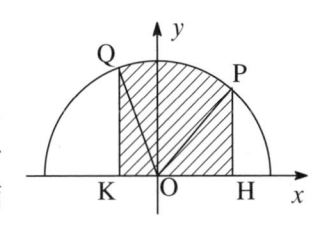

$$I = \triangle\mathrm{OPH} + (扇形\ \mathrm{OPQ}) + \triangle\mathrm{OQK}$$

として求められます (☞ 22 (二)).

解答

題意の立体を D とし，その体積を V とする．D は直線 AB (x 軸) を軸とする回転体であり，D の xy 平面による切り口 D_0 を x 軸のまわりに回転したものが D である．D_0 は，xy 平面 $z = 0$ 上で，A(1, 0), B(−1, 0) に対し $\angle APB \geqq 135°$ をみたす点 P の全体であり，$\angle APB = 135°$ となる点 P は，点 $(0, \pm 1)$ を中心とする半径 $\sqrt{2}$ の円上の劣弧 $\overparen{AB}$ 上を動く．したがって，D_0 は図の斜線部のようになり，境界の円弧のうち $y \geqq 0$ であるものは

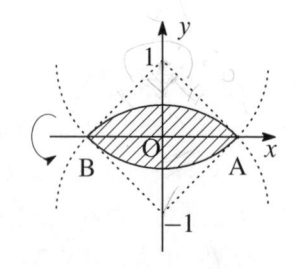

$$x^2 + (y+1)^2 = 2 \quad \therefore \quad y = -1 + \sqrt{2-x^2} \quad (-1 \leqq x \leqq 1)$$

とかけるので，

$$V = \int_{-1}^{1} \pi (-1 + \sqrt{2-x^2})^2 \, dx = 2\pi \int_0^1 (-1 + \sqrt{2-x^2})^2 \, dx$$
$$= 2\pi \int_0^1 (3 - x^2 - 2\sqrt{2-x^2}) \, dx$$
$$= 2\pi \int_0^1 (3 - x^2) \, dx - 4\pi \int_0^1 \sqrt{2-x^2} \, dx$$

ここで上の積分の第 2 項は，図の円の内部の一部分の面積を表し，これを扇形と直角三角形に分けて計算して，

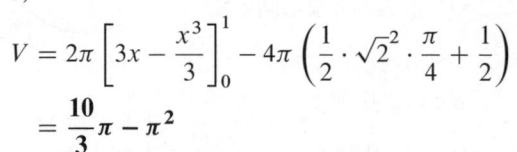

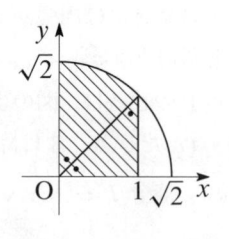

$$V = 2\pi \left[3x - \frac{x^3}{3}\right]_0^1 - 4\pi \left(\frac{1}{2} \cdot \sqrt{2}^2 \cdot \frac{\pi}{4} + \frac{1}{2}\right)$$
$$= \frac{10}{3}\pi - \pi^2$$

フォローアップ

1. 空間において $\angle APB = 135°$ となる P の軌跡はベクトルの内積を用いて $\overrightarrow{PA} \cdot \overrightarrow{PB} = |\overrightarrow{PA}||\overrightarrow{PB}| \cos 135°$ とかけます．この両辺を平方して整理すると x, y, z の 4 次式となり，かなり面倒です．やはり図形の特徴——この問題では回転対称性——をとらえて処理するようにした方がよいでしょう．

2. 本問と同様に図形の特徴をとらえて処理する問題を練習しましょう．

> **例** xyz 空間内に 2 点 O(0, 0, 0) と P(5, 0, 0) がある．3 点 A，B，C が条件
> $$OA = 4, \ AB = 3, \ BC = \sqrt{11}, \ CP = \sqrt{11}$$
> を満たして動くとき，点 B の動きうる領域の体積を求めなさい．
>
> 〔慶應義塾大〕

《方針》 動くものが多いので，同時に 4 式を考えるのではなく，前半「OA = 4，AB = 3」と後半「BC = $\sqrt{11}$，CP = $\sqrt{11}$」に分け，あとでこれらを同時にみたすものを考えます．

《解答》 点 A は O を中心とする半径 4 の球面上を動く．点 B は A を中心とする半径 3 の球面上を動く (図 1)．よって，B は O を中心とする半径 $4 - 3 = 1$ の球面の周および外部で，半径 $4 + 3 = 7$ の球面の周および内部の部分を動く (図 2)．

また，点 C は P を中心とする半径 $\sqrt{11}$ の球面上を動く．点 B は C を中心とする半径 $\sqrt{11}$ の球面上を動く (図 3)．よって，B は P を中心とする半径 $\sqrt{11} + \sqrt{11} = 2\sqrt{11}$ の球面の周および内部を動く (図 4)．

以上をあわせると，図 5 の斜線部の領域を x 軸まわりに回転させた立体が点 B の動き得る領域に等しい．

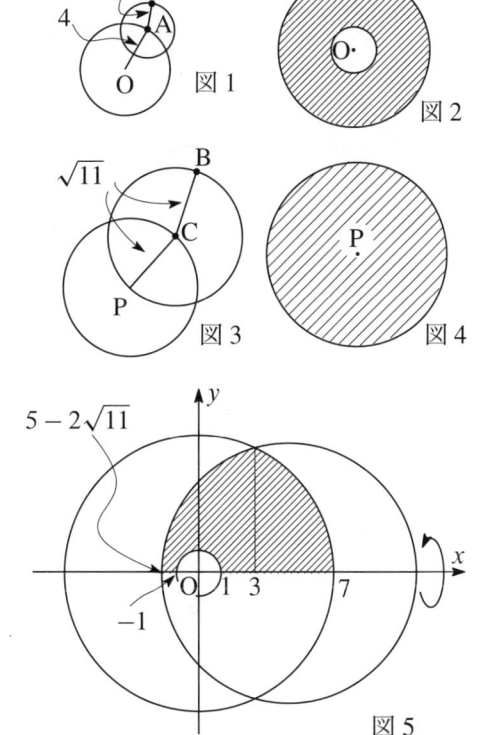

ただし図 5 にある 3 つの円の方程式は
$$x^2 + y^2 = 1$$
$$x^2 + y^2 = 49$$
$$(x - 5)^2 + y^2 = 44$$
であり，後半 2 つの交点の x 座標を連立して求めると $x = 3$ である．

したがって，求める体積は

$$\pi \int_{5-2\sqrt{11}}^{3} \{44 - (x-5)^2\} dx + \pi \int_{3}^{7} (49 - x^2) dx - \frac{4\pi}{3} \cdot 1^3$$

$$= \pi \left[44x - \frac{(x-5)^3}{3} \right]_{5-2\sqrt{11}}^{3} + \pi \left[49x - \frac{x^3}{3} \right]_{3}^{7} - \frac{4\pi}{3}$$

$$= \left(4 + \frac{176\sqrt{11}}{3} \right) \pi \qquad \square$$

―― 回転体の体積：線分が動いてできる ――

20 xyz 空間内に 2 点 P$(u, u, 0)$, Q$(u, 0, \sqrt{1-u^2})$ を考える. u が 0 から 1 まで動くとき, 線分 PQ が通過してできる曲面を S とする.

(1) 点 $(u, 0, 0)$ $(0 \leqq u \leqq 1)$ と線分 PQ の距離を求めよ.

(2) 曲面 S を x 軸のまわりに 1 回転させて得られる立体の体積を求めよ.

〔東北大〕

アプローチ

(イ) P, Q, $(u, 0, 0)$ はすべて平面 $x = u$ 上にあるので, 結局 yz 座標に注目して P$(u, 0)$, Q$(0, \sqrt{1-u^2})$ の線分と点 $(0, 0)$ からの距離をはかることになります. 直線 PQ の方程式を求め, 点と直線の距離公式を使えばよいでしょう.

(ロ) 空間において, 図形 K が回転してできる立体 D の体積 V を求めるには, D の形は必要ありません. 実際, 体積の公式 (定義) を思い出してみると, D の平面 $x =$ (一定) による切り口 D_x の面積が $S(x)$ であり, 切り口の存在範囲が $a \leqq x \leqq b$ ならば,

$$V = \int_a^b S(x)\,dx$$

でした. すると, 必要なのは, 積分する軸 (積分軸ということにしましょう), 切り口の面積, そして切り口の存在範囲です. したがって, 積分軸に垂直な平面による切り口の形がきちんとわかれば, 体積が求められるということです.

(ハ) 回転体は, 回転軸に垂直に切ると, 同心円の和集合があらわれるので, 切り口 D_x は円盤または円環領域です. したがって, 積分軸は回転軸 (またはそれに平行な直線) にとります. すると切り口の円環を求めるには, 円環

の外側と内側の円の半径がわかればよいのです．そのためには次のことが key です．K から D_x を求めるには，右の図式で $K \to D \to D_x$ とすすむのが普通ですが，そうではなく，$K \to K_x \to D_x$ とすすむのです．K を回してから切るのではなく，まず，切って K_x を求めて，それを回して D_x を得るのです．標語的にいえば

$$K \xrightarrow{回転} D$$
切る↓　　　　↓切る
$$K_x \xrightarrow{回転} D_x$$

回転させる前に切る

本問は「PQ が動く $\Rightarrow$ 曲面 S ができる $\Rightarrow$ 回転させる $\Rightarrow$ $x=u$ で切る」という作業を，「$x=u$ で切る $\Rightarrow$ PQ が切り口としてあらわれる $\Rightarrow$ それを回転させる $\Rightarrow$ 断面ができる $\Rightarrow$ それを積分して体積を求める」という作業に変えていきます．

(二)　上のようにして，まず $K_x = K \cap (平面 x = 一定)$ を求めると，K_x 上の点と回転軸(積分軸)との距離の最大値・最小値が円環の外側・内側の円の半径であることはすぐわかります．積分軸と平面 $x=(一定)$ との交点を O' として，図のように K_x と O' との距離の最大値を R，最小値を r とすると，K_x を回転して得られる円環が D_x だから，その面積は

$$S(x) = \pi(R^2 - r^2)$$

さて本問では最小値は(1)の結果であることはわかります．最大値は RQ と RP の大小による場合分けが必要です．

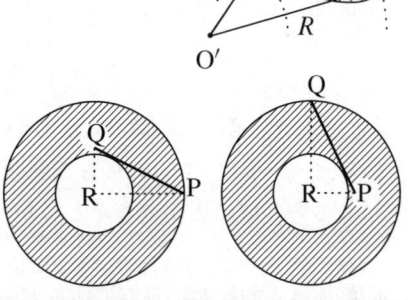

解答

(1)　$0 < u < 1$ のとき，$R(u, 0, 0)$ から直線 PQ に下した垂線の足を H とすると，H は線分 PQ 上にある．RH の長さは，平面 $x=u$ 上において直線 PQ：$\dfrac{y}{u} + \dfrac{z}{\sqrt{1-u^2}} = 1$ と原点 R$(0, 0)$ との距離だから

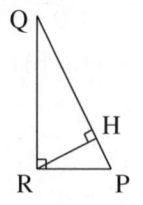

$$\mathrm{RH} = \cfrac{1}{\sqrt{\cfrac{1}{u^2} + \cfrac{1}{1-u^2}}} = u\sqrt{1-u^2}$$

$u = 0,\ 1$ のとき距離は 0 だから，これは $u = 0,\ 1$ のときも成り立つ．

(2) 着目する立体の平面 $x = u$ による切り口は，平面 $x = u$ 上で R のまわりに線分 PQ を回転させてできる円環領域である．その面積を S とおく．

(i) $\mathrm{RP} \leqq \mathrm{RQ}$，すなわち $u^2 \leqq 1 - u^2$ により $0 \leqq u \leqq \dfrac{1}{\sqrt{2}}$ のとき，

$$S = \pi(\mathrm{RQ}^2 - \mathrm{RH}^2) = \pi\{(1-u^2) - u^2(1-u^2)\}$$
$$= \pi(u^4 - 2u^2 + 1)$$

(ii) $\mathrm{RQ} \leqq \mathrm{RP}$，すなわち $\dfrac{1}{\sqrt{2}} \leqq u \leqq 1$ のとき，

$$S = \pi(\mathrm{RP}^2 - \mathrm{RH}^2) = \pi\{u^2 - u^2(1-u^2)\} = \pi u^4$$

以上から，求める体積を V とおくと

$$V = \int_0^1 S\,du = \pi \int_0^{\frac{1}{\sqrt{2}}} (u^4 - 2u^2 + 1)\,du + \pi \int_{\frac{1}{\sqrt{2}}}^1 u^4\,du$$

$$= \pi \int_0^1 u^4\,du + \pi \int_0^{\frac{1}{\sqrt{2}}} (-2u^2 + 1)\,du$$

$$= \pi \left[\frac{1}{5}u^5\right]_0^1 + \pi \left[-\frac{2}{3}u^3 + u\right]_0^{\frac{1}{\sqrt{2}}} = \left(\frac{1}{5} + \frac{\sqrt{2}}{3}\right)\pi$$

(フォローアップ)

1. P は xy 平面上で線分を，Q は xz 平面上で四分円を描くので，見取図は右のようになります．このとき，線分 PQ が描く曲面 S はよくわからないものですが，これは体積を求めるにはわかる必要はありません（そもそも高校の範囲では曲面を学習しません）．さらに，これを x 軸のまわりに回転させますが，そうしてできる立体がどんなものかを知る必要もありません．わからなくても体積は求められるというのがこのような問題の要点です．

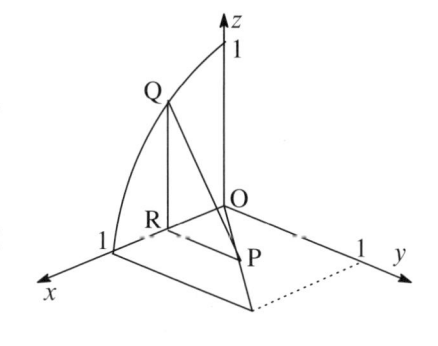

2. この問題では，積分軸は x 軸で，アプローチの K が曲面 S で，S の $x = $ (一定) による切り口 K_x が線分 PQ, O' が R です．S は得体が知れませんが，切り口は線分です．

3. もうすこし「動かす前に切る，切ったものを動かす」という問題を練習してみましょう．

例 空間内に1辺の長さが4の正三角形があり，半径1の球の中心がこの三角形の周上を一周するとき，この球が通過する部分の体積を求めよ．

〔横浜国立大〕

《解答》 正三角形を含む平面に垂直で，この平面が $x = 0$ となるように x 軸を定める．$x = t$ による球面の切り口は，半径 $\sqrt{1-t^2}\,(=r)$ の円である (図 1)．題意の立体の $x = t$ による切り口は，半径 r の円の中心が平面 $x = t$ 内で一辺の長さが4の正三角形の辺上を一周する (図 2) ときの円の通過領域に等しい (図 3)．ここで 1 辺の長さが 4 の正三角形の内接円の半径 R は，面積に注目すると

$$\frac{1}{2} \cdot 4^2 \cdot \sin 60° = \frac{1}{2} \cdot R \cdot (4+4+4) \qquad \therefore\ R = \frac{2\sqrt{3}}{3}$$

よって，図 4 の内側の正三角形の内接円の半径は $R - r$ になるので，1 辺の長さが 4 の正三角形との相似比は $R : (R-r)$ であり，面積は $\left(\dfrac{R-r}{R}\right)^2$ 倍になる．よって図 4 の斜線部の面積は

$$\frac{1}{2} \cdot 4^2 \sin 60° \cdot \left\{ 1 - \left(\frac{R-r}{R}\right)^2 \right\} = 12r - 3\sqrt{3}r^2$$

だから，求める立体の $x = t$ による切り口の面積は

$$r^2 \pi + 4 \cdot r \times 3 + 12r - 3\sqrt{3}r^2$$
$$= 24r + (\pi - 3\sqrt{3})r^2$$
$$= 24\sqrt{1-t^2} + (\pi - 3\sqrt{3})(1-t^2)$$

したがって，求める体積は

$$2\int_0^1 \left\{ 24\sqrt{1-t^2} + (\pi - 3\sqrt{3})(1-t^2) \right\} dt$$

$$= 48 \cdot \frac{\pi}{4} + 2(\pi - 3\sqrt{3}) \cdot \frac{2}{3}$$

〔第 1 項の積分は半径 1 の四分円の面積〕

$$= \frac{40}{3}\pi - 4\sqrt{3}$$

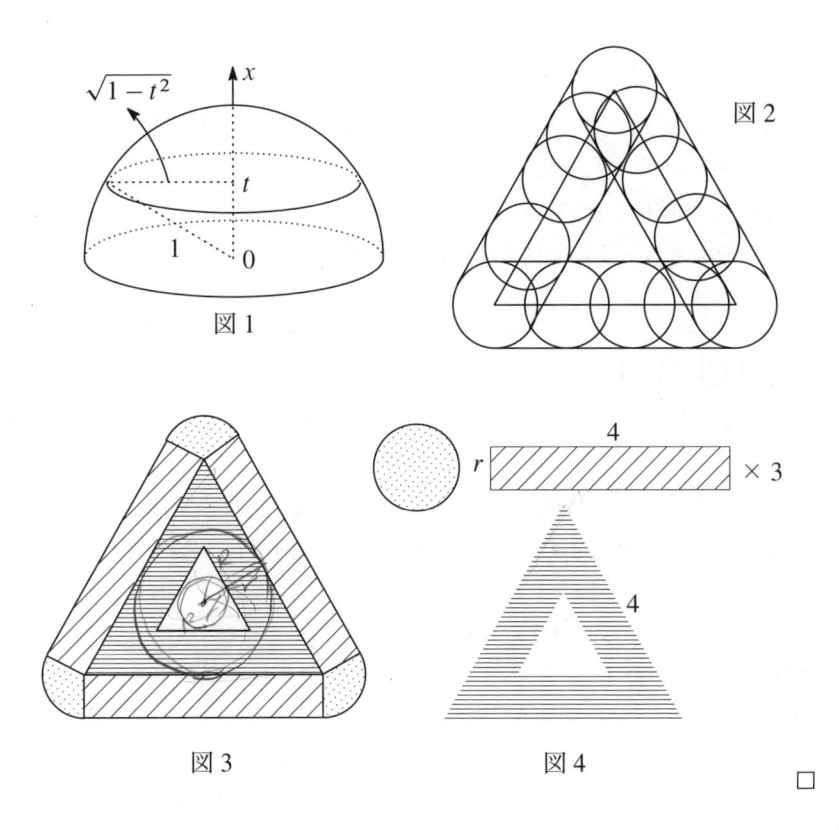

図 1

図 2

図 3

図 4

―― 交わりの体積 ――

21 空間内に以下のような円柱と正四角柱を考える．円柱の中心軸は x 軸で，中心軸に直交する平面による切り口は半径 r の円である．正四角柱の中心軸は z 軸で，xy 平面による切り口は一辺の長さが $\dfrac{2\sqrt{2}}{r}$ の正方形で，その正方形の対角線は x 軸と y 軸である．$0 < r \leqq \sqrt{2}$ とし，円柱と正四角柱の共通部分を K とする．

(1) 高さが $z = t \ (-r \leqq t \leqq r)$ で xy 平面に平行な平面と K との交わりの面積を求めよ．

(2) K の体積 $V(r)$ を求めよ．

(3) $0 < r \leqq \sqrt{2}$ における $V(r)$ の最大値を求めよ．

〔九州大〕

アプローチ

(イ) よくわかっている立体でも，それらの交わり (共通部分) となると，直観的にとらえにくく，図も描きにくいので，とたんにわからなくなります．空間図形の難しいところはこういう点にあるでしょう．

円柱を C，四角柱を P とするとき (いずれも内部も含む)，これらの交わり $K = C \cap P$ の体積を求めるわけですが，ここでも **20** と同様に，どんな立体であるか，わかる必要はありません．積分軸に垂直な平面による切り口がわかればよいのです．

(ロ) 平面 α による K の切り口は，式で表すと，$K \cap \alpha$ ですが，これは

$$K \cap \alpha = (C \cap \alpha) \cap (P \cap \alpha)$$

とかけることに注意してください．ここで右辺は，平面 α 内のハナシであって，$C \cap \alpha$，$P \cap \alpha$ はともによくわかる図形で，それらの交わりもなんでもありません．すなわち，

交わりの切り口は切り口の交わり

ということです．**20** と同様にいうと，

交わらす前に切る

となります．

解答

(1) 円柱の yz 平面での切り口は，円 $y^2 + z^2 = r^2$ だから，高さが $z = t$ $(-r \leq t \leq r)$ の平面 α との交わりは

$$y^2 + t^2 = r^2 \quad \therefore \quad y = \pm\sqrt{r^2 - t^2}$$

となり，2直線である（$t = \pm r$ のときは1直線）．したがって，K の α との交わりは，四角柱と α との交わりである正方形と，この2直線の間にある部分との共通部分である．それは，$0 < r \leq \sqrt{2}$ により $\dfrac{2}{r} \geq r \geq \sqrt{r^2 - t^2}$ だから，右図の斜線部のようになる．その面積を S とおくと，

$S = $ (全体の正方形)

 　$-$ (左右の三角形をあわせた正方形)

$= \left(\dfrac{2\sqrt{2}}{r}\right)^2 - \left\{\sqrt{2}\left(\dfrac{2}{r} - \sqrt{r^2 - t^2}\right)\right\}^2$

$= \dfrac{8}{r}\sqrt{r^2 - t^2} - 2(r^2 - t^2)$

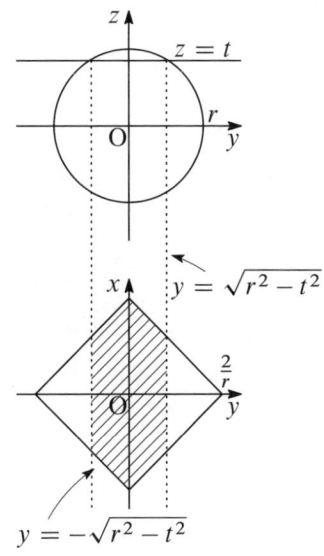

(2) 切り口が存在する範囲は $-r \leq t \leq r$ だから，

$$V(r) = \int_{-r}^{r} S\, dt = 2\int_{0}^{r} S\, dt$$

$$= \dfrac{16}{r}\int_{0}^{r} \sqrt{r^2 - t^2}\, dt - 4\int_{0}^{r} (r^2 - t^2)\, dt$$

〔第1項の積分は半径 r の四分円の面積〕

$$= \dfrac{16}{r} \cdot \dfrac{1}{4}\pi r^2 - 4\left[r^2 t - \dfrac{1}{3} t^3\right]_0^r = 4\pi r - \dfrac{8}{3} r^3$$

(3) (2)の結果から

$$V'(r) = 4\pi - 8r^2 = 8\left(r + \sqrt{\dfrac{\pi}{2}}\right)\left(\sqrt{\dfrac{\pi}{2}} - r\right)$$

だから，$V(r)$ の増減は右表のようになり，$V(r)$ の最大値は

$$V\left(\sqrt{\dfrac{\pi}{2}}\right) = \dfrac{4\sqrt{2}}{3}\pi\sqrt{\pi}$$

r	(0)		$\sqrt{\dfrac{\pi}{2}}$		$(\sqrt{2})$
$V'(r)$		$+$	0	$-$	
$V(r)$		↗		↘	

┌─**フォローアップ**─────────────────

1. 切り口の交わりを求めるときに注意が必要です．円柱を切ったときにできる帯状の板を四角柱の切り口に重ねあわせるときに右図のようになるかもしれません．そうなるなら，⑳のときのように場合分けが必要になります．そこで帯の幅 $\sqrt{r^2-t^2}$ の最大値 r ($t=0$ のとき) と $\dfrac{2}{r}$ の大小を比較すると，

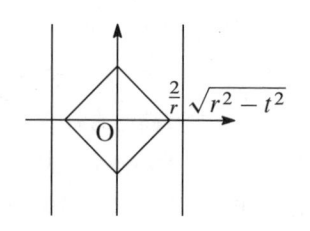

$$\dfrac{2}{r} - r = \dfrac{2-r^2}{r} \geqq 0 \qquad (\because 0 < r \leqq \sqrt{2})$$

となり，場合分けは必要ないことがわかりました．

　また，できるだけ「切り口が直線図形となるように積分軸をとる」ことも大切です．円柱は中心軸に垂直に切れば円で，円はそれ全体がでるのなら面積は簡単ですが，そうでないときは扇形がでてくるので，簡単とはいえません．

2. 交わりの体積を求める有名な問題があります．

┌─────────────────────────────
│ **例**　半径 r の十分長い直円柱が 2 つあり，それらの中心軸が直交しているとする．このとき交わりの体積を求めよ．
└─────────────────────────────

《方針》　円柱は軸に平行な平面で切ると長方形 (帯状領域) ができます．それらの交わりを考えればよいのです．「丸く切らない」ようにしましょう．

《解答》　xyz 空間において，2 つの円柱 C_1, C_2 はそれぞれ x 軸，y 軸が中心軸であるとする (内部も含む)．このとき，C_1 の境界の yz 平面による切り口は円 $y^2+z^2=r^2$, C_2 の境界の xz 平面による切り口は円 $x^2+z^2=r^2$ である．平面 $\alpha : z=t$ ($-r \leqq t \leqq r$) による C_1 の切り口は，$y^2+z^2=r^2$ において $z=t$ とおくと $y=\pm\sqrt{r^2-t^2}$ により，平面 $z=t$ 上の帯状領域 $-\sqrt{r^2-t^2} \leqq y \leqq \sqrt{r^2-t^2}$ である．同様にして，C_2 の切り口は帯状領域 $-\sqrt{r^2-t^2} \leqq x \leqq \sqrt{r^2-t^2}$ だから，$C_1 \cap C_2$ の α による切り口は，正方形領域

$-\sqrt{r^2-t^2} \leqq x \leqq \sqrt{r^2-t^2}$, $-\sqrt{r^2-t^2} \leqq y \leqq \sqrt{r^2-t^2}$, $z = t$
である．

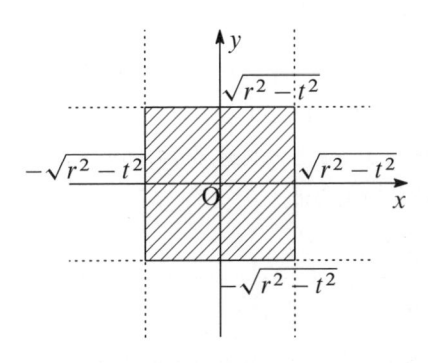

その面積は
$$S = \left(2\sqrt{r^2-t^2}\right)^2 = 4(r^2-t^2)$$
ゆえに，求める体積は
$$V = \int_{-r}^{r} S\,dt = 2\int_{0}^{r} S\,dt = 8\int_{0}^{r} (r^2-t^2)\,dt$$
$$= 8\left[r^2 t - \frac{t^3}{3}\right]_{0}^{r} = \frac{16}{3}r^3 \qquad \square$$

体積を求めるためには必要ありませんが，どのような立体なのか考えてみましょう．上の《解答》からわかるように，これは一辺の長さが $2\sqrt{r^2-t^2}$ の正方形の集まりです．t が 0 から r まで変化すると一辺の長さは $2r$ から 0 まで変化するので，この立体の $z \geqq 0$ の部分の概形は下図のようなテント形になります．一辺の長さは一次関数的に変化しないので，四角錐のようにはなりません．

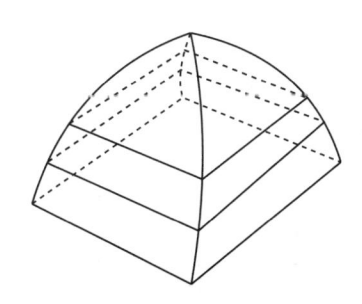

---- 回転体でない立体の体積 ----

22 座標空間で考える．xy 平面上の放物線 $y = x^2$ を y 軸の周りに 1 回転してできる曲面を K とし，点 $\left(0, \dfrac{1}{4}, 0\right)$ および点 $\left(\dfrac{-1}{4\sqrt{3}}, 0, 0\right)$ を通り xy 平面に垂直な平面を H とする．さらに曲面 K と平面 H によって囲まれる立体を V とする．
(1) 立体 V と平面 $z = t$ との共通部分の面積 $S(t)$ を t の式で表せ．
(2) 立体 V の体積を求めよ．

〔上智大〕

アプローチ

(イ) 高校数学の座標空間における図形の方程式は，球だけしかなく，いちおう発展事項に平面と直線が出てくるとはいえ，それらの関係を扱ったりはしていません．しかし，このような空間での領域の体積の問題となるといろんな図形があらわれ，**21**でも円柱が出てきていました．これらの空間図形の方程式の基本的な扱い方を知っておくとかなり便利です．式が考えてくれるので，難しい図を描いたり，空間図形を把握したりする必要がなくなります．要点は「図形の方程式と切り口」の関係です．

手順は，まず回転体を回転軸に垂直な平面 $y = k$ で切ります．その断面を y 軸の先の方からみると xz 平面上の円になります．回転させる前の放物線（右半分）を $y = k$ で切ると長さが $\sqrt{k}$ の線分なので，中心が原点，半径 $\sqrt{k}$ の円ができます．この方程式と $y = k$ を消去した方程式が回転放物面の方程式です．これは「回転させる前に切る，切ったものを回転させる」という**20**の考え方と同じです．

この作業に違和感がありますか？ そうなら次の作業ならどうでしょう？「立体 $f(x, y, z) = 0$ を平面 $z = t$ で切ったときの断面は？」なら $z = t$ を代入して $f(x, y, t) = 0$ として，xy 平面の方程式としてみますね．この作業を逆にしただけです．

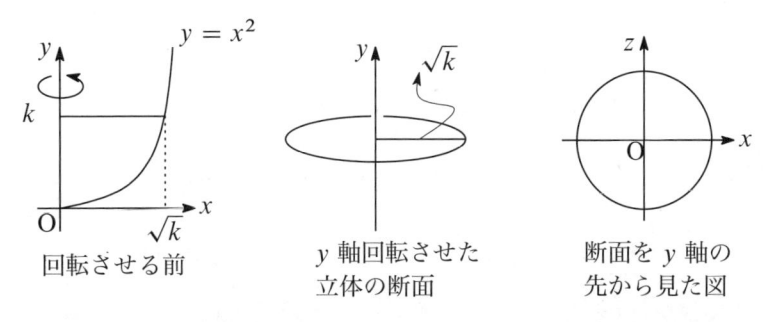

回転させる前　　　　　y 軸回転させた　　　　断面を y 軸の
　　　　　　　　　　　立体の断面　　　　　　先から見た図

　次に平面 H との囲まれた部分を考えるのですが，これは別々に切ってから重ねあわせれば，V の断面をとらえることができます．これは㉑の考え方と同じです．

(ロ)　数Ⅱの公式ですが，$\int_\alpha^\beta (x-\alpha)(x-\beta)dx = -\frac{1}{6}(\beta-\alpha)^3$ を利用すれば結局

$$\text{(放物線と直線で囲まれた面積)} = \frac{|(2次の係数)|}{6}(\text{交点の } x \text{ 座標の差})^3$$

となります（☞ ⅠAⅡB ㊶）．

(ハ)　(2)の積分区間は切り口が存在するような t の区間です．本問では $\sqrt{}$ の中身が 0 以上となる区間となります．

(ニ)　$\int \boxed{\sqrt{a^2-x^2} \text{ を含む式}} dx$ について

　例　次の定積分を求めよ．

(1) $\int_0^1 x^3\sqrt{1-x^2}dx$　　　(2) $\int_0^1 \sqrt{1-x^2}dx$

(3) $\int_0^2 \sqrt{x(2-x)}dx$

《解答》　(1)　$1-x^2 = t$ とおくと，$x^2 = 1-t$ だから

$$2xdx = -dt \quad \therefore \quad xdx = -\frac{1}{2}dt, \quad \begin{array}{c|ccc} x & 0 & \to & 1 \\ \hline t & 1 & \to & 0 \end{array}$$

$$\text{(与式)} = \int_1^0 (1-t)\sqrt{t}\left(-\frac{1}{2}dt\right) = \int_0^1 \frac{1}{2}\left(t^{\frac{1}{2}} - t^{\frac{3}{2}}\right)dt$$

$$= \frac{1}{2}\left[\frac{2}{3}t^{\frac{3}{2}} - \frac{2}{5}t^{\frac{5}{2}}\right]_0^1 = \frac{2}{15}$$

(2) (与式) = (左下図の斜線部の面積) = $\dfrac{\pi}{4}$

(3) (与式) = $\displaystyle\int_0^2 \sqrt{1-(x-1)^2}\,dx$ = (右下図の斜線部の面積) = $\dfrac{\pi}{2}$

(2) $y = \sqrt{1-x^2}$　　(3) $y = \sqrt{1-(x-1)^2}$

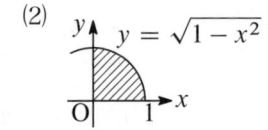

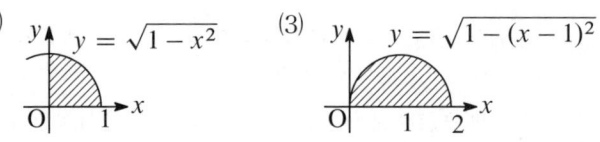

上のような作業ができないときは，$x = a\sin\theta \left(-\dfrac{\pi}{2} \leqq \theta \leqq \dfrac{\pi}{2}\right)$ と置換します．

(ホ)　$\sin^{偶数}$, $\cos^{偶数}$ の積分は

$$\cos^2\theta = \frac{1+\cos 2\theta}{2},\ \sin^2\theta = \frac{1-\cos 2\theta}{2},\ \sin\theta\cos\theta = \frac{1}{2}\sin 2\theta$$

などを利用して次数下げを行います．

解答

(1)　K の平面 $y = k\,(\geqq 0)$ による切り口は，中心が $(0, k, 0)$ で半径が $\sqrt{k}$ の円だから，
$$x^2 + z^2 = k,\quad y = k$$
でかける．これから，k を消去して，K の方程式
$$x^2 + z^2 = y$$
が得られる．これから，K の平面 $z = t$ による切り口は 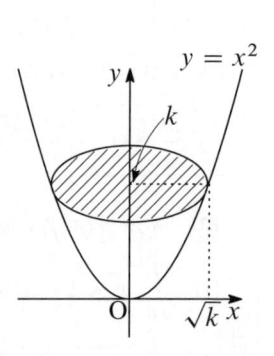
$$x^2 + t^2 = y,\quad z = t \quad\cdots\cdots\text{①}$$
また，H の平面 $z = t$ による切り口は
$$y = \sqrt{3}x + \frac{1}{4},\quad z = t \quad\cdots\cdots\text{②}$$
したがって，V の平面 $z = t$ による切り口は，この平面上で①，②で囲まれる領域である．

①，②から

$$x^2 + t^2 = \sqrt{3}x + \frac{1}{4} \quad \therefore \quad x^2 - \sqrt{3}x + t^2 - \frac{1}{4} = 0 \quad \cdots\cdots\cdots ③$$

この判別式を D とおくと

$$D = \sqrt{3}^2 - 4\left(t^2 - \frac{1}{4}\right) = 4(1-t^2)$$

共通部分が存在するのは $D \geqq 0$, すなわち $-1 \leqq t \leqq 1$ のときで, このとき, ③の 2 解を α, β ($\alpha \leqq \beta$) とおくと,

$$S(t) = \int_\alpha^\beta \left\{\left(\sqrt{3}x + \frac{1}{4}\right) - (x^2 + t^2)\right\} dx$$
$$= -\int_\alpha^\beta (x-\alpha)(x-\beta)\,dx = \frac{1}{6}(\beta-\alpha)^3$$

ここで, 解の公式から $\beta - \alpha = \sqrt{D} = 2\sqrt{1-t^2}$
だから

$$S(t) = \frac{1}{6} \cdot 8\left(\sqrt{1-t^2}\right)^3 = \frac{4}{3}(1-t^2)^{\frac{3}{2}} \quad (-1 \leqq t \leqq 1)$$

(2) (1)から,

$$(V \text{ の体積}) = \int_{-1}^1 S(t)\,dt = 2\int_0^1 \frac{4}{3}(1-t^2)^{\frac{3}{2}}\,dt$$
$$= \frac{8}{3}\int_0^{\frac{\pi}{2}} \cos^3\theta \cos\theta\,d\theta \qquad [t = \sin\theta \text{ とおいた}]$$
$$= \frac{8}{3}\int_0^{\frac{\pi}{2}} \left(\frac{1+\cos 2\theta}{2}\right)^2 d\theta$$
$$= \frac{2}{3}\int_0^{\frac{\pi}{2}} \left(1 + 2\cos 2\theta + \frac{1+\cos 4\theta}{2}\right) d\theta$$
$$= \frac{2}{3}\left[\frac{3}{2}\theta + \sin 2\theta + \frac{1}{8}\sin 4\theta\right]_0^{\frac{\pi}{2}} = \frac{\pi}{2}$$

フォローアップ

1. 解答では切り口を利用して, 曲面の方程式を求めましたが, 次のような方法もあります. 一般に, xz 平面上の曲線 $z = f(x)$ ($x \geqq 0$) が z 軸まわりに回転したときの回転面の方程式を考えます. 曲線上の点 $(a, 0, b)$ ($a > 0$) が z 軸まわりに回転して点 (x, y, z) に移ったとすると

$$\sqrt{x^2 + y^2} = a,\ z = b$$

が成り立ちます．これらを $b = f(a)$ に代入すると $z = f(\sqrt{x^2 + y^2})$ となり，これが求める回転面の方程式です．

これを利用すると，本問の K の方程式は (座標軸を適当に変更して)
$$y = x^2 + z^2$$
となることがわかります．

2. 本問は，曲線を回転させた曲面の方程式を作り，この曲面と平面で囲まれる部分の体積を求める問題でした．次は，逆に方程式から回転体であることを理解させ，体積を求めるという問題です．方針は同じく回転軸に垂直な断面が円になることを利用します．どんな平面で切るかは本問の方程式や上の フォローアップ 1.からもわかるでしょう．もちろん $x^2 + y^2$ に注目します．

例 xyz 空間内において不等式
$$0 \leq z \leq \log(-x^2 - y^2 + 3), \quad -x^2 - y^2 + 3 > 0$$
で定まる立体 D を考える．
(1) D はどの座標軸のまわりの回転体か，その座標軸を答えよ．
(2) D の体積を求めよ．

〔お茶の水女子大〕

《解答》(1) 立体を平面 $z = t$ で切ると
$$t \leq \log(-x^2 - y^2 + 3) \iff e^t \leq -x^2 - y^2 + 3 \iff x^2 + y^2 \leq 3 - e^t$$
により，断面は半径 $\sqrt{3 - e^t}$ の円だから，D は z 軸 まわりの回転体である．
(2) 切り口が存在する条件は，$z \geq 0$ と $3 - e^t \geq 0$ より
$$0 \leq t \leq \log 3$$
したがって，求める体積は
$$\int_0^{\log 3} \pi(3 - e^t)\,dt = \pi\left[3t - e^t\right]_0^{\log 3} = \pi(3\log 3 - 2) \quad \square$$

3. 2次方程式 $ax^2 + bx + c = 0 \ (a > 0)$ の 2 解の差は，解の公式より
$$\frac{-b + \sqrt{b^2 - 4ac}}{2a} - \frac{-b - \sqrt{b^2 - 4ac}}{2a} = \frac{\sqrt{b^2 - 4ac}}{a} = \boxed{\frac{\sqrt{D}}{a}}$$
となります (D は判別式)．

─── n 乗を含む積分 ───

23 正の整数 n に対し，関数 $f_n(x)$ を次式で定義する．
$$f_n(x) = \int_1^x (x-t)^n e^t\, dt \quad (e\text{ は自然対数の底})$$
このとき以下の各問いに答えよ．
(1) $f_1(x)$, $f_2(x)$ を求めよ．
(2) $n \geq 2$ のとき，$f_n(x) - nf_{n-1}(x)$ を求めよ．
(3) $f_n(x) - f_n'(x)$ を求めよ．ここで $f_n'(x)$ は $f_n(x)$ の導関数を表す．
(4) $n \geq 2$ のとき，$f_n(x)$ を続けて $(n-1)$ 回微分して得られる関数を求めよ．

〔東京医科歯科大〕

アプローチ

(イ) $\int (\text{多項式}) \times (\text{指数関数})$ は部分積分法で計算します．本問は e^t を積分側，$(x-t)^n$ を微分側とします．ここで注意したいのは，$\int \boxed{} dt$ だから t で積分することを忘れないようにしましょう．つまり x は定数と考えます．

(ロ) (2)は $f_n(x)$ と $f_{n-1}(x)$ との関係式を導けということなので，漸化式を立式せよということです．定積分の漸化式は，ほとんど部分積分法で立式します．

典型的な例をみてみましょう．

例 $I_n = \int_0^{\frac{\pi}{2}} \sin^n x\, dx\ (n=0,1,2,\cdots)$ のとき，$I_{n+2} = \dfrac{n+1}{n+2} I_n$ であることを示せ．

《解答》

$$I_{n+2} = \int_0^{\frac{\pi}{2}} \sin x \cdot \sin^{n+1} x\, dx$$

$$= \left[(-\cos x)\sin^{n+1} x\right]_0^{\frac{\pi}{2}} - \int_0^{\frac{\pi}{2}} (-\cos x)(n+1)\sin^n x \cos x dx$$

$$= (n+1)\int_0^{\frac{\pi}{2}} \sin^n x(1-\sin^2 x)dx$$

$$= (n+1)\int_0^{\frac{\pi}{2}} \left(\sin^n x - \sin^{n+2} x\right) dx$$

$$\therefore\ I_{n+2} = (n+1)(I_n - I_{n+2}) \qquad \therefore\ I_{n+2} = \frac{n+1}{n+2} I_n \qquad \square$$

(ハ) $\dfrac{d}{dx}\displaystyle\int_{q(x)}^{p(x)} f(t)dt = f(p(x))p'(x) - f(q(x))q'(x)$

《証明》 $F(x) = \displaystyle\int f(x)dx$ つまり $F'(x) = f(x)$ とおくと

$$(左辺) = \frac{d}{dx}\left([F(t)]_{q(x)}^{p(x)}\right) = \frac{d}{dx}\{F(p(x)) - F(q(x))\}$$

$$= F'(p(x))p'(x) - F'(q(x))q'(x)$$

$$= f(p(x))p'(x) - f(q(x))q'(x) = (右辺) \qquad \square$$

この公式は左辺の $\displaystyle\int$ □ の □ の中に x があるときは使えません. x があれば $\displaystyle\int$ の外に出してから計算を行います. もし $\dfrac{d}{dx}\displaystyle\int_0^x f(x-t)dt$ のように x がでないときは, 次のように x を隠すような置換をします.

$I = \displaystyle\int_0^x f(x-t)dt$ において $x-t=u$ つまり $t=x-u$ とおくと

$$dt = -du, \quad \begin{array}{c|cc} t & 0 \to x \\ \hline u & x \to 0 \end{array}$$

$$\therefore\ I = \int_x^0 f(u)(-du) = \int_0^x f(u)du \qquad \therefore\ \frac{dI}{dx} = f(x)$$

(ニ) (4)について, 直接 $f_n(x)$ を一気に $n-1$ 回微分するとどうなるかはすぐにはわかりません. そこで(2)(3)の意味を考えます. (2)では $f_n(x),\ f_{n-1}(x)$ の関係式, (3)では $f_n(x),\ f_n'(x)$ の関係式を導きました. ということはこの2式から $f_n(x)$ を消去して $f_n'(x),\ f_{n-1}(x)$ の関係式がわかります. これは1回微分することは n が1つ減ることを意味します. これを $n-1$ 回くり返せば n がどんどん減って $f_1(x)$ との関係式がみえてきます. ここまでくれば(1)の利用で終了です.

解答

(1)(2)
$$f_1(x) = \int_1^x (x-t)e^t dt = \left[(x-t)e^t\right]_1^x - \int_1^x (-e^t)dt$$
$$= -(x-1)e + \left[e^t\right]_1^x = e^x - ex$$
$$f_n(x) = \left[(x-t)^n e^t\right]_1^x - \int_1^x e^t n(x-t)^{n-1}(-1)dt$$
$$= -(x-1)^n e + n\int_1^x (x-t)^{n-1} e^t dt$$
$$= nf_{n-1}(x) - e(x-1)^n$$
$$\therefore \quad f_n(x) - nf_{n-1}(x) = -e(x-1)^n \qquad \cdots\cdots\cdots ①$$

①に $n=2$ を代入して
$$f_2(x) = 2f_1(x) - e(x-1)^2 = 2(e^x - ex) - e(x^2 - 2x + 1)$$
$$= 2e^x - e(x^2 + 1)$$

(3) $x - t = u$ とおいて t から u への置換を行うと，$t = x - u$ より
$$dt = -du, \quad \begin{array}{c|ccc} t & 1 & \to & x \\ \hline u & x-1 & \to & 0 \end{array}$$

よって
$$f_n(x) = \int_{x-1}^0 u^n e^{x-u}(-du) = \int_0^{x-1} u^n e^x e^{-u} du$$
$$= e^x \int_0^{x-1} u^n e^{-u} du \qquad \cdots\cdots\cdots (*)$$

これより
$$f_n'(x) = (e^x)' \int_0^{x-1} u^n e^{-u} du + e^x \left(\int_0^{x-1} u^n e^{-u} du\right)'$$
$$= e^x \int_0^{x-1} u^n e^{-u} du + e^x (x-1)^n e^{-(x-1)} \cdot (x-1)'$$
$$= e^x \int_0^{x-1} u^n e^{-u} du + (x-1)^n e$$
$$= f_n(x) + e(x-1)^n \qquad (\because (*))$$
$$\therefore \quad f_n(x) - f_n'(x) = -e(x-1)^n \qquad \cdots\cdots\cdots ②$$

(4) ①を②に代入して $f_n(x)$ を消去すると
$$nf_{n-1}(x) - e(x-1)^n - f_n'(x) = -e(x-1)^n \quad \therefore \quad f_n'(x) = nf_{n-1}(x)$$

これをくり返し用いると
$$f_n'(x) = nf_{n-1}(x) \qquad \cdots\cdots\cdots ③$$
$$f_{n-1}'(x) = (n-1)f_{n-2}(x) \qquad \cdots\cdots\cdots ④$$
$$f_{n-2}'(x) = (n-2)f_{n-3}(x) \qquad \cdots\cdots\cdots ⑤$$
$$\vdots$$
$$f_3'(x) = 3f_2(x)$$
$$f_2'(x) = 2f_1(x)$$

③の両辺を x で微分して④を用いると
$$f_n''(x) = nf_{n-1}'(x) = n(n-1)f_{n-2}(x) \qquad \cdots\cdots\cdots ⑥$$
この両辺を x で微分して⑤を用いると
$$f_n'''(x) = n(n-1)f_{n-2}'(x) = n(n-1)(n-2)f_{n-3}(x) \qquad \cdots\cdots\cdots ⑦$$
以下これをくり返すと
$$f_n^{(n-1)}(x) = n(n-1)(n-2)\cdots 3\cdot 2 \cdot f_1(x) = n!f_1(x) = \boldsymbol{n!(e^x - ex)}$$
ただし $f_n^{(n-1)}(x)$ は $f_n(x)$ の $(n-1)$ 次導関数を表す.

フォローアップ

1. (1)の $f_2(x)$ の計算ですが, (2)の漸化式を先に求めてから, これと $f_1(x)$ を利用して求めました. $n = 0$ のとき
$$f_0(x) = \int_1^x e^t\,dt = \Big[e^t\Big]_1^x = e^x - e$$
と考えられるので, このように定義すると①は $n = 1$ のときも成り立ち, これから $f_1(x)$ も出ます.

2. (3)は次のようにも解答できます.

別解 (∗) から $e^{-x}f_n(x) = \displaystyle\int_0^{x-1} u^n e^{-u}\,du$

この両辺を x で微分すると
$$-e^{-x}f_n(x) + e^{-x}f_n'(x) = (x-1)^n e^{-(x-1)}$$
$$\therefore\ -f_n(x) + f_n'(x) = (x-1)^n e \qquad [e^x\text{ をかけた}]$$
$$\therefore\ \boldsymbol{f_n(x) - f_n'(x) = -e(x-1)^n} \qquad\square$$

3. ③の式のイメージは $(x^n)' = nx^{n-1}$ と同じです. ということは
$$⑥ \iff f_n^{(2)}(x) = n(n-1)f_{n-2}(x) \qquad \cdots\cdots\cdots ⑥'$$

⑦ $\iff f_n^{(3)}(x) = n(n-1)(n-2)f_{n-3}(x)$ ………⑦′

というのは，
x^n の 1 回微分が nx^{n-1}
2 回微分が $n(n-1)x^{n-2}$
3 回微分が $n(n-1)(n-2)x^{n-3}$
4 回微分が $n(n-1)(n-2)(n-3)x^{n-4}$
　　　$\vdots$
$(n-1)$ 回微分が $n(n-1)(n-2)\cdots\cdot 3\cdot 2x^1 = n!x$
になる感覚と同じです．また ⑥′，⑦′ の $f_n^{(\bigcirc)}(x) = \cdots = (\cdots)f_\square(x)$ に注目してください．つねに $\bigcirc + \square = n$ ですから，$f_n^{(n-1)}(x) = \cdots\cdots = (\cdots)f_1(x)$ となることがわかります．

4. 定積分の漸化式は部分積分法で導くといいましたが，例外があります．

例 $I_n = \displaystyle\int_0^{\frac{\pi}{4}} \tan^n x\,dx$ $(n = 0, 1, 2, \cdots)$ とするとき，
$I_{n+2} + I_n = \dfrac{1}{n+1}$ $(n = 0, 1, 2, \cdots)$ を示せ．

《解答》

$$I_{n+2} + I_n = \int_0^{\frac{\pi}{4}} (\tan^{n+2} x + \tan^n x)\,dx = \int_0^{\frac{\pi}{4}} \tan^n x\,(1 + \tan^2 x)\,dx$$

$$= \int_0^{\frac{\pi}{4}} \tan^n x \cdot \frac{1}{\cos^2 x}\,dx = \int_0^{\frac{\pi}{4}} \tan^n x\,(\tan x)'\,dx$$

$$= \left[\frac{1}{n+1}\cdot \tan^{n+1} x\right]_0^{\frac{\pi}{4}} = \frac{1}{n+1}$$

□

同様のものに $J_n = \displaystyle\int_0^1 \dfrac{x^n}{1+x}\,dx$ などがあります．このときも $J_{n+1} + J_n = \dfrac{1}{n+1}$ $(n \geqq 0)$ です．

--- 定積分の評価 ---

24 n を自然数とし，$I_n = \displaystyle\int_0^1 x^n e^x \, dx$ とおく．

(1) I_n と I_{n+1} の間に成り立つ関係式を求めよ．

(2) すべての n に対して，不等式
$$\frac{e}{n+2} < I_n < \frac{e}{n+1}$$
が成り立つことを示せ．

(3) $\displaystyle\lim_{n\to\infty} n(nI_n - e)$ を求めよ．

〔大分大〕

アプローチ

(イ) $\displaystyle\int$ (多項式)×(指数関数) は **23** (ロ)を確認してください．

(ロ) (2)について，次の 2 つの方針が考えられますが，どちらをとるか悩みます．

(i) 定積分についての不等式の証明だから **25** (ヘ)のように被積分関数の評価からスタートする．

(ii) 数列の漸化式を導いた後，その数列の証明なので帰納法を利用する．

本問の I_n をみている，と考える材料として次のものが思いうかびます．

(a) $0 \leqq x \leqq 1$ のとき $1 \leqq e^x \leqq e$

(b) $0 \leqq x \leqq 1$ のとき x^n は減少列 (n の数列と見ている：減少する数列を減少数列，減少列という)

(c) $\displaystyle\int_0^1 x^n dx = \frac{1}{n+1}$, $\displaystyle\int_0^1 x^{n+1} dx = \frac{1}{n+2}$

(d) 帰納法を利用しようと思い，漸化式と証明すべき不等式から I_n を消去すると

$$I_n < \frac{e}{n+1} \iff \frac{e - I_{n+1}}{n+1} < \frac{e}{n+1} \iff I_{n+1} > 0 \quad \cdots\cdots(*)$$

となり

$$\frac{e}{n+2} < I_n \iff \frac{e}{n+2} < \frac{e - I_{n+1}}{n+1} \iff \frac{e}{n+2} > I_{n+1} \quad \cdots(\star)$$

ができる．

これらを総合して解答を作りあげます．結局，帰納法ではないことが(d)の

作業からわかります．なぜなら簡単に示せる(∗)の一番右の不等式を証明し，そこから(∗)の一番左の不等式を導く．そのnを1つ増やすことで(⋆)の一番右の不等式を導き，最後にそこから(⋆)の一番左の不等式を導くという流れです．最初の不等式はもちろん(i)の考え方です．

$$0 < I_n \ \to\ 0 < I_{n+1}$$
$$\implies I_n < \frac{e}{n+1} \ \to\ I_{n+1} < \frac{e}{n+2}$$
$$\implies \frac{e}{n+2} < I_n$$

($\to$ は n を $n+1$ に変える作業，$\implies$ は漸化式を代入する作業)

(ハ) (3)について，(不等式)+(極限)だから「はさみうち」を利用することはわかります．しかし(2)の式をそのまま使うとはさめません．

＜失敗例＞
$$\frac{e}{n+2} < I_n < \frac{e}{n+1}$$
$$\Longleftrightarrow \frac{en}{n+2} - e < nI_n - e < \frac{ne}{n+1} - e$$
$$\Longleftrightarrow \frac{-2e}{n+2} < nI_n - e < \frac{-e}{n+1}$$
$$\Longleftrightarrow \frac{-2en}{n+2} < n(nI_n - e) < \frac{-en}{n+1}$$

$n \to \infty$ とすると(左辺)$\to -2e$，(右辺)$\to -e$ となり，はさめない．

この失敗から(1)の右辺に $nI_n - e$ が隠れていることに気づけるかどうかがポイントです．

解答

(1)
$$I_{n+1} = \int_0^1 x^{n+1}e^x dx = \left[x^{n+1}e^x\right]_0^1 - (n+1)\int_0^1 x^n e^x dx$$
$$= e - (n+1)I_n$$

$$\therefore\ \boldsymbol{I_{n+1} = e - (n+1)I_n} \quad \cdots\cdots\cdots ①$$

(2) $0 < x \leqq 1$ のとき $x^n e^x > 0$ だから
$$I_n > 0 \quad \therefore\ I_{n+1} > 0$$

これに①を用いて
$$e - (n+1)I_n > 0 \quad \therefore\ I_n < \frac{e}{n+1} \quad \cdots\cdots\cdots ②$$

これより $I_{n+1} < \dfrac{e}{n+2}$ となり，①を用いて

$$e - (n+1)I_n < \dfrac{e}{n+2} \quad \therefore \quad I_n > \dfrac{e}{n+2} \quad \cdots\cdots\cdots ③$$

②,③より題意が示された． □

(3) ① $\iff I_{n+1} = e - nI_n - I_n \iff I_{n+1} + I_n = e - nI_n \quad \cdots\cdots ④$

また(2)より

$$\dfrac{e}{n+2} < I_n < \dfrac{e}{n+1}, \quad \dfrac{e}{n+3} < I_{n+1} < \dfrac{e}{n+2}$$

この辺々を加えると

$$\dfrac{e}{n+2} + \dfrac{e}{n+3} < I_n + I_{n+1} < \dfrac{e}{n+1} + \dfrac{e}{n+2}$$

④より，上式の中辺が $e - nI_n$ だから，この辺々に n をかけると

$$\dfrac{en}{n+2} + \dfrac{en}{n+3} < n(e - nI_n) < \dfrac{en}{n+1} + \dfrac{en}{n+2}$$

$$\therefore \quad \dfrac{e}{1+\dfrac{2}{n}} + \dfrac{e}{1+\dfrac{3}{n}} < n(e - nI_n) < \dfrac{e}{1+\dfrac{1}{n}} + \dfrac{e}{1+\dfrac{2}{n}}$$

$n \to \infty$ のとき (左辺) $\to 2e$，(右辺) $\to 2e$ だから，はさみうちの原理により

$$\lim_{n\to\infty} n(e - nI_n) = 2e \quad \therefore \quad \lim_{n\to\infty} n(nI_n - e) = \boldsymbol{-2e}$$

フォローアップ

1. (2)の右半分に(□)の(a)(c)を利用する解法もあります．

別解 I　$0 < x < 1$ のとき $e^x < e^1$ により $x^n e^x < ex^n$ である．この不等式の両辺を区間 $[0, 1]$ で定積分を行うことより

$$\int_0^1 e^x x^n dx < \int_0^1 ex^n dx \quad \therefore \quad I_n < \dfrac{e}{n+1} \quad\quad □$$

2. (2)の左半分をやや強引ですが，(□)(i)の方針で解くこともできます．これは，無理やり区間 $[0, 1]$ で定積分して $\dfrac{e}{n+2}$ になるものを作った感じです．

別解 II　$0 \leqq x \leqq 1$ のとき $x^n e^x \geqq x^{n+1} e$ が成立することを示す．それには両辺を x^n で割って $e^x \geqq ex$ を示せばよいが，$y = e^x$ が下に凸であり，その $x = 1$ の点での接線が $y = ex$ であることから成立する〔差を微分して

もすぐわかる]．この不等式の両辺を $0 \leqq x \leqq 1$ で積分することにより

$$\int_0^1 x^n e^x dx > \int_0^1 e x^{n+1} dx$$
$$\therefore \quad I_n > \frac{e}{n+2} \qquad \square$$

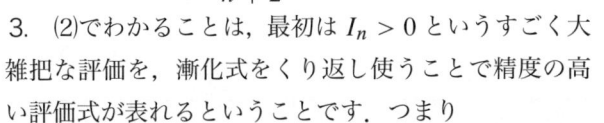

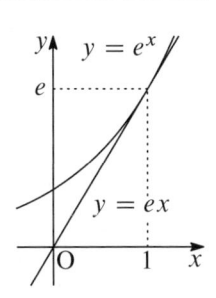

3. (2)でわかることは，最初は $I_n > 0$ というすごく大雑把な評価を，漸化式をくり返し使うことで精度の高い評価式が表れるということです．つまり

$$0 < I_n \Longrightarrow I_n < \frac{e}{n+1} \Longrightarrow \frac{e}{n+2} < I_n$$

という具合に．ということはこれをくり返せばもっと精度の高い評価が出てくるということです．そこで(1)での失敗の解法を成功させるためには最後の $\frac{e}{n+2} < I_n$ の n を1つ増やして $I_{n+1} > \frac{e}{n+3}$ とし，これと漸化式を利用して

$$e - (n+1)I_n > \frac{e}{n+3} \iff I_n < \frac{n+2}{(n+1)(n+3)} e$$

というのを導きます．結局

$$\frac{e}{n+2} < I_n < \frac{n+2}{(n+1)(n+3)} e$$

という不等式が作られるので，これを利用して(3)を解くこともできます．

$$\frac{en}{n+2} - e < nI_n - e < \frac{n(n+2)}{(n+1)(n+3)} e - e$$

$$\iff \frac{-2e}{n+2} < nI_n - e < \frac{e(-2n-3)}{(n+1)(n+3)}$$

$$\iff \frac{-2en}{n+2} < n(nI_n - e) < \frac{e(-2n-3)n}{(n+1)(n+3)}$$

$$\iff \frac{-2e}{1+\frac{2}{n}} < n(nI_n - e) < \frac{e\left(-2-\frac{3}{n}\right)}{\left(1+\frac{1}{n}\right)\left(1+\frac{3}{n}\right)}$$

$n \to \infty$ のとき右辺，左辺 $\to -2e$ となるので，はさみうちにより

$$\lim_{n \to \infty} n(nI_n - e) = -2e$$

4. 本問のように定積分の評価の精度を上げるために，部分積分からできる漸化式を利用することもあります．次の例題は(□)の(ii)と(b)を利用します．

例 n を自然数とし，$I_n = \int_1^e (\log x)^n \, dx$ とおく．

(1) I_{n+1} を I_n を用いて示せ．

(2) すべての n に対して $\dfrac{e-1}{n+1} \leqq I_n \leqq \dfrac{(n+1)e+1}{(n+1)(n+2)}$ が成り立つことを示せ． 〔京都大〕

《解答》(1) 部分積分法により

$$I_{n+1} = \int_1^e (\log x)^{n+1} \, dx$$
$$= \left[x(\log x)^{n+1}\right]_1^e - \int_1^e x(n+1)(\log x)^n \frac{1}{x} dx$$
$$= -(n+1)I_n + e$$

$$I_{n+1} = -(n+1)I_n + e \qquad \cdots\cdots\cdots ⓐ$$

(2) $1 \leqq x \leqq e$ において $0 \leqq \log x \leqq 1$ であるから，$(\log x)^{n+1} \leqq (\log x)^n$ であり，これを積分して $I_{n+1} \leqq I_n$ $(n \geqq 1)$ だから

$$I_n \leqq I_1 \qquad \cdots\cdots\cdots ⓑ$$

また

$$I_1 = \int_1^e \log x \, dx = \left[x \log x\right]_1^e - \int_1^e x \cdot \frac{1}{x} dx = 1$$

これとⓑより $I_n \leqq 1$

この式の n を 1 つ増やしてⓐを利用すると

$$I_{n+1} \leqq 1 \quad \therefore \quad -(n+1)I_n + e \leqq 1 \quad \therefore \quad \frac{e-1}{n+1} \leqq I_n$$

さらにこの結果の n を 1 つ増やしてⓐを利用すると

$$\frac{e-1}{n+2} \leqq I_{n+1} \quad \therefore \quad \frac{e-1}{n+2} \leqq -(n+1)I_n + e \quad \therefore \quad I_n \leqq \frac{(n+1)e+1}{(n+1)(n+2)}$$

以上で，与えられた不等式が成り立つ． □

(2)について説明します．まず，証明すべき不等式をみれば，右半分の方が複雑なので，これは左半分から導かれるのであろうと考えます．それでは右半分は？ そこで $\dfrac{e-1}{n+1} \leqq I_n$ と $I_{n+1} = -(n+1)I_n + e$ から I_n を消去すると

$$e - 1 \leqq (n+1)I_n = e - I_{n+1} \qquad \therefore \quad I_{n+1} \leqq 1$$

というのが出てきます．ここが突破口です．さて「右辺の 1 とは何？」と考えたとき(b)が使えて，上の**例**の解答ができあがります．

この**例**の I_n と同様に，本問の I_n も減少列で，$I_n > I_{n+1}$，$I_n \leqq I_1$ 等が成り立ちます．これから本問(2)も次のように解く事ができます．

別解III 〔本問の I_n について，減少列であることを示してから〕
$0 < I_{n+1} < I_n$ に①を用いると

$$0 < e - (n+1)I_n < I_n \qquad \therefore \quad \frac{e}{n+2} < I_n < \frac{e}{n+1} \qquad \square$$

ちなみに $\displaystyle\lim_{n\to\infty} I_n$ を求めるには，$I_n \geqq 0$ で，$I_{n+1} \geqq 0$ から

$$-(n+1)I_n + e \geqq 0 \qquad \therefore \quad I_n \leqq \frac{e}{n+1}$$

だから

$$0 \leqq I_n \leqq \frac{e}{n+1}$$

これを用いて，はさみうちにより $\displaystyle\lim_{n\to\infty} I_n = 0$ です．

簡単な評価からより精密な評価を得るのに，漸化式を利用できることは不思議ではありますが，実感できたと思います．

なお本問の積分 I_n において，$x = \log t$ と置換すると，$dx = \dfrac{1}{t} dt$，

$\begin{array}{c|ccc} x & 0 & \to & 1 \\ \hline t & 1 & \to & e \end{array}$ だから，

$$\int_0^1 x^n e^x \, dx = \int_1^e (\log t)^n t \cdot \frac{1}{t} \, dt = \int_1^e (\log t)^n \, dt$$

となり上の**例**の積分が出ます．みかけは違いますが，実はこれらは同じ問題であったのです．解法が似ているのはあたりまえです．

―― 定積分を利用した無限和 ――

25 $-1 < a < 1$ とする．

(1) 積分 $\displaystyle\int_0^a \frac{1}{1-x^2}\,dx$ を求めよ．

(2) $n = 1, 2, 3, \cdots$ のとき，次の等式を示せ．
$$\int_0^a \frac{x^{2n+2}}{1-x^2}\,dx = \frac{1}{2}\log\frac{1+a}{1-a} - \sum_{k=0}^n \frac{a^{2k+1}}{2k+1}$$

(3) 次の等式を示せ．
$$\log\frac{1+a}{1-a} = 2\sum_{k=0}^{\infty} \frac{a^{2k+1}}{2k+1}$$

〔北海道大〕

アプローチ

(イ) 分母が因数分解できる分数関数の定積分は部分分数に分解します（☞ **11** (ヘ)）．

(ロ) 次の公式を確認してください．
$$x^n - y^n = (x-y)(x^{n-1} + x^{n-2}y + \cdots\cdots + xy^{n-2} + y^{n-1})$$

《証明》 （右辺）
$= (x-y)x^{n-1} + (x-y)x^{n-2}y + \cdots + (x-y)xy^{n-2} + (x-y)y^{n-1}$
$= (x^n - x^{n-1}y) + (x^{n-1}y - x^{n-2}y^2) + \cdots$
$\qquad\qquad \cdots + (x^2y^{n-2} - xy^{n-1}) + (xy^{n-1} - y^n)$
$= x^n - y^n$ □

これは，等比数列の和の公式と同じものです．

(ハ) (1)の結果が $\dfrac{1}{2}\log\dfrac{1+a}{1-a}$ だから，これを用いて(2)の結論を同値変形してみます．

$$\int_0^a \frac{x^{2n+2}}{1-x^2}\,dx = \int_0^a \frac{1}{1-x^2}\,dx - \sum_{k=0}^n \frac{a^{2k+1}}{2k+1}$$
$$\Longleftrightarrow \int_0^a \frac{1}{1-x^2}\,dx - \int_0^a \frac{x^{2n+2}}{1-x^2}\,dx = \sum_{k=0}^n \frac{a^{2k+1}}{2k+1}$$

$$\iff \int_0^a \frac{1-x^{2n+2}}{1-x^2}dx = \sum_{k=0}^n \frac{a^{2k+1}}{2k+1}$$

この最後の式を示せばよいのですが，ここで(ロ)の利用がみえてきたら終了です．

㈡ (2)で証明した式から(3)は次の極限を示せという問題になります．

$$\lim_{n\to\infty}\int_0^a \frac{x^{2n+2}}{1-x^2}dx = 0$$

㈤ 直接求めることのできない極限は，はさみうちの原理もしくは追い出しの原理を利用しようとします．

㈥ 定積分の評価は，被積分関数を評価し，その辺々を定積分することにより得られます．なぜなら**定積分は不等号を保つ**からです．

連続関数 $f(x)$, $g(x)$ について

$$a \leqq x \leqq b \text{ のとき } f(x) \leqq g(x) \implies \int_a^b f(x)dx \leqq \int_a^b g(x)dx$$

(厳密な証明は☞ フォローアップ 5.)．ここで注意したいことが2つあります．まず，左の不等式 $f(x) \leqq g(x)$ に = が含まれていても，右の積分の $\leqq$ に = は含まれないことがあります．もちろん = をつけたままでも問題ありませんが，積分区間で恒等的に $f(x) = g(x)$ でない限り積分の $\leqq$ の = は外れます．直観的には定積分は面積を表すので，$f(x) \leqq g(x)$ であればグラフが共有点をもつことがあっても，一致しないかぎり面積が等しくならないことはわかるでしょう．つぎに積分区間の下端・上端の大小関係です．この公式が成り立つのは $a \leqq b$ つまり (下端) $\leqq$ (上端) となっているときです．

㈦ (3)では(2)の左辺の積分項が 0 になることを示したいので，0 になる量：x^{2n+2} を残してそれ以外の部分：$\dfrac{1}{1-x^2}$ を評価します．

解答

(1) $\displaystyle\int_0^a \frac{1}{1-x^2}dx = \int_0^a \frac{1}{2}\left(\frac{1}{1+x} + \frac{1}{1-x}\right)dx$

$\displaystyle = \int_0^a \frac{1}{2}\left(\frac{1}{1+x} - \frac{-1}{1-x}\right)dx = \frac{1}{2}\Big[\log|1+x| - \log|1-x|\Big]_0^a$

$= \dfrac{1}{2}\log\dfrac{1+a}{1-a}$　　　　〔$-1 < a < 1$ より絶対値は不要〕

(2)
$$\int_0^a \frac{1-x^{2n+2}}{1-x^2}dx = \int_0^a \frac{1-(x^2)^{n+1}}{1-x^2}dx$$
$$= \int_0^a \frac{(1-x^2)\{1+x^2+(x^2)^2+\cdots\cdots+(x^2)^n\}}{1-x^2}dx$$
$$= \int_0^a (1+x^2+x^4+\cdots\cdots+x^{2n})\,dx$$
$$= \left[x+\frac{1}{3}x^3+\frac{1}{5}x^5+\cdots\cdots+\frac{1}{2n+1}x^{2n+1}\right]_0^a$$
$$= a+\frac{1}{3}a^3+\frac{1}{5}a^5+\cdots\cdots+\frac{1}{2n+1}a^{2n+1}$$
$$= \sum_{k=0}^n \frac{a^{2k+1}}{2k+1} \qquad\cdots\cdots\cdots ①$$

また，(1)を用いると
$$\int_0^a \frac{1-x^{2n+2}}{1-x^2}dx = \int_0^a \frac{1}{1-x^2}dx - \int_0^a \frac{x^{2n+2}}{1-x^2}dx$$
$$= \frac{1}{2}\log\frac{1+a}{1-a} - \int_0^a \frac{x^{2n+2}}{1-x^2}dx \qquad\cdots\cdots\cdots ②$$

① = ② から，
$$\int_0^a \frac{x^{2n+2}}{1-x^2}dx = \frac{1}{2}\log\frac{1+a}{1-a} - \sum_{k=0}^n \frac{a^{2k+1}}{2k+1} \qquad □$$

(3) (i) $0 \leqq a < 1$ のとき．
$0 \leqq x \leqq a$ において $x^2 \leqq a^2$ により $1-x^2 \geqq 1-a^2 > 0$ だから
$$0 \leqq \frac{1}{1-x^2} \leqq \frac{1}{1-a^2} \qquad \therefore\quad 0 \leqq \frac{x^{2n+2}}{1-x^2} \leqq \frac{x^{2n+2}}{1-a^2}$$
これを $0 \leqq x \leqq a$ で積分して
$$\int_0^a 0\,dx \leqq \int_0^a \frac{x^{2n+2}}{1-x^2}dx \leqq \int_0^a \frac{x^{2n+2}}{1-a^2}dx$$
$$\therefore\quad 0 \leqq \int_0^a \frac{x^{2n+2}}{1-x^2}dx \leqq \frac{a^{2n+3}}{(1-a^2)(2n+3)}$$

$0 \leqq a < 1$ より $n \to \infty$ のとき (上式の最右辺)$\to 0$．よって，はさみうちの原理より
$$\lim_{n\to\infty}\int_0^a \frac{x^{2n+2}}{1-x^2}dx = 0$$

(ii) $-1 < a < 0$ のとき.

$$\int_0^a \frac{x^{2n+2}}{1-x^2}dx = -\int_a^0 \frac{x^{2n+2}}{1-x^2}dx$$
$$= -\int_0^{-a} \frac{x^{2n+2}}{1-x^2}dx \qquad \left(\because \frac{x^{2n+2}}{1-x^2} \text{ は偶関数}\right)$$

$0 < -a < 1$ だから(i)と同様に

$$\lim_{n\to\infty}\int_0^{-a} \frac{x^{2n+2}}{1-x^2}dx = 0$$

以上(i), (ii)よりいずれにしても

$$\lim_{n\to\infty}\int_0^a \frac{x^{2n+2}}{1-x^2}dx = 0$$

また(2)より

$$\log\frac{1+a}{1-a} = 2\left(\int_0^a \frac{x^{2n+2}}{1-x^2}dx + \sum_{k=0}^n \frac{a^{2k+1}}{2k+1}\right)$$

よって上式において $n \to \infty$ とすると

$$\log\frac{1+a}{1-a} = 2\sum_{k=0}^{\infty} \frac{a^{2k+1}}{2k+1} \qquad \square$$

フォローアップ

1. (2)は帰納法で示すこともできます.

別解 I 〔1〕 $n=1$ のとき

$$(\text{左辺}) = \int_0^a \frac{x^4}{1-x^2}dx = \int_0^a \left(-x^2 - 1 + \frac{1}{1-x^2}\right)$$
$$= -\frac{1}{3}a^3 - a + \frac{1}{2}\log\frac{1+a}{1-a} \qquad ((1)\text{より})$$

$$(\text{右辺}) = \frac{1}{2}\log\frac{1+a}{1-a} - \sum_{k=0}^1 \frac{a^{2k+1}}{2k+1}$$
$$= \frac{1}{2}\log\frac{1+a}{1-a} - a - \frac{a^3}{3}$$

∴ (左辺) = (右辺)

〔2〕 $n=m$ のとき等式が成り立つと仮定する. $n=m+1$ のとき

$$(\text{左辺}) = \int_0^a \frac{x^{2m+4}}{1-x^2}dx = \int_0^a \frac{x^{2m+4} - x^{2m+2} + x^{2m+2}}{1-x^2}dx$$
$$= \int_0^a \left\{\frac{x^{2m+2}(x^2-1)}{1-x^2} + \frac{x^{2m+2}}{1-x^2}\right\}dx$$

$$= -\int_0^a x^{2m+2} \, dx + \int_0^a \frac{x^{2m+2}}{1-x^2} \, dx$$

$$= -\frac{a^{2m+3}}{2m+3} + \frac{1}{2} \log \frac{1+a}{1-a} - \sum_{k=0}^{m} \frac{a^{2k+1}}{2k+1} \quad (帰納法の仮定より)$$

$$= \frac{1}{2} \log \frac{1+a}{1-a} - \sum_{k=0}^{m+1} \frac{a^{2k+1}}{2k+1}$$

$$= (右辺)$$

よって，$n = m+1$ のときも成り立つ．

〔1〕，〔2〕からすべての自然数 n について与式は成り立つ． □

2. **解答**(3)の場合分けは，積分区間の上端と下端の大小の場合分けです．(ii)で偶関数に気づかないなら，(i)と同様の作業を行えばよいでしょう．以下にその解答を示します．

別解 II 〔(3)の(ii)〕$-1 < a < 0$ のとき，$a \leqq x \leqq 0$ において $x^2 \leqq a^2$ だから $1 - x^2 \geqq 1 - a^2$ により

$$0 \leqq \frac{1}{1-x^2} \leqq \frac{1}{1-a^2} \quad \therefore \quad 0 \leqq \frac{x^{2n+2}}{1-x^2} \leqq \frac{x^{2n+2}}{1-a^2}$$

これを $a \leqq x \leqq 0$ で積分して

$$\int_a^0 0 \, dx \leqq \int_a^0 \frac{x^{2n+2}}{1-x^2} \, dx \leqq \int_a^0 \frac{x^{2n+2}}{1-a^2} \, dx$$

$$\therefore \quad 0 \leqq \int_a^0 \frac{x^{2n+2}}{1-x^2} \, dx \leqq \frac{-a^{2n+3}}{(1-a^2)(2n+3)}$$

$$\therefore \quad 0 \leqq -\int_0^a \frac{x^{2n+2}}{1-x^2} \, dx \leqq \frac{-a^{2n+3}}{(1-a^2)(2n+3)}$$

$-1 < a < 0$ より $n \to \infty$ のとき上式の (最右辺) $\to 0$．よってはさみうちの原理より

$$\lim_{n \to \infty} \int_0^a \frac{x^{2n+2}}{1-x^2} \, dx = 0 \qquad □$$

3. 本問を単純化すると次の無限等比級数 (収束するとして) を項別に区間 $[0, a]$ で定積分を行ったことになります．もちろん，これはかなりいい加減な話で，これでは証明になりせんが $\left(\int \lim = \lim \int \right.$ としている，☞ **5**

フォローアップ 3.)，気持ちはわかるでしょう．等式

$$1 + x^2 + x^4 + x^6 + \cdots\cdots = \frac{1}{1-x^2}$$

において，この両辺を項別に積分できるとして

$$\int_0^a (1 + x^2 + x^4 + x^6 + \cdots\cdots)dx = \int_0^a \frac{1}{1-x^2}dx$$

$$\therefore \quad a + \frac{1}{3}a^3 + \frac{1}{5}a^5 + \frac{1}{7}a^7 + \cdots\cdots = \frac{1}{2}\log\frac{1+a}{1-a}$$

このことを厳密にやったのが本問の誘導です．

4. 本問と同様に定積分で無限和を求める例をあげておきます．

例 次の無限級数の和を求めよ．

(1) $1 - \dfrac{1}{2} + \dfrac{1}{3} - \dfrac{1}{4} + \cdots$

(2) $1 - \dfrac{1}{3} + \dfrac{1}{5} - \dfrac{1}{7} + \cdots$

《解答》 (1) $1 - x + x^2 - x^3 + x^4 + \cdots + (-x)^{n-1} = \dfrac{1-(-x)^n}{1+x}$

この両辺を区間 $[0, 1]$ で定積分を行うと

$$1 - \frac{1}{2} + \frac{1}{3} - \frac{1}{4} + \cdots + \frac{(-1)^{n-1}}{n} = \int_0^1 \frac{1}{1+x}dx - (-1)^n \int_0^1 \frac{x^n}{1+x}dx$$

$\cdots\cdots\cdots$ ④

$0 \leqq x \leqq 1$ のとき $1 + x \geqq 1$ だから

$$0 \leqq \frac{1}{1+x} \leqq 1 \quad \therefore \quad 0 \leqq \frac{x^n}{1+x} \leqq x^n$$

この辺々を区間 $[0, 1]$ で定積分を行うと

$$0 \leqq \int_0^1 \frac{x^n}{1+x}dx \leqq \int_0^1 x^n dx = \frac{1}{n+1}$$

ここで $n \to \infty$ とすると最右辺 $\to 0$ だから，はさみうちの原理より

$$\lim_{n\to\infty} \int_0^1 \frac{x^n}{1+x}dx = 0$$

したがって，④において $n \to \infty$ とすると左辺の部分和が無限和になり，

$$1 - \frac{1}{2} + \frac{1}{3} - \frac{1}{4} + \cdots = \int_0^1 \frac{1}{1+x}dx = \Big[\log(1+x)\Big]_0^1 = \mathbf{\log 2}$$

(2) $1 - x^2 + x^4 - x^6 + \cdots + (-x^2)^{n-1} = \dfrac{1-(-x^2)^n}{1+x^2}$

この両辺を区間 [0, 1] で定積分を行うと

$$1 - \frac{1}{3} + \frac{1}{5} - \frac{1}{7} + \cdots + \frac{(-1)^{n-1}}{2n-1} = \int_0^1 \frac{1}{1+x^2}dx - (-1)^n \int_0^1 \frac{x^{2n}}{1+x^2}dx$$
$$\cdots\cdots\cdots ㊵$$

また㊵の右辺の第 1 項において $x = \tan\theta$ と置換すると

$$\int_0^{\frac{\pi}{4}} \frac{1}{1+\tan^2\theta} \cdot \frac{d\theta}{\cos^2\theta} = \int_0^{\frac{\pi}{4}} d\theta = \frac{\pi}{4}$$

㊵において $n \to \infty$ とすると最後の定積分は 0 に収束するので〔(1)と同様の作業で示せる〕

$$1 - \frac{1}{3} + \frac{1}{5} - \frac{1}{7} + \cdots = \frac{\pi}{4} \qquad \square$$

なお，(1), (2)どちらも有名な級数ですが，覚える必要はありません．入試で出題されるときは必ず誘導がつきます．

5. 何度も使う重要なことなので，(ヘ)の証明を確認しておきましょう．

$a = b$ のとき成り立つので，$a < b$ としてよい．

$$F(t) = \int_a^t g(x)\,dx - \int_a^t f(x)\,dx \ (a \leq t \leq b)$$

とおくと，

$$F'(t) = g(t) - f(t) \geq 0$$

だから，$F(t)$ は非減少（広義増加，☞ **5** フォローアップ 6.）となり

$$F(b) \geq F(a) = 0 \quad \therefore \quad \int_a^b f(x)\,dx \leq \int_a^b g(x)\,dx \qquad \square$$

この証明から，結論で等号が成り立つのは ($a = b$ のときを除くと) $F(b) = 0$ のときで，このとき $a \leq t \leq b$ でつねに $F(t) = 0$ だから $F'(t) = 0$ となり $g(t) = f(t)$，すなわち $g(x) = f(x)$ が $a \leq x \leq b$ でつねに成り立つときであることがわかります．

---連続性，定積分で定義された関数---

26 区間 $[0, 1]$ に属する t に対し，積分
$$f(t) = \int_0^{\frac{\pi}{2}} \sqrt{1 + t \cos x}\, dx$$
を考える．

(1) $f(1)$ の値を求めなさい．

(2) $0 \leq a < b \leq 1$ を満たす任意の a, b に対し，
$$\frac{1}{2\sqrt{2}}(b-a) \leq f(b) - f(a) \leq \frac{1}{2}(b-a)$$
を証明しなさい．そして，$f(t)$ は区間 $[0, 1]$ で連続であることを証明しなさい．

(3) $f(c) = \sqrt{3}$ を満たすような c が区間 $(0, 1)$ において唯一つ存在することを証明しなさい．

〔慶應義塾大〕

アプローチ

(イ) 平方根の積分 $\int \sqrt{f(x)}\, dx$ は，$f(x)$ が x の1次式のときは簡単ですが，次数が2以上であったり，三角関数などが含まれていると一般には求められません（高校の範囲では）．できるのは，$f(x)$ がよくわかった式の平方になっている次のような場合です（☞ **28** (ハ)）．

$$1 + \cos x = 2\cos^2 \frac{x}{2}, \quad 1 - \cos x = 2\sin^2 \frac{x}{2}$$
$$1 + \sin x = 1 + 2\sin \frac{x}{2}\cos \frac{x}{2} = \left(\sin \frac{x}{2} + \cos \frac{x}{2}\right)^2$$
$$x + \frac{1}{x} + 2 = \left(\sqrt{x} + \frac{1}{\sqrt{x}}\right)^2$$

(ロ) 定積分は，
$$\int f + \int g = \int (f+g), \quad \int_a^b + \int_b^c = \int_a^c$$
を利用して，できるだけまとめてから扱うのが原則です．(2)の $f(b) - f(a)$ は1つの積分にまとめられ，その不等式ですから被積分関数を評価します．ここで定積分は不等号を保つことを利用します（☞ **25** (ヘ)）．

(ハ) 区間 I で定義された関数 $f(x)$ について，$a \in I$ であるとき，

$$f(x) \text{ が } x = a \text{ で連続である} \overset{\text{定義}}{\Longleftrightarrow} \lim_{x \to a} f(x) = f(a)$$

と定義されています．だから，$x \to a$ のとき $f(x) - f(a) \to 0$ を示せばよいのです．すると(2)は数IIIで非常に多い「不等式 $\Longrightarrow$ 極限」の形になっていて，使うのはもちろん「はさみうち」です．

(ニ) 方程式の解がただ 1 つ存在することの証明は既出です (☞ **5**).

解答

(1) $f(1) = \displaystyle\int_0^{\frac{\pi}{2}} \sqrt{1 + \cos x}\, dx = \int_0^{\frac{\pi}{2}} \sqrt{2\cos^2 \frac{x}{2}}\, dx = \int_0^{\frac{\pi}{2}} \left|\sqrt{2}\cos \frac{x}{2}\right| dx$

$\quad = \sqrt{2} \displaystyle\int_0^{\frac{\pi}{2}} \cos \frac{x}{2}\, dx = \sqrt{2} \left[2\sin \frac{x}{2}\right]_0^{\frac{\pi}{2}} = \mathbf{2}$

(2) $f(b) - f(a) = \displaystyle\int_0^{\frac{\pi}{2}} \left(\sqrt{1 + b\cos x} - \sqrt{1 + a\cos x} \right) dx$

ここで，

$$\sqrt{1 + b\cos x} - \sqrt{1 + a\cos x} = \frac{(b - a)\cos x}{\sqrt{1 + b\cos x} + \sqrt{1 + a\cos x}} \quad \cdots\cdots \text{①}$$

であり，$0 \leqq a < b \leqq 1$ だから

$$2 \leqq \sqrt{1 + b\cos x} + \sqrt{1 + a\cos x} \leqq \sqrt{1 + a} + \sqrt{1 + b} \leqq 2\sqrt{2}$$

$$\therefore \quad \frac{(b - a)\cos x}{2\sqrt{2}} \leqq \text{①} \leqq \frac{(b - a)\cos x}{2}$$

$$\therefore \quad \frac{b - a}{2\sqrt{2}} \int_0^{\frac{\pi}{2}} \cos x\, dx \leqq \int_0^{\frac{\pi}{2}} \text{①}\, dx \leqq \frac{b - a}{2} \int_0^{\frac{\pi}{2}} \cos x\, dx$$

$$\therefore \quad \frac{b - a}{2\sqrt{2}} \leqq f(b) - f(a) \leqq \frac{b - a}{2} \quad \cdots\cdots \text{②}$$

さらに②において $a = p,\ b = x$，また $a = x,\ b = p$ とすると

$0 \leqq p < x \leqq 1$ のとき $\dfrac{x - p}{2\sqrt{2}} \leqq f(x) - f(p) \leqq \dfrac{x - p}{2} \quad \cdots\cdots \text{③}$

$0 \leqq x < p \leqq 1$ のとき $\dfrac{p - x}{2\sqrt{2}} \leqq f(p) - f(x) \leqq \dfrac{p - x}{2} \quad \cdots\cdots \text{④}$

が成り立つ．はさみうちで

$\quad x \to p + 0$ のとき③から $f(x) - f(p) \to 0$

$\quad x \to p - 0$ のとき④から $f(x) - f(p) \to 0$

がいえる．2 つあわせて

$$\lim_{x \to p} \{f(x) - f(p)\} = 0 \quad \therefore \quad \lim_{x \to p} f(x) = f(p)$$

となるので $f(x)$ は区間 $[0, 1]$ で連続である． □

(3) $b > a$ のとき②から $f(b) > f(a)$ だから $f(t)$ は連続な増加関数である．これと
$$f(0) = \int_0^{\frac{\pi}{2}} 1\, dx = \frac{\pi}{2} < \sqrt{3} < 2 = f(1) \quad (\because (1))$$
により，中間値の定理から $f(c) = \sqrt{3},\ 0 < c < 1$ をみたす c がただ 1 つ存在する． □

(フォローアップ)

1. (2)は $f(b) - f(a)$ の不等式だから，平均値の定理 (☞ **7** (ロ)) が使えると思った人が多いでしょうが，そもそも定積分で定義された関数 $f(t)$ は微分可能かどうかわかりません．さらには，$f(t)$ は連続であることすら明らかではないので「それを証明せよ」といっているのです．というわけで，このような方針は筋が違います．(関数) − (関数) の形に飛びつくのではなく，定積分の評価だから被積分関数の評価に帰着させます．

2. 定積分 $I = \int_a^b f(x)\, dx$ を評価するためには，$f(x)$ を評価しますが，だいたい次のようなものをとります (☞ **24** (2), **25** (3))．
 (i) $f(x)$ の $a \leq x \leq b$ での最大値・最小値
 (ii) $f(x)$ のグラフの接線，あるいは弦 (曲線上の 2 点を結ぶ線分)
 (iii) $f(x)$ が $g(x)h(x)$ や $\dfrac{g(x)}{h(x)}$ などのときは，$g(x),\ h(x)$ いずれか一方だけを積分区間での最大値，最小値で評価 (分数のときはだいたい分母を評価．0 や ∞ になる量や，周期関数は評価しない)．
 (iv) 積分区間を分割して評価

これより難しい評価は誘導がつきますので，それに従ってください．

本問は左辺，右辺に $b - a$ が含まれるので，被積分関数から $b - a$ を作り出す作業を考えます．それは $\sqrt{}$ が含まれるので有理化 (☞ **1** (ロ)) です．$\int_0^{\frac{\pi}{2}} \cos x\, dx = 1$ だから，後は分母の評価を考えます．結論から $2 \leq (分母) \leq 2\sqrt{2}$ が目標なので，$0 \leq x \leq \dfrac{\pi}{2}$ において $0 \leq \cos x \leq 1$ であるとか，$0 \leq a < b \leq 1$ などを利用します．

3. (2)の後半では誘導にのって右側極限，左側極限をとりましたが，実は次

のようにした方が簡単です．

別解 ②の辺々はすべて正だから，絶対値をとると
$$|f(b) - f(a)| \leq \frac{1}{2}|b - a|$$
が成り立つが，これは $0 \leq a \leq 1$, $0 \leq b \leq 1$ についても成り立つ．〔つまり a, b の大小の条件をとっても成立するということ．なぜなら絶対値をつけたことで a, b の対称式になったから a, b の大小は任意になった〕．したがって，$0 \leq a \leq 1$, $0 \leq t \leq 1$ について，
$$|f(t) - f(a)| \leq \frac{1}{2}|t - a|$$
が成り立ち，区間 $[0, 1]$ で $t \to a$ とすると $|t - a| \to 0$ だから，はさみうちで $f(t) \to f(a)$．ゆえに，$f(t)$ は区間 $[0, 1]$ で連続である． □

4. 不等式 $A \geq B$ の成立というのは，$A > B$ または $A = B$ のいずれかが成立しているということです．例えば $3 \geq 2$ は成立し，$3 \geq 3$ も成立しています．本問の評価で等号が成立しないのに等号をつけたままにしているところがありますが，それは最終的には連続性を証明するために評価をしているのであって，等号の成立はどうでもいいからです．等号成立に注意するのは，それが意味をもつ場合であって，例えば，不等式を最大・最小に利用するとか，不等式が区間を表すなどのときです．

不等式は2つの意味で使われるので混乱しないようにしてください．$0 < x \leq 1$ というのは，このままでは単なる大小関係であって，x が正で1以下といっているだけで，x が1になる保証はありません．ところが，これが変域を表すことがあり，その場合は集合 $\{x \mid 0 < x \leq 1\}$ つまり区間 $(0, 1]$ を意味し，$x = 1$ になり得ます．集合を表す場合は「x のとる範囲は $0 < x \leq 1$」などとかく習慣をつけた方がよいでしょう．

── 和の極限 ──

27 極限 $\displaystyle\lim_{n\to\infty}\frac{1}{\log n}\sum_{k=n}^{2n}\frac{\log k}{k}$ を求めよ．

〔東京理科大〕

アプローチ

(イ) $\displaystyle\lim_{n\to\infty}\sum_{k=\bigcirc}^{\triangle}a_k$ について（$\triangle-\bigcirc$ は n に依存する）

(i) まず $\displaystyle\lim_{n\to\infty}a_n=0$ であるかどうかを確認します．もしそうでないなら発散します．無限和が収束するなら，加えている数列が0になっていかないと収束しません．つまりある正の定数 ϵ について $a_n\geqq\epsilon\,(n\geqq1)$ ならば

$$a_1+a_2+a_3+\cdots+a_n+\cdots\geqq\epsilon+\epsilon+\epsilon+\cdots+\epsilon+\cdots\to\infty$$

といったイメージです．証明は次のようになります：部分和 S_n が α に収束するならば，

$$\lim_{n\to\infty}a_n=\lim_{n\to\infty}(S_n-S_{n-1})=\alpha-\alpha=0$$

となるので無限和が収束するならば，$\displaystyle\lim_{n\to\infty}a_n=0$ です．

(ii) 次に数列が等比数列で公比 r が $-1<r<1$ ならば，その無限和は $\dfrac{a_1}{1-r}$ となります．また，等比数列でなくてもその部分和を求めることができるなら，部分和の極限が無限和です．

(iii) 部分和が求まらないときは，<u>区分求積法を用いて極限を積分で表現し</u><u>ようとします</u>．基本形は，$f(x)$ が区間 $0\leqq x\leqq 1$ での連続関数のとき

$$\lim_{n\to\infty}\sum_{k=1}^{n}f\left(\frac{k}{n}\right)\cdot\frac{1}{n}=\int_0^1 f(x)\,dx$$

です．和が求まらなくても積分できる関数はたくさんあります．

(iv) 最後は和を評価してはさみうちの原理を用います（☞ (ロ)）．

必ずこの手順を踏んで考えていきましょう．

(ロ) $\displaystyle\sum_k f(k)$ の評価は基本的にグラフの面積で考えます．$f(x)$ のグラフが単調増加で，つねに正の値をとるとき，次の図の n 個の長方形の面積和と2つの斜線部の面積を比較すると

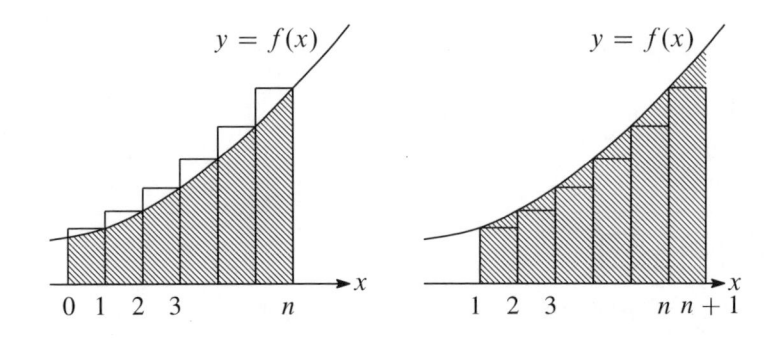

$$\int_0^n f(x)dx < \sum_{k=1}^n f(k) < \int_1^{n+1} f(x)dx \qquad \cdots\cdots\cdots (*)$$

が成立します．これを利用してはさみうちを行います．この手順は次の通り．

　まず増減に注意して $y = f(x)$ のグラフを描く $\Longrightarrow$ x 軸上に $\sum$ の下端から上端までの目盛りをつける $\Longrightarrow$ その目盛り k の上に長さ $f(k)$ の縦棒を引く $\Longrightarrow$ その縦棒の左 (or 右) に幅 1 の厚みをつけて長方形にする $\Longrightarrow$ 長方形の面積和が $\sum f(k)$ になるから，この面積より大きい (or 小さい) 面積を $y = f(x)$ のグラフの面積から探す (つまり $\int f(x)dx$ の積分区間を考える)$\Longrightarrow$ 図の説明をして

$$\int_\diamond^\triangle f(x)dx < \sum f(k) < \int_\clubsuit^\spadesuit f(x)dx$$

と立式する．ちなみに $\sum < \bigcirc$ の証明ならグラフから飛び出ないように横幅をつけ，$\sum > \bigcirc$ の証明ならグラフから飛び出るように横幅をつけます．

解答

$$S_n = \frac{1}{\log n} \sum_{k=n}^{2n} \frac{\log k}{k} = \frac{1}{\log n} \sum_{k=n}^{2n} \frac{\log\left(\frac{k}{n}\right) + \log n}{k}$$

$$= \frac{1}{\log n} \sum_{k=n}^{2n} \frac{\log\left(\frac{k}{n}\right)}{\frac{k}{n}} \cdot \frac{1}{n} + \sum_{k=n}^{2n} \frac{1}{\frac{k}{n}} \cdot \frac{1}{n}$$

ここで，$n \to \infty$ のとき

$$\sum_{k=n}^{2n} \frac{1}{\frac{k}{n}} \cdot \frac{1}{n} \to \int_1^2 \frac{1}{x} dx = \Big[\log x\Big]_1^2 = \log 2$$

$$\frac{1}{\log n} \sum_{k=n}^{2n} \frac{\log\left(\frac{k}{n}\right)}{\frac{k}{n}} \cdot \frac{1}{n} \to 0 \cdot \int_1^2 \frac{\log x}{x} dx = 0$$

だから,$\lim_{n\to\infty} S_n = \boldsymbol{\log 2}$

⎛フォローアップ⎞

1. 本問はうまく区分求積法で処理できました.区分求積の部分をもうすこし説明すると,本問で(イ)(iii)の公式を利用するなら

$$\sum_{k=n}^{2n} \frac{1}{k} = \frac{1}{n} + \frac{1}{n+1} + \cdots + \frac{1}{n+n}$$

$$= \frac{1}{n} + \sum_{k=1}^n \frac{1}{n+k} = \frac{1}{n} + \sum_{k=1}^n \frac{1}{1+\frac{k}{n}} \cdot \frac{1}{n}$$

$$\xrightarrow[n\to\infty]{} 0 + \int_0^1 \frac{1}{1+x} dx = \int_0^1 \frac{1}{1+x} dx = \int_1^2 \frac{1}{x} dx$$

すこし一般化すると,$f(x)$ が区間 $1 \leqq x \leqq 2$ で連続のとき

$$\sum_{k=n}^{2n} f\left(\frac{k}{n}\right) \cdot \frac{1}{n} = f\left(\frac{n}{n}\right) \cdot \frac{1}{n} + f\left(\frac{n+1}{n}\right) \cdot \frac{1}{n} + \cdots + f\left(\frac{n+n}{n}\right) \cdot \frac{1}{n}$$

$$= \frac{f(1)}{n} + \sum_{k=1}^n f\left(1+\frac{k}{n}\right) \cdot \frac{1}{n} \xrightarrow[n\to\infty]{} \int_0^1 f(1+x) dx = \int_1^2 f(x) dx$$

となるので,結局

$$\lim_{n\to\infty} \sum_{k=n}^{2n} f\left(\frac{k}{n}\right) \cdot \frac{1}{n} = \int_1^2 f(x) dx$$

となりますが,図形的に考えれば,左辺の $n+1$ 個の長方形の面積の和が,$y = f(x)$ のグラフと直線 $x = 1$,$x = 2$ と x 軸で囲まれた部分の面積 (右辺) に収束するのは納得できるでしょう.

解答 のような式変形に気づかないなら和を評価する方法でやるしかありません.

別解 I $\quad f(x) = \dfrac{\log x}{x}$ $(x > 1)$ とおくと,$f'(x) = \dfrac{1 - \log x}{x^2}$

$x > e$ のとき $f'(x) < 0$ だから，$n \geq 4$ のとき $n-1 \leq x \leq 2n+1$ で $f(x)$ は減少である．

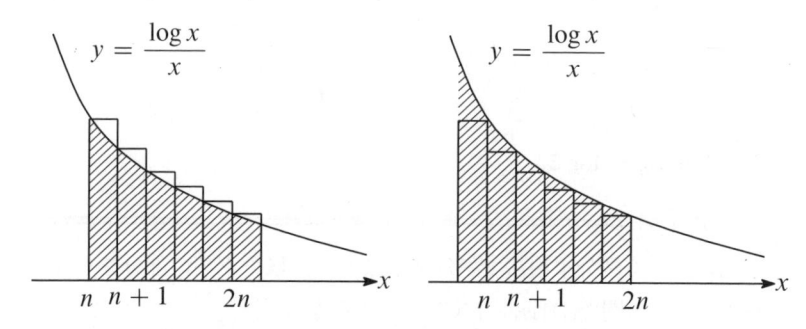

上図の $n+1$ 個の長方形の面積和と 2 つの斜線部の面積を比較して

$$\int_n^{2n+1} \frac{\log x}{x}\,dx < \sum_{k=n}^{2n} \frac{\log k}{k} < \int_{n-1}^{2n} \frac{\log x}{x}\,dx$$

$$\therefore \quad \left[\frac{1}{2}(\log x)^2\right]_n^{2n+1} < \sum_{k=n}^{2n} \frac{\log k}{k} < \left[\frac{1}{2}(\log x)^2\right]_{n-1}^{2n}$$

$$\therefore \quad \frac{\{\log(2n+1)\}^2 - (\log n)^2}{2\log n} < \frac{1}{\log n}\sum_{k=n}^{2n} \frac{\log k}{k}$$

$$< \frac{(\log 2n)^2 - \{\log(n-1)\}^2}{2\log n} \quad \cdots\cdots\cdots ①$$

$(①の左辺) = \dfrac{(\log(2n+1) - \log n)(\log(2n+1) + \log n)}{2\log n}$

$\qquad = \log\left(\dfrac{2n+1}{n}\right) \cdot \dfrac{\log n\left(2+\dfrac{1}{n}\right) + \log n}{2\log n}$

$\qquad = \log\left(2+\dfrac{1}{n}\right) \cdot \dfrac{2\log n + \log\left(2+\dfrac{1}{n}\right)}{2\log n}$

$\qquad = \log\left(2+\dfrac{1}{n}\right)\left\{1 + \dfrac{1}{2\log n}\cdot \log\left(2+\dfrac{1}{n}\right)\right\}$

$\qquad \xrightarrow[n\to\infty]{} \log 2$

同様にして $(①の右辺) \xrightarrow[n\to\infty]{} \log 2$ がいえるので，はさみうちの原理より

$$\lim_{n\to\infty} \frac{1}{\log n} \sum_{k=n}^{2n} \frac{\log k}{k} = \log 2$$

対数の変形は **4** (ロ)を参照のこと．

2. (ロ)の (*) について，$f(x)$ が $x=0$ のとき定義できないとか，右辺の定積分の上端を n にしておきたいときがあります．そんなときは左端の長方形 ($=f(1)$) や右端の長方形 ($=f(n)$) を共有して，それ以外の長方形をグラフの面積で評価します．この場合は次のようになります．

$$f(1) + \int_1^n f(x)dx < \sum_{k=1}^n f(k) < \int_1^n f(x)dx + f(n) \quad (n \geq 2)$$

3. **4** (ロ)から，$\log n$, $\log(n+1)$, $\cdots\cdots$, $\log 2n$ は無限に飛ばす操作ではほとんど $\log n$ と思っても大丈夫．この感覚を答案に仕上げると次のようになります．

別解 II　$n \leq k \leq 2n$ のとき，$\log n \leq \log k \leq \log 2n = \log 2 + \log n$ だから，

$$\frac{1}{\log n} \sum_{k=n}^{2n} \frac{\log n}{k} \leq S_n \leq \frac{1}{\log n} \sum_{k=n}^{2n} \frac{\log 2 + \log n}{k}$$

$$\therefore \quad \sum_{k=n}^{2n} \frac{1}{k} \leq S_n \leq \left(\frac{\log 2}{\log n} + 1\right) \sum_{k=n}^{2n} \frac{1}{k}$$

ここで，$n \to \infty$ のとき $\dfrac{\log 2}{\log n} \to 0$，

$$\sum_{k=n}^{2n} \frac{1}{k} = \sum_{k=n}^{2n} \frac{1}{\frac{k}{n}} \cdot \frac{1}{n} \xrightarrow[n\to\infty]{} \int_1^2 \frac{1}{x} dx = \Big[\log x\Big]_1^2 = \log 2$$

だから，はさみうちにより，$\displaystyle\lim_{n\to\infty} S_n = \mathbf{\log 2}$

4. (イ)のまとめをしておきます．

例 I 次の極限の収束発散を調べ，収束するときはその値を求めよ．

(1) $\displaystyle\lim_{n\to\infty}\sum_{k=1}^{n}\frac{k}{k+1}$ (2) $\displaystyle\lim_{n\to\infty}\sum_{k=1}^{n}\frac{1}{k(k+1)}$

(3) $\displaystyle\lim_{n\to\infty}\sum_{k=n}^{2n}\frac{1}{k}$ (4) $\displaystyle\lim_{n\to\infty}\sum_{k=1}^{n}\frac{1}{k}$

《解答》 (1) $\displaystyle\lim_{k\to\infty}\frac{k}{k+1}=1\neq 0$ だから発散．

(2)
$$\sum_{k=1}^{n}\frac{1}{k(k+1)}=\sum_{k=1}^{n}\left(\frac{1}{k}-\frac{1}{k+1}\right)$$
$$=1-\frac{1}{2}+\frac{1}{2}-\frac{1}{3}+\cdots+\frac{1}{n}-\frac{1}{n+1}$$
$$=1-\frac{1}{n+1}\xrightarrow[n\to\infty]{}1$$

(3)
$$\lim_{n\to\infty}\sum_{k=n}^{2n}\frac{1}{k}=\lim_{n\to\infty}\sum_{k=n}^{2n}\frac{1}{\frac{k}{n}}\cdot\frac{1}{n}=\int_{1}^{2}\frac{1}{x}dx=\mathbf{\log 2}$$

(4) 右図の n 個の長方形の面積和と斜線部の面積を比較して
$$\sum_{k=1}^{n}\frac{1}{k}>\int_{1}^{n+1}\frac{1}{x}=\log(n+1)$$
$n\to\infty$ のとき $\log(n+1)\to\infty$ だから追い出しの原理より $\displaystyle\lim_{n\to\infty}\sum_{k=1}^{n}\frac{1}{k}=\infty$

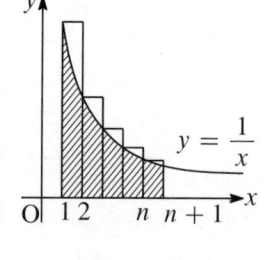

和の極限はある程度処理できるんだなとわかりました．なお，(4)では
$$\sum_{k=1}^{n}\frac{1}{k}=\sum_{k=1}^{n}\frac{1}{\frac{k}{n}}\cdot\frac{1}{n}\xrightarrow[n\to\infty]{}\int_{0}^{1}\frac{1}{x}dx=\Big[\log x\Big]_{0}^{1}=-\log 0=\infty$$

なんてことをしてはダメです．関数 $\dfrac{1}{x}$ は $0\leq x\leq 1$ の連続関数ではありません（$x=0$ で定義されない）．

n 個の積の極限なら対数をとって和に変えれば何とかなります．

例 II 次の極限値を求めよ．
$$\lim_{n\to\infty}\frac{1}{n}\sqrt[n]{(3n+1)(3n+2)\cdots(4n)}$$
〔琉球大〕

《解答》 $P_n = \dfrac{1}{n}\sqrt[n]{(3n+1)(3n+2)\cdots(4n)}$ とおく．

$\log P_n = \log \dfrac{1}{n}\sqrt[n]{(3n+1)(3n+2)\cdots(4n)}$

$= \log \left\{\dfrac{1}{n^n}(3n+1)(3n+2)\cdots(4n)\right\}^{\frac{1}{n}}$

$= \dfrac{1}{n}\log\left(\dfrac{3n+1}{n}\cdot\dfrac{3n+2}{n}\cdot\cdots\cdot\dfrac{4n}{n}\right) = \dfrac{1}{n}\sum_{k=3n+1}^{4n}\log\dfrac{k}{n}$

$\xrightarrow[n\to\infty]{}\displaystyle\int_3^4 \log x\,dx$

$= \Big[x\log x - x\Big]_3^4 = 4\log 4 - 3\log 3 - 1 = \log\dfrac{4^4}{3^3 e}$

∴ $\displaystyle\lim_{n\to\infty}P_n = \dfrac{256}{27e}$ □

上の和の極限は(イ)(iii)の公式を利用するなら

$$\log P_n = \frac{1}{n}\sum_{k=1}^{n}\log\left(3+\frac{k}{n}\right) \to \int_0^1 \log(3+x)\,dx$$

とすることもできます．

── 曲線の長さ ──

28 放物線 $C : y = \dfrac{x^2}{2}$ とその焦点 F を考える．このとき次の問いに答えよ．

(1) C 上の点 $P(u, v)$ $(u > 0)$ における C の接線 l と x 軸との交点を T とする．線分 PT と線分 FT は直交することを示せ．

(2) 線分 FT の長さを求めよ．

(3) $\dfrac{d}{dx}\log(x + \sqrt{1 + x^2})$ を求めよ．

(4) 放物線 C の，$x = 0$ から $x = u$ までの長さを $s(u)$ とする．また，点 P からの距離が $s(u)$ となる l 上の点のうちで，T に近い方の点を Q とする．このとき，線分 QT の長さを求めよ．

(5) C が x 軸に接しながら，すべらないように右の方に傾いていくとき，焦点 F の軌跡を求めよ．

〔早稲田大〕

アプローチ

(イ) 2次曲線を苦手にしている原因の1つが，定義や公式をしっかり覚えていないということです (☞ **29** (イ))．点 $F(0, p)$ を焦点とし直線 $y = -p$ を準線とする放物線の方程式は定義から

$$\sqrt{(x-0)^2 + (y-p)^2} = |y - (-p)|$$

2乗して整理すると $x^2 = 4py$ となります．このように定義から曲線の式を導いて，公式を確認しましょう．楕円，双曲線については教科書などに戻って一度導いてください．やればわかりますが，簡単ではありません．

(ロ) (3)の誘導は，微分ができるかどうか問うているのではありません．積分して $\log(x + \sqrt{x^2 + 1})$ になる関数を教えてくれたのです．つまり

$$\int \dfrac{1}{\sqrt{1 + x^2}} dx = \log(x + \sqrt{x^2 + 1}) + C \quad (C : 定数)$$

ということです．しかし，以降の問題で必要となるのは $\sqrt{1 + x^2}$ の積分です．ということは $\bigcirc^{\frac{1}{2}}$ を $\bigcirc^{-\frac{1}{2}}$ に変形してこの誘導を利用しようとします．さて，この指数が1だけ減る作業は？　微分です．積分するのに微分とは？　部分積分法です．実は双曲線の関数 $y = \sqrt{x^2 + a^2}$ の積分は有名でさまざ

まな誘導があります．それらを覚える必要はありませんが，誘導にのる経験をしておきましょう．(☞ フォローアップ 1.).

(ハ) 曲線の長さの公式は $x = f(t), y = g(t)$ $(\alpha \leq t \leq \beta)$ のとき

$$\int_\alpha^\beta \sqrt{\left(\frac{dx}{dt}\right)^2 + \left(\frac{dy}{dt}\right)^2} dt = \int_\alpha^\beta \sqrt{\{f'(t)\}^2 + \{g'(t)\}^2} dt$$

$y = f(x)$ $(a \leq x \leq b)$ のとき

$$\int_a^b \sqrt{1 + \left(\frac{dy}{dx}\right)^2} dx = \int_a^b \sqrt{1 + \{f'(x)\}^2} dx$$

前半の公式は微小の長さを三平方の定理を用いて近似したものなので記憶しやすいでしょう．$y = f(x)$ のときに $x = t, y = f(t)$ としたものが後半の公式です．この公式で高校の範囲で計算できる関数はそれほど多くありません．有名な関数について練習しましょう．

例 I 次の曲線の長さを求めよ．
(1) $y = \log(\cos x)$ $\left(0 \leq x \leq \dfrac{\pi}{4}\right)$
(2) $y = \dfrac{1}{2}(e^x + e^{-x})$ $(-a \leq x \leq a)$
(3) $x = \theta - \sin\theta, y = 1 - \cos\theta$ $(0 \leq \theta \leq 2\pi)$
(4) 極方程式 $r = 1 + \cos\theta$ $(0 \leq \theta \leq \pi)$

《解答》 (1) $y' = \dfrac{-\sin x}{\cos x} = -\tan x$ だから，求める曲線の長さは

$$\int_0^{\frac{\pi}{4}} \sqrt{1 + \tan^2 x}\, dx = \int_0^{\frac{\pi}{4}} \sqrt{\frac{1}{\cos^2 x}}\, dx = \int_0^{\frac{\pi}{4}} \frac{1}{|\cos x|}\, dx$$

$$= \int_0^{\frac{\pi}{4}} \frac{1}{\cos x}\, dx = \int_0^{\frac{\pi}{4}} \frac{\cos x}{\cos^2 x}\, dx = \int_0^{\frac{\pi}{4}} \frac{\cos x}{1 - \sin^2 x}\, dx$$

$$= \int_0^{\frac{1}{\sqrt{2}}} \frac{dt}{1 - t^2} \qquad (t = \sin x \text{ とおいた})$$

$$= \int_0^{\frac{1}{\sqrt{2}}} \frac{1}{2}\left(\frac{1}{1+t} + \frac{1}{1-t}\right) dt = \frac{1}{2}\Big[\log|1+t| - \log|1-t|\Big]_0^{\frac{1}{\sqrt{2}}}$$

$$= \frac{1}{2}\log\left(\frac{\sqrt{2}+1}{\sqrt{2}-1}\right) = \frac{1}{2}\log(\sqrt{2}+1)^2 = \mathbf{\log(\sqrt{2}+1)}$$

(2) $y' = \dfrac{1}{2}(e^x - e^{-x})$ だから，求める曲線の長さは

$$\int_{-a}^{a} \sqrt{1 + \left(\dfrac{e^x - e^{-x}}{2}\right)^2}\,dx = \int_{-a}^{a} \sqrt{\dfrac{e^{2x} + 2 + e^{-2x}}{4}}\,dx$$

$$= \int_{-a}^{a} \sqrt{\left(\dfrac{e^x + e^{-x}}{2}\right)^2}\,dx = \int_{-a}^{a} \dfrac{e^x + e^{-x}}{2}\,dx$$

$$= \left[\dfrac{e^x - e^{-x}}{2}\right]_{-a}^{a} = e^a - e^{-a}$$

(3) $\dfrac{dx}{d\theta} = 1 - \cos\theta,\ \dfrac{dy}{d\theta} = \sin\theta$ だから，求める曲線の長さは

$$\int_{0}^{2\pi} \sqrt{(1 - \cos\theta)^2 + \sin^2\theta}\,d\theta = \int_{0}^{2\pi} \sqrt{2(1 - \cos\theta)}\,d\theta$$

$$= \int_{0}^{2\pi} \sqrt{2^2 \sin^2 \dfrac{\theta}{2}}\,d\theta \qquad\cdots\cdots(*)$$

$$= 2\int_{0}^{2\pi} \left|\sin\dfrac{\theta}{2}\right|d\theta = 2\int_{0}^{2\pi} \sin\dfrac{\theta}{2}\,d\theta = 2\left[-2\cos\dfrac{\theta}{2}\right]_{0}^{2\pi} = 8$$

(4) 曲線を媒介変数表示すると

$$x = (1 + \cos\theta)\cos\theta,\ y = (1 + \cos\theta)\sin\theta$$

となり，

$$\dfrac{dx}{d\theta} = -\sin\theta - 2\sin\theta\cos\theta = -\sin\theta - \sin 2\theta$$

$$\dfrac{dy}{d\theta} = \cos^2\theta - \sin^2\theta + \cos\theta = \cos 2\theta + \cos\theta$$

だから，求める曲線の長さは

$$\int_{0}^{\pi} \sqrt{(-\sin\theta - \sin 2\theta)^2 + (\cos 2\theta + \cos\theta)^2}\,d\theta$$

$$= \int_{0}^{\pi} \sqrt{2 + 2(\cos 2\theta \cos\theta + \sin 2\theta \sin\theta)}\,d\theta$$

$$= \int_{0}^{\pi} \sqrt{2\{1 + \cos(2\theta - \theta)\}}\,d\theta = \int_{0}^{\pi} \sqrt{2(1 + \cos\theta)}\,d\theta$$

$$= \int_{0}^{\pi} \sqrt{2^2 \cos^2 \dfrac{\theta}{2}}\,d\theta \qquad\cdots\cdots(*)$$

$$= 2\int_{0}^{\pi} \left|\cos\dfrac{\theta}{2}\right|d\theta = 2\int_{0}^{\pi} \cos\dfrac{\theta}{2}\,d\theta = 2\left[2\sin\dfrac{\theta}{2}\right]_{0}^{\pi} = 4$$

□

上の計算では $\sqrt{x^2}=|x|$ という場面が出てきます．積分区間を考えながら絶対値を外しましょう．(*)で使った変形もよく出てきます．これは半角の公式
$$\cos^2\frac{\theta}{2}=\frac{1+\cos\theta}{2},\ \sin^2\frac{\theta}{2}=\frac{1-\cos\theta}{2}$$
を右辺から左辺に使っています．もし $\sqrt{1\pm\sin\theta}$ なら $\theta=\frac{\pi}{2}\pm t$ 等の置換を行い sin を cos に変えて上のタイプに帰着させる，または
$$1\pm\sin\theta=\left(\sin\frac{\theta}{2}\pm\cos\frac{\theta}{2}\right)^2$$
を利用します．例I(3), (4)の計算については⑯ フォローアップ 3.の例も参照のこと．

㈡　傾きがわかっているときの線分の長さは右の図1の斜線部の直角三角形と図2の直角三角形が相似であることから
$$AB=\sqrt{1+m^2}(\beta-\alpha)$$
とわかります．これは $m<0$ のときも成立します．

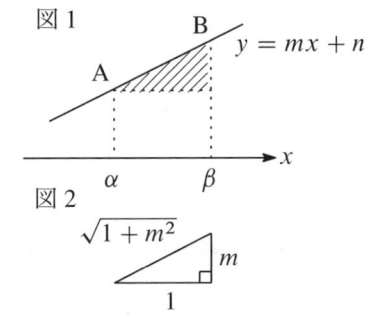

㈥　曲線を回転させるのは非常に難しいので，たっぷり誘導がついています．方針としては放物線を止めておいて座標軸を滑らないように回転させると考えます．説明の混乱を避けるため，回転後の状態を「新しい」と表現します．x 軸はつねに放物線に接しているので，l を新しい x 軸とみなせとの誘導です．この新しい x 軸との距離が新しい y 座標になるのでその誘導が(1)(2)です．ここでFの新しい y 座標が u で表せました．次に新しい x 軸上の原点を探します．それは新しい x 軸上の点でPからの距離が $\overparen{OP}$ と等しくなる点だから，それが(4)のQのことです．この新しい原点であるQと，Fから新しい x 軸に下ろした垂線の足Tとの距離がFの新しい x 座標になります．これが(4)の誘導で，Fの新しい x 座標が u で表せました．これだけ誘導があれば安心です．

㈦　$\pm\sqrt{x^2+a}+x$ と $\pm\sqrt{x^2+a}-x$ は一方の値がわかれば他方の値もわかることを意識しておきましょう．それは

$$(\pm\sqrt{x^2+a}+x)(\pm\sqrt{x^2+a}-x)=a$$

となるので，一方が t なら他方は $\dfrac{a}{t}$ ということです．この 2 つを対にして考える発想は，双曲線の方程式がもともと (積) = (定数) となるように変形できることからきています．$y^2-x^2=a$ だから $(y+x)(y-x)=a$ で，これに $y^2=x^2+a$ を y について解いた $y=\pm\sqrt{x^2+a}$ を代入したものと考えれば違和感がなくなるでしょうか．

また，一方の式でわからないことも他方の式を用いればわかるということもあります．例えば $\sqrt{x^2+1}+x$ は $x>0$ において増加関数で正の値をとることは式からすぐにわかります．しかし，$x<0$ のとき増減や符号はすぐにわかりません．これを

$$\sqrt{x^2+1}+x=\dfrac{1}{\sqrt{x^2+1}-x}$$

と変形すれば $x<0$ のとき (分母)$=\sqrt{x^2+1}+(-x)$ は正で減少関数であるからもとの関数は増加関数で正の値をとることがわかります．これら 2 つの式は対にして扱いましょう．

解答

(1) $C: x^2=4\cdot\dfrac{1}{2}\cdot y$ だから

$\quad$ F$\left(0,\,\dfrac{1}{2}\right)$

また，$y'=x$ だから l の方程式は P$\left(u,\,\dfrac{u^2}{2}\right)$ より

$$y=u(x-u)+\dfrac{u^2}{2}$$

$$\therefore\ y=ux-\dfrac{u^2}{2}$$

これより T$\left(\dfrac{u}{2},\,0\right)$ だから FT の傾きは

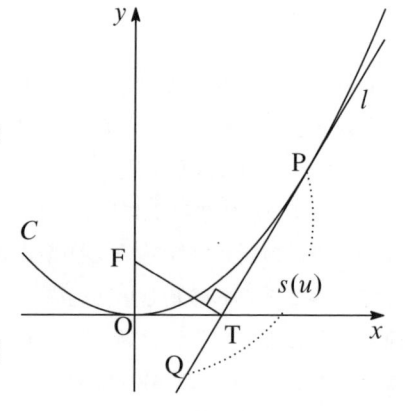

$$\dfrac{0-\dfrac{1}{2}}{\dfrac{u}{2}-0}=-\dfrac{1}{u}$$

l の傾きは u だから (l の傾き)×(FT の傾き) $=-1$ となり PT⊥FT である．

$\hfill\square$

(2) $\text{FT} = \sqrt{\left(\dfrac{u}{2}-0\right)^2 + \left(0-\dfrac{1}{2}\right)^2} = \dfrac{\sqrt{u^2+1}}{2}$

(3) $\dfrac{d}{dx}\log\left(x+\sqrt{1+x^2}\right) = \dfrac{1}{x+\sqrt{1+x^2}}\left(x+\sqrt{1+x^2}\right)'$

$\qquad = \dfrac{1}{x+\sqrt{1+x^2}}\left(1+\dfrac{x}{\sqrt{1+x^2}}\right) = \dfrac{1}{\sqrt{1+x^2}}$

(4) $s(u) = \displaystyle\int_0^u \sqrt{1+(y')^2}\,dx = \int_0^u \sqrt{1+x^2}\,dx$

$\qquad = \left[x\sqrt{1+x^2}\right]_0^u - \displaystyle\int_0^u x\cdot\dfrac{x}{\sqrt{1+x^2}}\,dx$

$\qquad = u\sqrt{1+u^2} - \displaystyle\int_0^u \dfrac{x^2+1-1}{\sqrt{1+x^2}}\,dx$

$\qquad = u\sqrt{1+u^2} - \displaystyle\int_0^u \sqrt{1+x^2}\,dx + \int_0^u \dfrac{1}{\sqrt{1+x^2}}\,dx$

$\qquad = u\sqrt{1+u^2} - s(u) + \left[\log(x+\sqrt{1+x^2})\right]_0^u \qquad (\because (3))$

$\qquad \therefore\ s(u) = \dfrac{1}{2}\{u\sqrt{1+u^2}+\log(u+\sqrt{1+u^2})\}$

また，l の傾きが u であることと，PT の x 座標の差が $\dfrac{u}{2}$ であることから

$\qquad \text{PT} = \sqrt{1+u^2}\cdot\dfrac{u}{2}$

したがって，

$\qquad \text{QT} = \text{PQ} - \text{PT} = s(u) - \text{PT} = \dfrac{1}{2}\log\left(u+\sqrt{1+u^2}\right)$

(5) 次の図 1 は放物線を回転し点 P が x 軸上まできたときの図で，図 2 は逆に座標軸を放物線に接しながら回転し x 軸が l に重なるまで動かしたときの図である．

図1

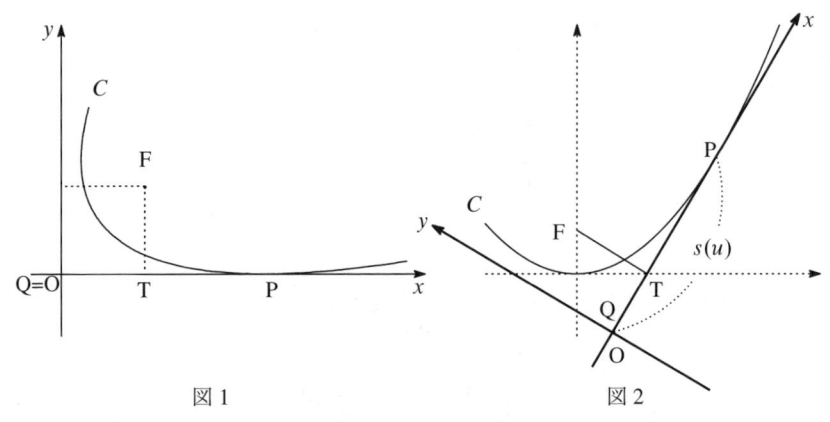

図2

そこで F の座標を P の x 座標 u を媒介変数として表すと

$$x = \mathrm{QT} = \frac{1}{2}\log\left(u + \sqrt{1+u^2}\right) \quad \cdots\cdots\cdots ①$$

$$y = \mathrm{FT} = \frac{\sqrt{u^2+1}}{2} \quad \cdots\cdots\cdots ②$$

となる．① より

$$\log\left(u + \sqrt{1+u^2}\right) = 2x \quad \therefore \quad u + \sqrt{1+u^2} = e^{2x}$$

であるから，

$$\sqrt{1+u^2} - u = \frac{1+u^2-u^2}{\sqrt{1+u^2}+u} = \frac{1}{e^{2x}} = e^{-2x}$$

これら 2 式を加減して

$$\sqrt{1+u^2} = \frac{1}{2}(e^{2x} + e^{-2x}),\ u = \frac{1}{2}(e^{2x} - e^{-2x})$$

これらと② と $u > 0$ より

$$y = \frac{e^{2x} + e^{-2x}}{4},\ e^{2x} > e^{-2x}$$

ここで $e^{2x} > e^{-2x} \iff 2x > -2x \iff x > 0$ だから，求める F の軌跡は

$$y = \frac{e^{2x} + e^{-2x}}{4} \quad (x > 0)$$

― フォローアップ ―

1. 双曲線の関数の積分で有名な置換は次のものです (☞ 15 フォローアップ 3.)．

> **例 II** $I = \int \sqrt{x^2+1}\,dx$ を次のように置換して計算せよ．
> (1) $x = \dfrac{e^t - e^{-t}}{2}$ ……①
> (2) $x = \dfrac{1}{2}\left(t - \dfrac{1}{t}\right)$ $(t > 0)$ ……②

《解答》 (1) $x^2 + 1 = \dfrac{e^{2t} - 2 + e^{-2t}}{4} + 1 = \left(\dfrac{e^t + e^{-t}}{2}\right)^2$

$\therefore\ \sqrt{x^2+1} = \dfrac{e^t + e^{-t}}{2}$ ……③

また，①+③ より $x + \sqrt{x^2+1} = e^t$ だから $t = \log(x + \sqrt{x^2+1})$

さらに $dx = \dfrac{e^t + e^{-t}}{2}dt$ をあわせて

$$I = \int \left(\dfrac{e^t + e^{-t}}{2}\right)^2 dt = \dfrac{1}{4}\int (e^{2t} + 2 + e^{-2t})dt$$
$$= \dfrac{1}{8}(e^{2t} - e^{-2t}) + \dfrac{1}{2}t + C$$
$$= \dfrac{1}{2}\cdot\dfrac{e^t + e^{-t}}{2}\cdot\dfrac{e^t - e^{-t}}{2} + \dfrac{1}{2}t + C$$
$$= \dfrac{1}{2}x\sqrt{x^2+1} + \dfrac{1}{2}\log(x+\sqrt{x^2+1}) + C$$

(2) $x^2 + 1 = \dfrac{1}{4}\left(t - \dfrac{1}{t}\right)^2 + 1 = \dfrac{1}{4}\left(t + \dfrac{1}{t}\right)^2$, $dx = \dfrac{1}{2}\left(1 + \dfrac{1}{t^2}\right)dt$

だから

$$I = \int \dfrac{1}{2}\left(t + \dfrac{1}{t}\right)\cdot\dfrac{1}{2}\left(1 + \dfrac{1}{t^2}\right)dt = \int \dfrac{1}{4}\left(t + \dfrac{2}{t} + \dfrac{1}{t^3}\right)dt$$
$$= \dfrac{1}{8}\left(t^2 - \dfrac{1}{t^2}\right) + \dfrac{1}{2}\log t + C$$
$$= \dfrac{1}{2}\cdot\dfrac{1}{2}\left(t + \dfrac{1}{t}\right)\cdot\dfrac{1}{2}\left(t - \dfrac{1}{t}\right) + \dfrac{1}{2}\log t + C$$
$$= \dfrac{1}{2}x\sqrt{x^2+1} + \dfrac{1}{2}\log(x+\sqrt{x^2+1}) + C$$

□

なお，これらの置換はともに曲線 $y = \sqrt{x^2+1}$ すなわち双曲線の一部 $y^2 - x^2 = 1\ (y > 0)$ のパラメータ表示からできています．また(2)は

$x = \dfrac{1}{2}\left(t - \dfrac{1}{t}\right)$, $t > 0$ を t について解くと
$$t^2 - 2xt - 1 = 0 \quad \therefore \quad t = x + \sqrt{x^2 + 1}$$
となります．最近はみかけなくなりましたが，以前は「$t = x + \sqrt{x^2+1}$ とおく」と指示される問題がありました．それは実は(2)と同じ置換であったのです．$\sqrt{x^2+1} - x = \dfrac{1}{t}$ (☞ (ハ)) だから，これら 2 式から $t - \dfrac{1}{t} = 2x$, $t + \dfrac{1}{t} = 2\sqrt{x^2+1}$ を導けるので同様に計算できます．

2. (5)で求まった軌跡はカテナリー(懸垂線，catenary)とよばれる曲線です．その典型的なものは次の $y = f(x)$ で定義される曲線で，しばしば入試問題の題材に用いられます．

$f(x) = \dfrac{e^x + e^{-x}}{2}$ とおくと，
$y = f(x)$ のグラフの形状は $y = e^x$ と $y = e^{-x}$ の中間を通るようなグラフだから右図のようになり，これはロープの両端をもって垂らしたときにできる曲線(懸垂線)になることが知られています．また，$f(x)$ を微分しても積分しても $f'(x)$ になるので，$\sin x$，$\cos x$ によく似ています．これは覚えておく必要はありませんが，大学以上では $f(x) = \cosh x$，$f'(x) = \sinh x$ とかかれ，それぞれ hyperbolic cosine, hyperbolic sine とよばれ，双曲線関数とよばれる関数です (双曲線は hyperbola，その形容詞形が hyperbolic)．さらに $\cos^2 x + \sin^2 x = 1$ と類似の性質として
$$\{f(x)\}^2 - \{f'(x)\}^2 = 1 \quad (\cosh^2 x - \sinh^2 x = 1)$$
があります (このことから双曲線 $x^2 - y^2 = 1$ の $x > 0$ の部分が $x = \cosh t$, $y = \sinh t$ とパラメータ表示されることがわかり，双曲線関数という名称の由来になっています)．これは実際代入して計算すれば導けるので，特に覚える必要はありませんが，$\sin x$, $\cos x$ に似た関数なので 2 乗に関係があったという記憶はしておきましょう．これを無意識に利用したのが，(ハ)の例(2)です．

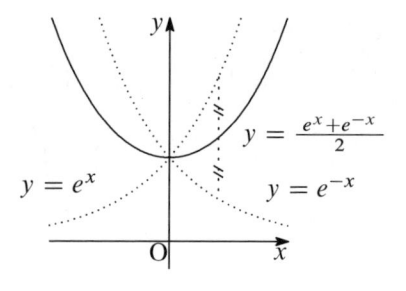

3. 本問のような曲線を転がす問題や曲線上で円や直線を転がす問題は，曲

線の長さを求める作業が多いようです．これは**16**と同じようなポイントを含みます．

> **例** $f(x) = -\dfrac{e^x + e^{-x}}{2}$ とおき，曲線 $C : y = f(x)$ を考える．1 辺の長さ a の正三角形 PQR は最初，辺 QR の中点 M が曲線 C 上の点 $(0, f(0))$ に一致し，QR が C に接し，さらに P が $y > f(x)$ の範囲にあるようにおかれている．ついで，△PQR が曲線 C に接しながら滑ることなく右に傾いてゆく．最初の状態から，点 R が初めて曲線 C 上にくるまでの間，点 P の y 座標が一定であるように，a を定めよ．
>
> 〔大阪大〕

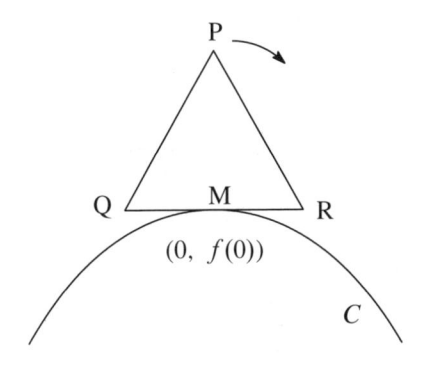

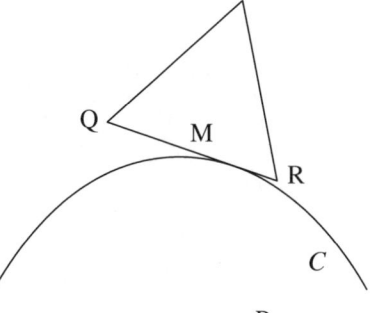

《解答》 △PQR と C との接点を T$(t, f(t))$ とする．滑らず回転していることから

$$|\overrightarrow{\mathrm{TM}}| = \int_0^t \sqrt{1 + \{f'(x)\}^2}\,dx$$

$$= \int_0^t \{-f(x)\}\,dx$$

$$= \Big[-f'(x)\Big]_0^t$$

$$= -f'(t) \quad (f'(0) = 0 \text{ より})$$

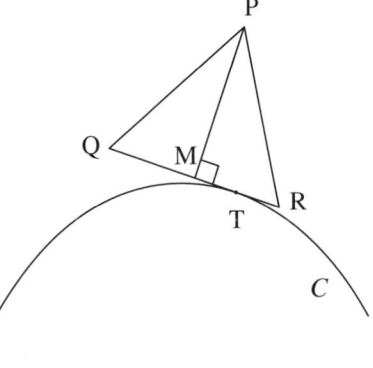

TM の傾きは $f'(t)$ であり，$\overrightarrow{\mathrm{TM}}$ の x 成分は負であるから，$\overrightarrow{\mathrm{TM}}$ はベクトル $(-1, -f'(t))$ と同じ向きで，大きさが $-f'(t)$ である．よって，

$$\overrightarrow{\mathrm{TM}} = \frac{-f'(t)}{\sqrt{1+\{f'(t)\}^2}} (-1, -f'(t)) = \frac{-f'(t)}{-f(t)} (-1, -f'(t))$$

$$= \left(-\frac{f'(t)}{f(t)}, -\frac{\{f'(t)\}^2}{f(t)}\right)$$

また，$\overrightarrow{\mathrm{MP}} \perp \overrightarrow{\mathrm{TM}}$ で，$\overrightarrow{\mathrm{MP}}$ の y 成分は正だから，$\overrightarrow{\mathrm{MP}}$ はベクトル $(-f'(t), 1)$ と同じ向きで平行である．よって，$|\overrightarrow{\mathrm{MP}}| = \frac{\sqrt{3}}{2}a$ より

$$\overrightarrow{\mathrm{MP}} = \frac{\frac{\sqrt{3}a}{2}}{\sqrt{1+\{f'(t)\}^2}} (-f'(t), 1) = \frac{\frac{\sqrt{3}a}{2}}{-f(t)} (-f'(t), 1)$$

$$= \frac{\sqrt{3}a}{2} \left(\frac{f'(t)}{f(t)}, \frac{-1}{f(t)}\right)$$

$\overrightarrow{\mathrm{OP}} = \overrightarrow{\mathrm{OT}} + \overrightarrow{\mathrm{TM}} + \overrightarrow{\mathrm{MP}}$ だから，P の y 座標は

$$f(t) - \frac{\{f'(t)\}^2}{f(t)} - \frac{\sqrt{3}a}{2f(t)} = \frac{\{f(t)\}^2 - \{f'(t)\}^2}{f(t)} - \frac{\sqrt{3}a}{2f(t)}$$

$$= \frac{1}{f(t)} - \frac{\sqrt{3}a}{2f(t)} = \frac{2-\sqrt{3}a}{2f(t)}$$

となる．これが t によらず一定である条件は

$$2 - \sqrt{3}a = 0 \quad \therefore \quad \boldsymbol{a = \frac{2\sqrt{3}}{3}}$$

□

この問題の結果のとき，「正三角形をころがしても，頂点 P の高さは一定になる」ことがわかります．

―― 楕円の定義 ――

29 xy 平面上に点 A(1, 0), B(−1, 0) および曲線 $C : y = \dfrac{1}{x}$ $(x > 0)$ がある．C 上に動点 P を与えたとき，距離の和 AP + BP が最小になる点 P を求めよ．

〔滋賀県立大〕

アプローチ

(イ) 2次曲線の定義を確認しておきましょう．
- 放物線：ある定点(焦点)からの距離とある定直線(準線)までの距離が等しい点の集合
- 楕円：2定点(焦点)からの距離の和 ($=$ 長軸の長さ) が一定である点の集合
- 双曲線：2定点(焦点)からの距離の差 ($=$ 2頂点間の距離) が一定である点の集合

ただし双曲線の頂点とは，双曲線とその2焦点を通る直線との交点のことです．

例 (1) 円：$x^2 + (y-3)^2 = 1$ と x 軸に接しながら動く円の中心 P の軌跡の方程式を求めよ．
(2) 円：$x^2 + y^2 = 5^2$ に内接し，円：$(x-2)^2 + y^2 = 1$ に外接しながら動く円の中心 P の軌跡の方程式を求めよ．
(3) 円：$x^2 + y^2 = 1$ と円：$(x-6)^2 + y^2 = 3^2$ に外接しながら動く円の中心 P の軌跡の方程式を求めよ．

《解答》 動円の半径を r とする．
(1) A(0, 3), B(0, −1), $l : y = -1$ とし，P から l に下ろした垂線の足を H とすると，

AP = r + 1, PH = r + 1
∴ AP = PH

よって，P は A を焦点とし，l を準線とする放物線上を動く．その頂点は AB の中点 (0, 1) だから，求める方程式は $x^2 = 4p(y-1)$ とおける．頂点と焦点との距離から $p = \dfrac{1}{2}AB = 2$ となるので，
$$x^2 = 8(y-1)$$

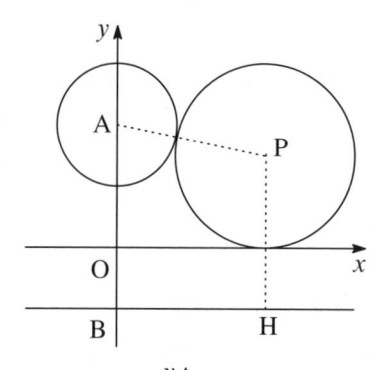

(2) C(2, 0) とすると
OP = 5 − r, CP = 1 + r
∴ OP + CP = 6

よって，P は O, C を焦点とする楕円上を動く．その中心は OC の中点 (1, 0) だから，求める方程式は
$$\dfrac{(x-1)^2}{a^2} + \dfrac{y^2}{b^2} = 1$$
とおける．長軸の長さと 2 焦点間の距離から
$2a = 6,\ 2\sqrt{a^2-b^2} = 2$
∴ $a = 3,\ b^2 = 8$
よって
$$\dfrac{(x-1)^2}{9} + \dfrac{y^2}{8} = 1$$

(3) D(6, 0) とすると
OP = r + 1, DP = r + 3 ∴ DP − OP = 2

よって，P は O, D を焦点とする双曲線の左半分を動く．その中心は OD の中点 (3, 0) だから，求める方程式は
$$\dfrac{(x-3)^2}{a^2} - \dfrac{y^2}{b^2} = 1,\ x < 3$$
とおける．

2 頂点間の距離と 2 焦点間の距離から

$2a = 2$, $2\sqrt{a^2+b^2} = 6$

∴ $a = 1$, $b^2 = 8$

よって,

$(x-3)^2 - \dfrac{y^2}{8} = 1$, $x < 3$ ☐

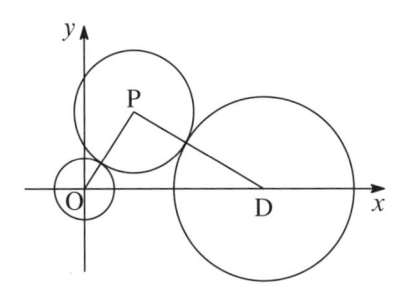

(ロ) 2 定点からの距離の和をとらえるときの方針は

(i) 対称点を利用する

(ii) 楕円を利用する

(iii) ある変数を用いて距離の和を式で表す

などが考えられます．

(i) は直線 l 上を動く動点 P があり，l に関して同じ側にある 2 定点 A, B からの距離の和の最小値を求めるときに使います．A′ を l に関する A の対称点とすると

PA + PB = PA′ + PB ≧ A′B

(ii) の方針で 解答 を仕上げました．基本的な考え方は数 II「図形と方程式」に出てくる以下の考え方と同じです (☞ IAIIB❷).

「不等式 D をみたす (x, y) について，関数 $f(x, y)$ のとり得る値の範囲」

=「領域 D と図形 $f(x, y) = k$ が共有点をもつような k の範囲」

本問では AP + BP = $2a$ とおいて，この図形 (楕円) が $y = \dfrac{1}{x}$ と共有点をもつような値の最小値を求めることになります．

(ハ) 2 次方程式 $ax^2 + bx + c = 0$ が重解をもつとき，そのときの解は $x = -\dfrac{b}{2a}$ です．解の公式の $\sqrt{D}$ の部分を 0 にしたものです．

解答

P が C 上を動くとき AP + BP > 2 だから,

AP + PB = $2a$ $(a > 1)$

となる点 P の軌跡は楕円

$$E: \frac{x^2}{a^2} + \frac{y^2}{b^2} = 1 \qquad \cdots\cdots ①$$

であり，焦点が A，B だから

$$a^2 - b^2 = 1 \ (b > 0) \qquad \cdots\cdots ②$$

である．E と

$$C: y = \frac{1}{x} \ (x > 0) \qquad \cdots\cdots ③$$

が共有点をもつような a の値が最小となるときを考えればよく，このとき E と C は接する．

①，③から y を消去して

$$\frac{x^2}{a^2} + \frac{1}{b^2 x^2} = 1 \quad \therefore \quad b^2 x^4 - a^2 b^2 x^2 + a^2 = 0 \qquad \cdots\cdots ④$$

これが正の重解をもつので，x^2 の2次方程式とみても重解をもち，

$$(\text{判別式}) = (a^2 b^2)^2 - 4a^2 b^2 = 0 \quad \therefore \quad a^2 b^2 (a^2 b^2 - 4) = 0$$

$$\therefore \quad a^2 b^2 = 4 \qquad \cdots\cdots ⑤$$

②，⑤から

$$a^2(a^2 - 1) = 4 \quad \therefore \quad a^4 - a^2 - 4 = 0 \quad \therefore \quad a^2 = \frac{1 + \sqrt{17}}{2}$$

このとき，接点の x 座標は，④の重解から $x^2 = \dfrac{a^2}{2} = \dfrac{1 + \sqrt{17}}{4}$ をみたすので，求める P の座標は $\left(\dfrac{\sqrt{1 + \sqrt{17}}}{2}, \ \dfrac{2}{\sqrt{1 + \sqrt{17}}} \right)$

<u>フォローアップ</u>

1. $AP + PB = 2a$ の a が増加していくと，楕円が原点を中心として膨らんでいきます．そして初めて C と共有点をもつのはちょうど接するときです．そのときが a の最小であると考えました．

2. さて(ロ)(iii)の方針で解くと，大変な計算になり途中でつぶれてしまいそうです．このような解法をとるのは次のような問題です．同じく2定点からの距離の和に類似の関数の最小値を考えています．

例 xy 平面上に，x 軸上にない 2 定点 A(a, b), B(p, q) がある．ただし $a < p$ とする．x 軸上の点を T$(t, 0)$ (ただし $a \leq t \leq p$) とする．A を出発して AT 上を速さ V_1 で，TB 上を速さ V_2 で動く点 P がある．直線 $x = t$ と AT, BT とのなす角をそれぞれ α, β とするとき，A から B まで動点 P が最小時間で達するならば
$$\frac{\sin \alpha}{V_1} = \frac{\sin \beta}{V_2}$$
が成り立つことを証明せよ．

《解答》 右図のように C, D を定め，所要時間を $f(t)$ とすると
$$f(t) = \frac{\text{AT}}{V_1} + \frac{\text{BT}}{V_2}$$
$$= \frac{\sqrt{(t-a)^2 + b^2}}{V_1} + \frac{\sqrt{(t-p)^2 + q^2}}{V_2}$$

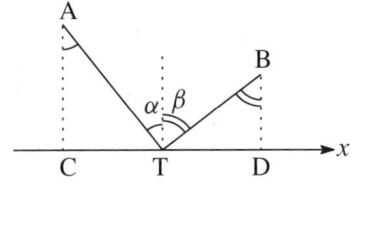

となる．ここで $y = \dfrac{\sqrt{(t-a)^2 + b^2}}{V_1}$ について $y'' > 0$ である〔実際に計算すればよいが，双曲線の上半分を表すことからもわかる〕．$\dfrac{\sqrt{(t-p)^2 + q^2}}{V_2}$ も同様だから，これらの和である $f(t)$ も $f''(t) > 0$ であり $y = f(t)$ は下に凸となるので，$f(t)$ が最小となるのは $f'(t) = 0$ のときで，このとき
$$\frac{t-a}{V_1 \sqrt{(t-a)^2 + b^2}} + \frac{t-p}{V_2 \sqrt{(t-p)^2 + q^2}} = 0$$
$$\therefore \quad \frac{t-a}{V_1 \sqrt{(t-a)^2 + b^2}} = \frac{p-t}{V_2 \sqrt{(t-p)^2 + q^2}}$$
$$\therefore \quad \frac{\text{CT}}{V_1 \cdot \text{AT}} = \frac{\text{DT}}{V_2 \cdot \text{BT}} \quad \therefore \quad \frac{\sin \alpha}{V_1} = \frac{\sin \beta}{V_2} \qquad \square$$

$f''(t) > 0$ から $f'(t)$ が増加関数であることがわかり，$f'(t) = 0$ となる前後で $f'(t)$ の符号は負から正へと変化する，つまり $f(t)$ は減少から増加へと変化するので，このとき最小値をとることがわかります．

3. 実は(ロ)(i)の方針で解答することができます．かなり大変ですが，以下のようになります．

別解 Pでの接線 l の A についての対称点を A′ とする．A′, P, B が一直線上となるならば，このとき C は l に対して A, B の反対側にあるので，AP + BP は最小である．そこで，このような $P\left(t, \dfrac{1}{t}\right)$ $(t > 0)$ を求める．

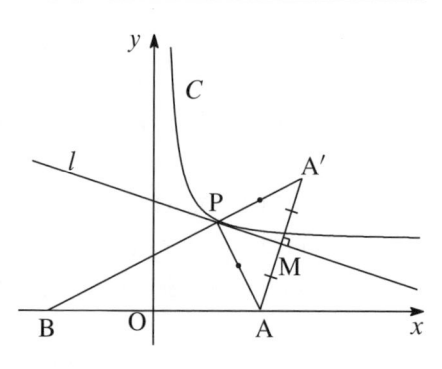

l の方程式は，
$$y = -\frac{1}{t^2}(x-t) + \frac{1}{t} \quad \therefore\ y = -\frac{1}{t^2}x + \frac{2}{t}$$

だから，l に平行なベクトルとして $\vec{u} = (t^2, -1)$ がとれる．AA′ の中点を M とすると，$\overrightarrow{PA}$ の l への正射影が $\overrightarrow{PM}$ だから
$$\overrightarrow{PM} = \frac{\overrightarrow{PA} \cdot \vec{u}}{|\vec{u}|^2}\vec{u}$$

ここで
$$\overrightarrow{PA} = \begin{pmatrix} 1 \\ 0 \end{pmatrix} - \begin{pmatrix} t \\ \dfrac{1}{t} \end{pmatrix} = \begin{pmatrix} 1-t \\ -\dfrac{1}{t} \end{pmatrix}$$
$$\overrightarrow{PA} \cdot \vec{u} = (1-t)t^2 + \frac{1}{t} = -t^3 + t^2 + \frac{1}{t}$$

だから
$$\overrightarrow{PM} = \frac{-t^4 + t^3 + 1}{t(t^4+1)}\begin{pmatrix} t^2 \\ -1 \end{pmatrix}$$

また $\overrightarrow{PM} = \dfrac{1}{2}(\overrightarrow{PA} + \overrightarrow{PA'})$ だから，
$$\overrightarrow{PA'} = 2\overrightarrow{PM} - \overrightarrow{PA}$$
$$= 2 \cdot \frac{-t^4+t^3+1}{t(t^4+1)}\begin{pmatrix} t^2 \\ -1 \end{pmatrix} - \begin{pmatrix} 1-t \\ -\dfrac{1}{t} \end{pmatrix}$$
$$= \frac{1}{t^4+1}\begin{pmatrix} -t^5 + t^4 + 3t - 1 \\ 3t^3 - 2t^2 - \dfrac{1}{t} \end{pmatrix}$$

$\overrightarrow{PA'} \mathbin{/\!/} \overrightarrow{BP} = \begin{pmatrix} t+1 \\ \dfrac{1}{t} \end{pmatrix}$ だから

$$(-t^5 + t^4 + 3t - 1)\frac{1}{t} - \left(3t^3 - 2t^2 - \frac{1}{t}\right)(t+1) = 0$$

$$\therefore \quad 4t^5 - 2t^3 - 4t = 0 \qquad \therefore \quad 2t^4 - t^2 - 2 = 0$$

$$\therefore \quad t^2 = \frac{1 + \sqrt{17}}{4} \qquad \therefore \quad t = \sqrt{\frac{1 + \sqrt{17}}{4}} \ (>0)$$

以上から,求める P の座標は $\left(\dfrac{\sqrt{1+\sqrt{17}}}{2},\ \dfrac{2}{\sqrt{1+\sqrt{17}}}\right)$ □

―― 円錐曲線 ――

30 空間内に原点 O を通り，ベクトル $\vec{d} = (1, 0, \sqrt{3})$ に平行な直線 l がある．原点 O を頂点とする直円錐 C の底面の中心 H は直線 l 上にある．また，点 $A\left(\dfrac{2\sqrt{3}}{3}, \dfrac{4\sqrt{2}}{3}, \dfrac{10}{3}\right)$ は直円錐 C の底面の周上にある．このとき，次の問いに答えよ．

(1) 点 H の座標を求めよ．
(2) $\angle \text{AOH}$ を求めよ．
(3) 点 $P(x, y, \sqrt{3})$ が直円錐 C の側面上にあるとき，x, y の満たす関係式を求めよ．また，その関係式が xy 平面上で表す曲線の概形を描け．

〔大阪府立大〕

アプローチ

(イ) (1)では A から l に垂線を下ろすことになります．

(ロ) △OAH は直角三角形なので，その内角は 2 辺の長さがわかれば求まります．もちろんベクトルの内積から $\cos \angle \text{AOH}$ を求めても OK です．

(ハ) 円錐面とは，空間に鋭角で交わる 2 本の直線 l, m があったときに l のまわりに m を回転させてできる曲面のことで，2 直線の交点を頂点，なす鋭角を半頂角，l を軸，m を母線といいます．回転しても変わらないのは l と m のなす角なので，ここに注目して立式しているのが次の式です．

円錐面のベクトル方程式

軸が $\vec{a}$ に平行で，点 A を頂点とする半頂角 θ の円錐面上の点 P のみたすべき関係式は

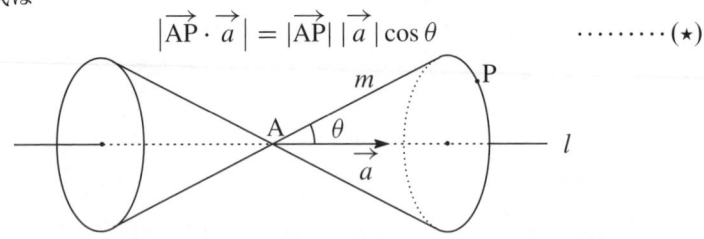

$$|\overrightarrow{AP} \cdot \vec{a}| = |\overrightarrow{AP}||\vec{a}|\cos\theta \quad \cdots\cdots (\star)$$

右半分の円錐だけなら $(\star)$ の左辺の絶対値はつけません．ちなみに左の円錐

面上に P があるときは左辺の内積は負です．さらに (★) の両辺は 0 以上なので，次と同値です．
$$|\overrightarrow{AP} \cdot \vec{a}|^2 = |\overrightarrow{AP}|^2 |\vec{a}|^2 \cos^2 \theta$$
P(x, y, z) とおき，これを x, y, z の式で表したものが円錐面の方程式です．

解答

(1) H は l 上の点だから $\overrightarrow{OH} = k\vec{d}$（$k$ は実数）とおける．また AH⊥l より $\overrightarrow{AH} \cdot \vec{d} = 0$
ここで
$$\overrightarrow{AH} \cdot \vec{d} = \left(\overrightarrow{OH} - \overrightarrow{OA}\right) \cdot \vec{d} = \left(k\vec{d} - \overrightarrow{OA}\right) \cdot \vec{d}$$
$$= k|\vec{d}|^2 - \overrightarrow{OA} \cdot \vec{d}$$
だから
$$k = \frac{\overrightarrow{OA} \cdot \vec{d}}{|\vec{d}|^2} = \frac{\frac{2\sqrt{3}}{3} + \frac{10}{3} \cdot \sqrt{3}}{1 + 3} = \sqrt{3}$$
$$\therefore \quad \overrightarrow{OH} = \sqrt{3}\left(1, 0, \sqrt{3}\right) = (\sqrt{3}, 0, 3)$$

(2) $$OA = \sqrt{\left(\frac{2\sqrt{3}}{3}\right)^2 + \left(\frac{4\sqrt{2}}{3}\right)^2 + \left(\frac{10}{3}\right)^2} = 4$$
$$OH = \sqrt{3 + 9} = 2\sqrt{3}, \quad \angle AHO = \frac{\pi}{2}$$
これらより AH = 2 となり，△OAH は AH : OA : OH = $1 : 2 : \sqrt{3}$ の直角三角形だから
$$\angle AOH = \frac{\pi}{6}$$

(3) $\overrightarrow{OP}$ と $\vec{d}$ のなす角は(2)より $\frac{\pi}{6}$ だから
$$\overrightarrow{OP} \cdot \vec{d} = |\overrightarrow{OP}||\vec{d}| \cos \frac{\pi}{6}$$
ここで
$$\overrightarrow{OP} \cdot \vec{d} = (x, y, \sqrt{3}) \cdot (1, 0, \sqrt{3}) = x + 3$$
$$|\overrightarrow{OP}||\vec{d}| \cos \frac{\pi}{6} = \sqrt{x^2 + y^2 + 3} \cdot 2 \cdot \frac{\sqrt{3}}{2} = \sqrt{3}\sqrt{x^2 + y^2 + 3}$$
だから，
$$x + 3 = \sqrt{3}\sqrt{x^2 + y^2 + 3}$$

これから，$x+3 \geqq 0$ つまり $x \geqq -3$ ………① であり，両辺を平方して
$$(x+3)^2 = 3(x^2+y^2+3) \quad \therefore \quad 2x^2 - 6x + 3y^2 = 0$$
$$\therefore \quad \frac{\left(x-\frac{3}{2}\right)^2}{\left(\frac{3}{2}\right)^2} + \frac{y^2}{\left(\frac{\sqrt{6}}{2}\right)^2} = 1 \quad \cdots\cdots\cdots ②$$

以上から「①かつ②」を図示すると右の通り．このときつねに $x \geqq -3$ は成立するので求める x, y の関係式は

$$\frac{\left(x-\frac{3}{2}\right)^2}{\left(\frac{3}{2}\right)^2} + \frac{y^2}{\left(\frac{\sqrt{6}}{2}\right)^2} = 1$$

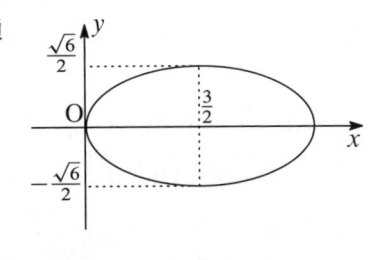

[フォローアップ]

1. ①について，$A = \sqrt{B}$ の両辺を2乗するときは注意が必要です．右辺は必ず0以上の値をとるので，$A \geqq 0$ の条件をつけてから2乗します．すなわち

$$A = \sqrt{B} \iff A^2 = B \text{ かつ } A \geqq 0$$

です．

2. 2次曲線は，下図のように，空間における円錐面をその頂点 O を通らない平面で切った切り口の曲線としてあらわれます．

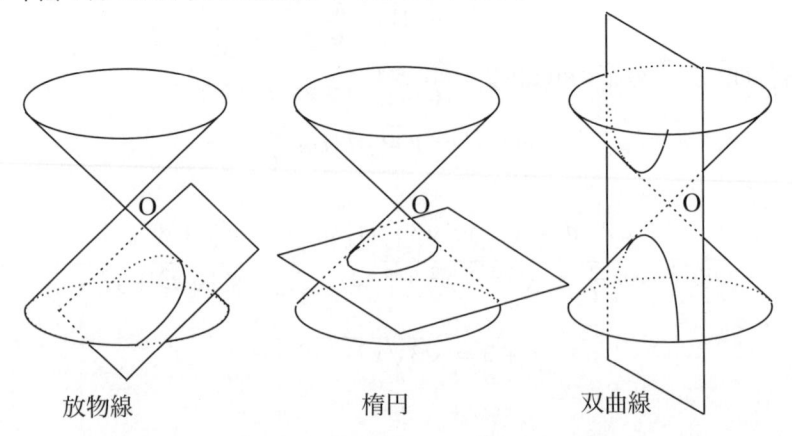

放物線　　　楕円　　　双曲線

本問は楕円になったのでそれ以外の曲線があらわれる例を示します．

> **例** I　A(0, 0, 1)，B(1, 0, 0)，C(1, 0, 1) とする．直線 AC を直線 AB のまわりに回転したときにできる曲面を E，直線 AB を直線 AC のまわりに回転したときにできる曲面を E′ とする．
> (1)　E の xy 平面による切り口はどんな図形か．
> (2)　E′ の xy 平面による切り口はどんな図形か．

《解答》(1)　求める切り口上の点を P(x, y, 0) とすると $\angle$CAB $= \dfrac{\pi}{4}$ だから直線 AB と直線 AP のなす角は $\dfrac{\pi}{4}$ である．よって

$$|\overrightarrow{AB} \cdot \overrightarrow{AP}| = |\overrightarrow{AB}||\overrightarrow{AP}| \cos \frac{\pi}{4}$$

ここに $\overrightarrow{AB} = (1, 0, -1)$，$\overrightarrow{AP} = (x, y, -1)$ を代入すると

$$|x+1| = \frac{1}{\sqrt{2}} \sqrt{1+0+1} \sqrt{x^2+y^2+1}$$

両辺を 2 乗して整理すると

$$x = \frac{1}{2} y^2$$

(2)　切り口上の点を P(x, y, 0) とすると $\angle$CAB $= \dfrac{\pi}{4}$ だから直線 AC と直線 AP のなす角は $\dfrac{\pi}{4}$ である．よって

$$|\overrightarrow{AC} \cdot \overrightarrow{AP}| = |\overrightarrow{AC}||\overrightarrow{AP}| \cos \frac{\pi}{4}$$

ここに $\overrightarrow{AC} = (1, 0, 0)$，$\overrightarrow{AP} = (x, y, -1)$ を代入すると

$$|x| = \frac{1}{\sqrt{2}} \cdot 1 \cdot \sqrt{x^2+y^2+1}$$

両辺を 2 乗して整理すると

$$x^2 - y^2 = 1 \qquad \square$$

次の**例** II は円錐曲線として本問と同様の解答が可能ですが，球と直線が共有点をもつ条件でも求めることができます．この方法でやってみます．

例 II 点光源を A(1, 0, 3) においたとき，球 $C: x^2 + y^2 + (z-1)^2 = 1$ の xy 平面における影はどんな領域になるか．

《方針》 直線 AP が C と共有点をもつような xy 平面上の点 P の全体が影である，ととらえることができます．

《解答》 影に含まれる点を P($X, Y, 0$) とおくと，直線 AP 上の任意の点 Q は
$$\overrightarrow{OQ} = t\overrightarrow{OP} + (1-t)\overrightarrow{OA} = (1+(X-1)t, Yt, 3-3t)$$
と表される．Q が C 上にあるとき，C の方程式に代入して整理すると
$$\{(X-1)^2 + Y^2 + 9\}t^2 + 2(X-7)t + 4 = 0$$
C と AP が共有点をもつ条件は，上式の判別式を D とおくと
$$\frac{D}{4} = (X-7)^2 - 4\{(X-1)^2 + Y^2 + 9\} \geqq 0$$
このような P の全体が求める影であり，上式を整理すると次の楕円の周および内部である．
$$\frac{(x+1)^2}{4} + \frac{y^2}{3} \leqq 1, \ z = 0$$

□

―― 楕円の接線 ――

31 楕円 $\dfrac{x^2}{17} + \dfrac{y^2}{8} = 1$ の外部の点 P(a, b) からひいた2本の接線が直交するような点Pの軌跡を求めよ．

〔東京工業大〕

アプローチ

(イ) 接線は接点からスタートするのが基本ですが，本問では最終的に傾きの積が -1 の議論にもち込むことを考えて，通る点と傾きから接線の方程式を立式します．

(ロ) 拡大縮小しても条件が変わらないなら楕円を円に変換するのも有効的です．例えば，交点の個数，面積，共有点の座標を求めるときに利用します．しかし角度や長さは変換すると変わってしまうので使えません．乱用しないようにしましょう．

例 右の斜線部の面積を求めよ．
ただし曲線は楕円の一部で，楕円の軸は x 軸，y 軸に一致するものとする．

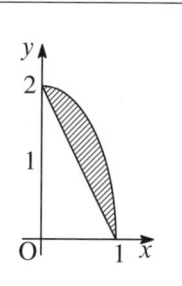

《解答》 右上の図形を原点を中心として y 軸方向に $\dfrac{1}{2}$ 倍したのが右図である．右図の斜線部は半径1の四分円と弦で囲まれた部分で，これを原点を中心として y 軸方向に2倍したのが着目する部分だから，その面積は

$$2\left(\dfrac{1}{4}\pi - \dfrac{1}{2}\right) = \dfrac{1}{2}\pi - 1 \qquad \square$$

ここで，一般に $a > 0$, $b > 0$ として円 $x^2 + y^2 = 1$ を原点を中心として x 軸方向に a 倍，y 軸方向に b 倍に拡大または縮小して得られる曲線が楕円 $\dfrac{x^2}{a^2} + \dfrac{y^2}{b^2} = 1$ であることを思い出しておきましょう $\left(x \to \dfrac{x}{a},\ y \to \dfrac{y}{b}\right.$

とおきかえる）．また，図形を y 軸方向に b 倍すると面積は b 倍になります．同様に x 軸方向に a 倍すると面積は a 倍になりますから，これらを同時に行えば面積は ab 倍になり，上の楕円の面積は単位円の面積の ab 倍で，πab です．

(ハ) 傾きがみたす 2 次方程式が出てきたら，傾きの積は解と係数の関係を用います．この方程式が 2 次方程式になるかどうかで場合分けをする必要があります．

解答

$$C: \frac{x^2}{17} + \frac{y^2}{8} = 1 \qquad \cdots\cdots ①$$

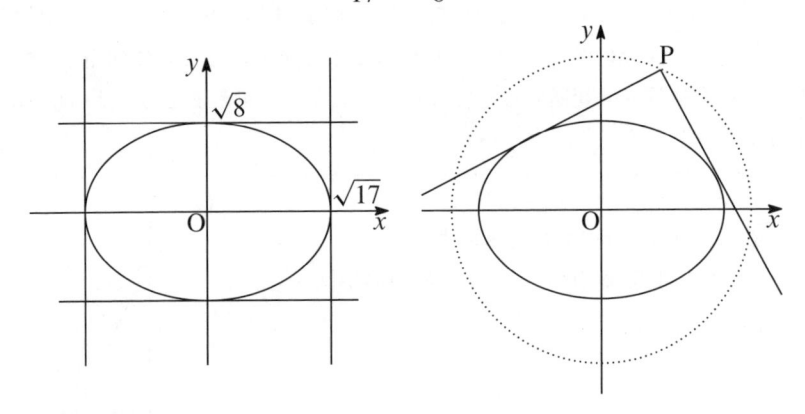

(i) $a = \pm\sqrt{17}$ のとき，$x = a$ は C の接線だから，これに直交する接線は $y = \pm\sqrt{8}$ であり，条件をみたすのは，$(a, b) = (\pm\sqrt{17}, \pm\sqrt{8})$（複号は任意）

(ii) $a \neq \pm\sqrt{17}$ のとき，P(a, b) を通る C の接線は y 軸に平行でないので，

$$y = m(x - a) + b \qquad \cdots\cdots ②$$

とおける．ここで $\dfrac{x}{\sqrt{17}} = X$, $\dfrac{y}{\sqrt{8}} = Y$ とおくと，①は

$$X^2 + Y^2 = 1 \qquad \cdots\cdots ①'$$

となり，$x = \sqrt{17}X$, $y = \sqrt{8}Y$ を②に代入して

$$\sqrt{17}mX - \sqrt{8}Y - ma + b = 0 \qquad \cdots\cdots ②'$$

となる．①, ②が接する条件は，XY 平面において円①′ が直線②′ と接する

条件に等しいので，

(①'の中心から②'までの距離) = (①'の半径)　∴　$\dfrac{|-ma+b|}{\sqrt{17m^2+8}} = 1$

これを 2 乗して整理すると

$$(17-a^2)m^2 + 2abm + 8 - b^2 = 0 \qquad \cdots\cdots\cdots ③$$

m の方程式③が実数解をもち，それらを m_1, m_2 とおくと，これらが直交する接線の傾きであることから $m_1 m_2 = -1$．したがって，解と係数の関係から

$$\dfrac{8-b^2}{17-a^2} = -1 \quad \therefore \quad a^2 + b^2 = 25 \quad (a \neq \pm\sqrt{17})$$

以上(i), (ii)をまとめると，$a^2 + b^2 = 25$ となるので，求める軌跡は

$$\text{円 } x^2 + y^2 = 25$$

──[フォローアップ]────────────────────

1. 「楕円①と直線②が接する」のは「①かつ②をみたす実数の組 (x, y) がただ 1 つある」ときで，それは変数をおきかえても変わらず「①' かつ ②' をみたす実数の組 (X, Y) がただ 1 つある」となり，それは XY 平面での「円 ①' と直線 ②' が接する」ときといいかえられます．

 解答 の場合分けは，方程式③が出てきてから気づいても構いません．x^2 の係数が 0 になるかどうかで場合分けします．$a = \pm\sqrt{17}$ のときは，ちょうど楕円の右端と左端での接線 (y 軸に平行) 上にあるので， 解答 の左図から直交する接線が引ける場所がわかります．

 なお，③の判別式を D とおくと

$$\dfrac{D}{4} = (ab)^2 - (17-a^2)(8-b^2) = 17 \cdot 8 \left(\dfrac{a^2}{17} + \dfrac{b^2}{8} - 1\right)$$

したがって，P が C の外部にあることから $D > 0$ となり，③は異なる 2 実数解をもっています．

2. 愚直に y を消去して重解条件で求めることもできます．この場合，計算の仕方に注目してください．大変そうにみえますが，8×17 は計算せずに残しておくとか，カタマリ $ma - b$ は最後まで残しておくとかの工夫により意外と楽に最後の式までたどり着けます．この作業は (楕円ではなく) 双曲線の場合に必要になるので練習しておきます．

別解 ①と②から，y を消去して
$$8x^2 + 17\{mx - (ma-b)\}^2 = 8 \cdot 17$$
$$\therefore \quad (8+17m^2)x^2 - 2 \cdot 17m(ma-b)x + 17\{(ma-b)^2 - 8\} = 0$$
これが重解をもつので，(判別式)$/4 = 0$ から
$$\{17m(ma-b)\}^2 - (8+17m^2) \cdot 17\{(ma-b)^2 - 8\} = 0$$
$$\therefore \quad -8 \cdot 17\{(ma-b)^2 - 8\} - 17m^2 \cdot 17(-8) = 0$$
$$\therefore \quad -(ma-b)^2 + 8 + 17m^2 = 0$$
$$\therefore \quad (17-a^2)m^2 + 2abm + 8 - b^2 = 0 \quad \cdots\cdots\cdots ③$$

以下同様． □

3. 本問を一般化すると次のようになります．

「楕円 $\dfrac{x^2}{a^2} + \dfrac{y^2}{b^2} = 1$ の直交する2接線の交点の軌跡は
円 $x^2 + y^2 = a^2 + b^2$ である」

楕円上の4点 $(\pm a, \pm b)$ (複号任意) から直交する2接線が引けることが図からわかりますが，この4点を通る円上のすべての点から楕円に直交する2接線が引けるというのです．証明は **解答** と全く同様にできるので各自試みてください．

本問の内容は次のような問題に応用できます．

例 I 楕円 $\dfrac{x^2}{a^2} + \dfrac{y^2}{b^2} = 1$ に4点で外接する長方形を考える．このような長方形の対角線の長さは，長方形の取り方によらず一定であることを証明しなさい．また対角線の長さを a, b を用いて表しなさい．

〔慶應義塾大〕

《方針》 まず 解答 と同様の作業を行い，直交する2接線が引ける点は
円 $x^2 + y^2 = a^2 + b^2$
上にあることを示す．これから楕円に外接する長方形はこの円に内接することがわかる．よって長方形の対角線はつねに直径と一致するので一定で，その長さは $2\sqrt{a^2+b^2}$ である． □

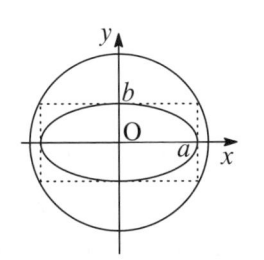

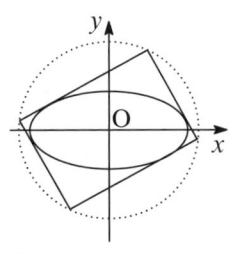

例 II 長軸の長さが 4 で，短軸の長さが 2 の楕円を考える．この楕円が第一象限 (すなわち $\{(x, y) | x \geq 0, y \geq 0\}$) において x 軸，y 軸の両方に接しつつ可能なすべての位置にわたって動くとき，この楕円の中心の描く軌跡を求めよ．

〔慶應義塾大〕

《方針》 この楕円に直交する2接線が引ける点は，楕円の中心を中心とする半径 $\sqrt{2^2 + 1^2} = \sqrt{5}$ の円周上であることを本問と同様に証明する．そこで2接線が座標軸になるように回転させて考える．楕円を両座標軸に接しながら転がしたときに，楕円の中心と原点との距離が一定値 $\sqrt{5}$ であることがわかる．よって，楕円の中心は $x^2 + y^2 = 5$ 上にある．あとは楕円の厚みを考えると $1 \leq x \leq 2, 1 \leq y \leq 2$ の範囲に存在することがわかる．以上より楕円の軌跡は右図の実線部． □

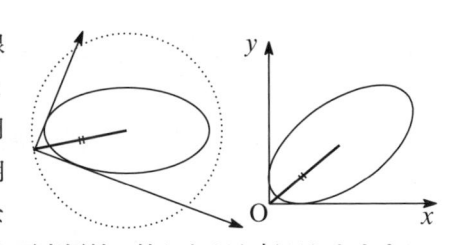

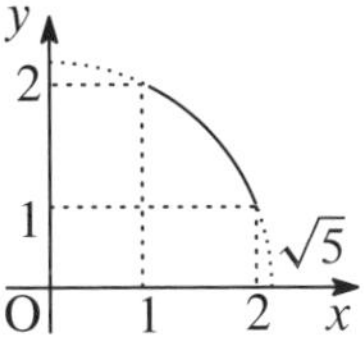

―― 楕円の極線と補助円 ――

32 C を曲線 $a^2x^2+y^2=1$, l を直線 $y=ax+2a$ とする．ただし，a は正の定数である．

(1) C と l とが異なる2点で交わるための a の範囲を求めよ．

(2) C 上の点 (x_0,y_0) における接線の方程式を求めよ．

(3) (1)における交点を P, Q とし，点 P における C の接線と点 Q における C の接線との交点を $R(X,Y)$ とする．a が(1)の範囲を動くとき，X, Y の関係式と Y の範囲を求めよ．

〔広島大〕

アプローチ

(イ) 楕円 $\dfrac{x^2}{a^2}+\dfrac{y^2}{b^2}=1$ 上の点 (p,q) における接線の方程式は

$$\frac{px}{a^2}+\frac{qy}{b^2}=1 \qquad \cdots\cdots(*)$$

となります．

《証明》(i) $p=\pm a$ のとき，$q=0$ となり，この点における接線の方程式は $x=\pm a$ となる．これは $(*)$ に $p=\pm a$, $q=0$ を代入した結果に等しい．

(ii) $p \neq \pm a$ のとき $q \neq 0$ である．$\dfrac{x^2}{a^2}+\dfrac{y^2}{b^2}=1$ の両辺を x で微分すると

$$\frac{2x}{a^2}+\frac{2y}{b^2}\frac{dy}{dx}=0 \quad \therefore\quad \frac{dy}{dx}=-\frac{b^2x}{a^2y}$$

よって，(p,q) における接線の傾きは $-\dfrac{b^2p}{a^2q}$ だから，接線の方程式は

$$y=-\frac{b^2p}{a^2q}(x-p)+q$$

両辺に $\dfrac{q}{b^2}$ をかけて

$$\frac{px}{a^2}+\frac{qy}{b^2}=\frac{p^2}{a^2}+\frac{q^2}{b^2} \quad \therefore\quad \frac{px}{a^2}+\frac{qy}{b^2}=1$$

(i), (ii)あわせて $(*)$ が示された． □

(ロ) 直線 $ax+by=r^2$ を点 (a,b) を極とする円 $x^2+y^2=r^2$ の極線といいます．この点が円周上なら，この点における円の接線の方程式を表しま

す．もし点 (a, b) が円の外部の点ならば何を表すでしょうか．実は点 (a, b) から円に引いた 2 本の接線の接点を通る直線の方程式を表します．この有名事実を知っていて，かつそれを導けるのであれば 別解 が圧倒的に楽です．導き方は 別解 (3)を参照してください (☞ IAIIB 22).

解答

(1) C, l の 2 式から y を消去して整理すると
$$2a^2x^2 + 4a^2x + 4a^2 - 1 = 0 \quad \cdots\cdots\cdots ①$$
これが 2 つの実数解をもつ条件から
$$\frac{1}{4}(判別式) = 4a^4 - 2a^2(4a^2 - 1) > 0 \quad \therefore \quad 2a^2(1 - 2a^2) > 0$$
これと $a > 0$ をあわせて $0 < a < \dfrac{1}{\sqrt{2}}$

(2) 楕円の接線の公式により
$$a^2 x_0 x + y_0 y = 1$$

(3) ① の 2 解を α, β とし P$(\alpha, a\alpha + 2a)$, Q$(\beta, a\beta + 2a)$ とする．
2 接線の方程式は
$$a^2\alpha x + (a\alpha + 2a)y = 1, \quad a^2\beta x + (a\beta + 2a)y = 1$$
である．この 2 式を連立して x, y を求めると
$$x = -\frac{1}{2a^2}, \quad y = \frac{1}{2a}$$
となるので，
$$X = -\frac{1}{2a^2}, \quad Y = \frac{1}{2a}$$
上の 2 式と(1)の結果から a を消去すればよいので $a = \dfrac{1}{2Y}$ を $X = -\dfrac{1}{2a^2}$, $0 < a < \dfrac{1}{\sqrt{2}}$ に代入して
$$X = -\frac{1}{2\left(\dfrac{1}{2Y}\right)^2}, \quad 0 < \frac{1}{2Y} < \frac{1}{\sqrt{2}}$$
$$\therefore \quad X = -2Y^2, \quad Y > \frac{1}{\sqrt{2}}$$

□

別解 (1) 連立方程式
$$(ax)^2 + y^2 = 1, \quad y = ax + 2a$$
が異なる 2 組の実数解 (x, y) をもつ条件を求めればよい．それは $ax = X$ とおくと

$$X^2 + y^2 = 1 \qquad \cdots\cdots\cdots ②$$
$$y = X + 2a \quad \therefore \quad X - y + 2a = 0 \qquad \cdots\cdots\cdots ③$$

が異なる 2 組の実数解 (X, y) をもつ条件である．つまり Xy 平面で円②が直線③と 2 点で交わる条件を求めればよいので，

(②の中心 $(0, 0)$ から直線③までの距離) < (②の半径)

により

$$\therefore \quad \frac{|2a|}{\sqrt{2}} < 1 \quad \therefore \quad |a| < \frac{1}{\sqrt{2}}$$

$a > 0$ だから求める条件は $\mathbf{0 < a < \dfrac{1}{\sqrt{2}}}$

(2)は同じ．

(3) P, Q をそれぞれ $(x_p, y_p), (x_q, y_q)$ とおくと，直線 PR, QR の方程式は $a^2 x_p x + y_p y = 1, \ a^2 x_q x + y_q y = 1$ となる．これらが R(X, Y) を通ることより，

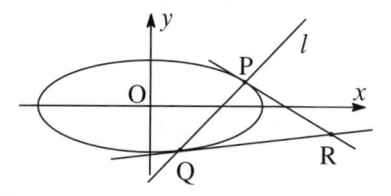

$$\begin{cases} a^2 x_p X + y_p Y = 1 \\ a^2 x_q X + y_q Y = 1 \end{cases} \therefore \begin{cases} a^2 X x_p + Y y_p = 1 \\ a^2 X x_q + Y y_q = 1 \end{cases}$$

この 2 式は 2 点 P, Q が直線

$$a^2 X x + Y y = 1 \qquad \cdots\cdots\cdots ④$$

上にあることを示している．つまり l の式と④は同じ直線を表す．l の式を $-\dfrac{1}{2}x + \dfrac{1}{2a}y = 1$ と変形して式④と係数比較を行うと

$$a^2 X = -\frac{1}{2}, \ Y = \frac{1}{2a} \quad \therefore \quad X = -\frac{1}{2a^2}, \ Y = \frac{1}{2a}$$

(以下同じ) □

フォローアップ

1. a の不等式の逆数をとって Y の範囲を求めた人も多かったと思います．しかし不等式の逆数をとるときは注意が必要です．例えば単純に $x > 2$ は

$\dfrac{1}{x} < \dfrac{1}{2}$ ではありません．安全策は $y = \dfrac{1}{x}$ のグラフを考えることです．

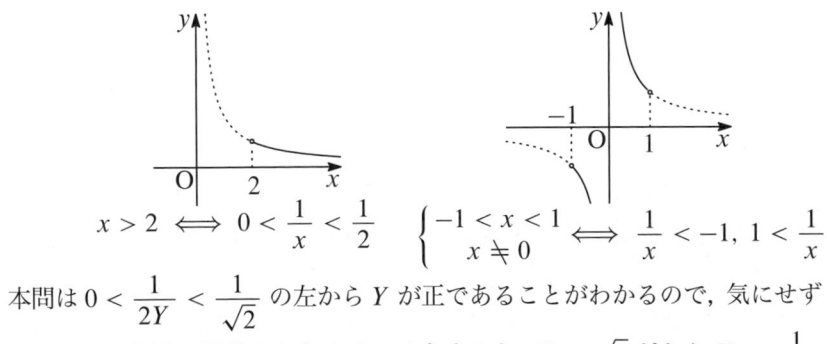

$x > 2 \iff 0 < \dfrac{1}{x} < \dfrac{1}{2}$ $\begin{cases} -1 < x < 1 \\ x \neq 0 \end{cases} \iff \dfrac{1}{x} < -1,\ 1 < \dfrac{1}{x}$

本問は $0 < \dfrac{1}{2Y} < \dfrac{1}{\sqrt{2}}$ の左から Y が正であることがわかるので，気にせず右半分の不等式の逆数をとります．そうすると $2Y > \sqrt{2}$ だから $Y > \dfrac{1}{\sqrt{2}}$ となります．

2. **別解** (3)の前半の議論と同様にすれば(ロ)：極線の性質が示せます．楕円・円・双曲線に関して点 (a, b) から曲線に 2 本の接線を引いたときの 2 接点を通る直線の方程式は，接線の公式と同じ形になります．導き方とこの有名事実は覚えておきましょう．実際，**解答** の解法で計算を実行するとかなりの計算をしなくてはなりませんが，**別解** の解法ではほとんど計算らしい計算は必要ありません．

―― 楕円 ――

33 楕円 $\dfrac{x^2}{a^2} + \dfrac{y^2}{b^2} = 1$ $(a > b > 0)$ 上に点 P をとる．ただし，P は第 2 象限にあるとする．点 P における楕円の接線を l とし，原点 O を通り l に平行な直線を m とする．直線 m と楕円との交点のうち，第 1 象限にあるものを A とする．点 P を通り m に垂直な直線が m と交わる点を B とする．また，この楕円の焦点で x 座標が正であるものを F とする．点 F と点 P を結ぶ直線が m と交わる点を C とする．次の問いに答えよ．

(1) $OA \cdot PB = ab$ であることを示せ．
(2) $PC = a$ であることを示せ．

〔大阪大〕

アプローチ

(イ) 楕円周上の点を設定するときは，ふつうはパラメータ表示を利用します．いまの場合は $P(a\cos\theta, b\sin\theta)$ とおけます．三角関数を導入しておけば，三角関数の公式（和積・合成・倍角半角など）が使えて何かと便利です．本問は第 2 象限に点をとるので $\cos\theta < 0, \sin\theta > 0$ であることに注意してください．また，楕円の接線については **32** (イ)．

(ロ) 2 次曲線の離心率 (定点からの距離と定直線までの距離の比が一定) による定義があります．これは詳しく覚えておく必要はありませんが，焦点から曲線上の点までの距離はきれいな式で求まることを知っておいてください．つまり 2 点間の距離公式を利用しても最後に $\sqrt{}$ がはずれるのです．

(ハ) (2)は計算でやれば必ずできるでしょうが，かなりめんどうな事になりそうです．そこで PF の長さが簡単に求まることはわかっているので，PC, CF の長さの比を求めようと考えます．

解答

$$\dfrac{x^2}{a^2} + \dfrac{y^2}{b^2} = 1 \qquad \cdots\cdots \text{①}$$

(1) $P(a\cos\theta, b\sin\theta)$ $\left(\dfrac{\pi}{2} < \theta < \pi\right)$ とおくと，$l : \dfrac{\cos\theta}{a}x + \dfrac{\sin\theta}{b}y = 1$ だから，

$$m : \frac{\cos\theta}{a}x + \frac{\sin\theta}{b}y = 0 \qquad \cdots\cdots\cdots ②$$

①, ②の交点 A の座標を求める．②から $y = -\dfrac{b\cos\theta}{a\sin\theta}x$．これを①へ代入して，

$$\frac{x^2}{a^2} + \frac{\cos^2\theta}{a^2\sin^2\theta}x^2 = 1 \qquad \therefore\ x^2 = \frac{a^2}{1 + \dfrac{\cos^2\theta}{\sin^2\theta}} = a^2\sin^2\theta$$

A は第1象限にあるので $x > 0$ だから，$x = a\sin\theta$

$$y = -\frac{b\cos\theta}{a\sin\theta}\cdot a\sin\theta = -b\cos\theta \qquad \therefore\ \mathrm{A}(a\sin\theta,\ -b\cos\theta)$$

$$\therefore\ \mathrm{OA} = \sqrt{a^2\sin^2\theta + b^2\cos^2\theta}$$

また，PB は点 P と直線 m との距離だから，

$$\mathrm{PB} = \frac{\left|\dfrac{\cos\theta}{a}\cdot a\cos\theta + \dfrac{\sin\theta}{b}\cdot b\sin\theta\right|}{\sqrt{\dfrac{\cos^2\theta}{a^2} + \dfrac{\sin^2\theta}{b^2}}} = \frac{ab}{\sqrt{a^2\sin^2\theta + b^2\cos^2\theta}}$$

$$\therefore\ \mathrm{OA}\cdot\mathrm{PB} = ab \qquad \square$$

(2) $c = \sqrt{a^2 - b^2}$ とおくと $\mathrm{F}(c,\ 0)$ だから，

$$\begin{aligned}
\mathrm{PF}^2 &= (a\cos\theta - c)^2 + (b\sin\theta)^2 \\
&= a^2\cos^2\theta - 2ac\cos\theta + c^2 + b^2\sin^2\theta \\
&= a^2\cos^2\theta - 2ac\cos\theta + (a^2 - b^2) + b^2(1 - \cos^2\theta) \\
&= (a^2 - b^2)\cos^2\theta - 2ac\cos\theta + a^2 \\
&= c^2\cos^2\theta - 2ac\cos\theta + a^2 = (c\cos\theta - a)^2
\end{aligned}$$

$$\therefore\ \mathrm{PF} = |c\cos\theta - a| = a - c\cos\theta \qquad (\because\ \cos\theta < 0)$$

また，l と x 軸との交点を D とすると $\mathrm{D}\left(\dfrac{a}{\cos\theta},\ 0\right)$．$l \parallel m$ により，

$$\mathrm{PC} : \mathrm{CF} = \mathrm{DO} : \mathrm{OF} = -\frac{a}{\cos\theta} : c = a : -c\cos\theta$$

だから，

$$\mathrm{PC} = \frac{\mathrm{PC}}{\mathrm{PC} + \mathrm{CF}}\cdot\mathrm{PF} = \frac{a}{a - c\cos\theta}\cdot(a - c\cos\theta) = a \qquad \square$$

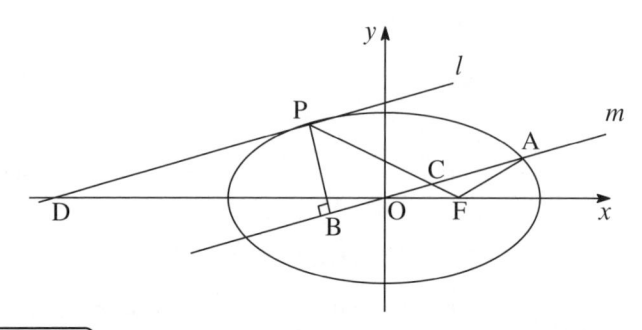

フォローアップ

1. (1)では面積に着目して，OA·PB = 2△OAP と考えると，三角形の面積の公式が使え，すこし計算が楽になります (☞ **9** (イ)).

別解 I 〔A の座標を求めるところまで同じ〕
$$2\triangle\text{OAP} = |a\sin\theta \cdot b\sin\theta - (-b\cos\theta)\cdot a\cos\theta|$$
$$= ab|\sin^2\theta + \cos^2\theta|$$
$$= ab$$

一方これが OA·PB に等しいので OA·PB = ab □

2. (1)では結局 △OAP の面積を求めたことになります．これを利用するなら △OAF の面積も求め，そこから PC と CF の比を求めることができます．そのとき面積比と OA を底辺とする高さの比が等しいこと，さらにその高さの比が PC と CF の比に等しいことを利用します．

別解 II 〔**解答** と同様に c を定めると〕F(c, 0) だから
$$\triangle\text{OAF} = \frac{1}{2}\cdot\text{OF}\cdot(\text{A の }y\text{ 座標}) = -\frac{1}{2}bc\cos\theta$$

よって，
$$\text{PC} : \text{CF} = \triangle\text{OAP} : \triangle\text{OAF} = ab : (-bc\cos\theta)$$

したがって
$$\text{PC} = \text{PF}\cdot\frac{ab}{ab+(-bc\cos\theta)} = (a-c\cos\theta)\cdot\frac{a}{a-c\cos\theta} = a \quad \square$$

3. 定点 F と F を通らない定直線 l が与えられたとき，その平面上の点 P から l に下ろした垂線の足を H とします．このとき $\dfrac{\text{PF}}{\text{PH}}$ が一定値 e である点 P の軌跡は 2 次曲線になります (この e を自然対数の底と混同しないように)．この e を離心率 (eccentricity)，F を焦点 (focus)，l を準線 (directrix) と

いいます．P の軌跡は，

　　$0 < e < 1$ のとき楕円

　　$e = 1$ のとき放物線

　　$1 < e$ のとき双曲線

になることが (座標をおいてすこし計算すると) わかります (☞ 34). さて，ここで重要なのはこの事実を覚えることではなくて，PF すなわち焦点から曲線上の点までの距離を計算すると，PH すなわち x または y の差の定数倍になるということです (l は y 軸または x 軸と平行として). 例えば双曲線 $\dfrac{x^2}{a^2} - \dfrac{y^2}{b^2} = 1$ 上の点 $P(x, y)$ と焦点 $F(\sqrt{a^2 + b^2}, 0)$ との距離を計算してみると

$$\begin{aligned}
PF &= \sqrt{(x - \sqrt{a^2 + b^2})^2 + y^2} \\
&= \sqrt{x^2 - 2\sqrt{a^2 + b^2}\,x + a^2 + b^2 + \dfrac{b^2 x^2}{a^2} - b^2} \\
&\qquad \left(\because\ \dfrac{x^2}{a^2} - \dfrac{y^2}{b^2} = 1\ \text{により}\ y^2 = \dfrac{b^2 x^2}{a^2} - b^2 \right) \\
&= \sqrt{\dfrac{a^2 + b^2}{a^2} x^2 - 2\sqrt{a^2 + b^2}\,x + a^2} \\
&= \sqrt{\left(\dfrac{\sqrt{a^2 + b^2}}{a} x - a\right)^2} \\
&= \left| \dfrac{\sqrt{a^2 + b^2}}{a} x - a \right| = \dfrac{\sqrt{a^2 + b^2}}{a} \left| x - \dfrac{a^2}{\sqrt{a^2 + b^2}} \right|
\end{aligned}$$

となります．この結果，離心率が $\dfrac{\sqrt{a^2 + b^2}}{a}$ であることがわかり，準線が $x = \dfrac{a^2}{\sqrt{a^2 + b^2}}$ であることもわかりますが，そんなことよりも，上のような大変な計算がいつかはきれいになるということが大切です．

4．(2)は次のような面積に着目した方法があります．

別解 III　A, O から直線 PF に下した垂線の長さをそれぞれ d_1, d_2 とすると，

$$2 \triangle OAP = PC(d_1 + d_2)$$

また，PF の方程式は

$$y = \dfrac{-b \sin \theta}{c - a \cos \theta}(x - c) \qquad \therefore\ (b \sin \theta) x + (c - a \cos \theta) y = cb \sin \theta$$

ここで〔解答と同様に計算して〕
$$(b\sin\theta)^2 + (c-a\cos\theta)^2 = \cdots\cdots = (a-c\cos\theta)^2$$
だから，O, A と直線 PF との距離から
$$d_2 = \frac{|cb\sin\theta|}{|a-c\cos\theta|} = \frac{cb\sin\theta}{a-c\cos\theta}$$
$$d_1 = \frac{|ab\sin^2\theta - (c-a\cos\theta)b\cos\theta - cb\sin\theta|}{|a-c\cos\theta|}$$
$$= \frac{ab - cb\cos\theta - cb\sin\theta}{a-c\cos\theta}$$

ここで，A は直線 PR の上側の半平面 $(b\sin\theta)x + (c-a\cos\theta)y > cb\sin\theta$ にあることを用いた．

$$\therefore \quad d_1 + d_2 = \frac{b(a-c\cos\theta)}{a-c\cos\theta} = b \quad \therefore \quad \text{PC} = a \qquad \square$$

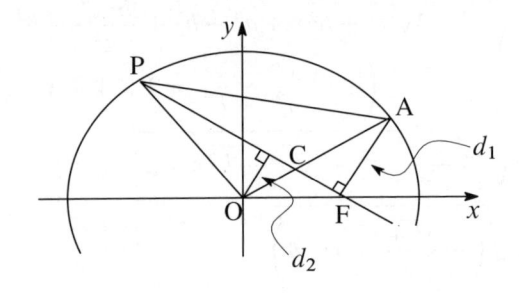

―― 双曲線の性質 ――

34 O を原点とする座標平面上で，次の問に答えよ．

(1) 動点 $P(x, y)$ と点 $F(0, \sqrt{5})$ との距離が，P と直線 $y = \dfrac{4}{\sqrt{5}}$ との距離の $\dfrac{\sqrt{5}}{2}$ 倍に等しいとき，P の軌跡は双曲線になることを示し，その漸近線を求めよ．

(2) (1)の双曲線上の任意の点における接線が，漸近線と交わる点を Q，R とする．このとき △OQR の面積は一定であることを示せ．

〔熊本県立大〕

アプローチ

(イ) (1)の内容は離心率をテーマにしています（☞ **33** フォローアップ 3.）．

(ロ) 双曲線 $\dfrac{x^2}{a^2} - \dfrac{y^2}{b^2} = \pm 1$ つまり $\left(\dfrac{x}{a} + \dfrac{y}{b}\right)\cdot\left(\dfrac{x}{a} - \dfrac{y}{b}\right) = \pm 1$ の漸近線は

$$\left(\dfrac{x}{a} + \dfrac{y}{b}\right)\left(\dfrac{x}{a} - \dfrac{y}{b}\right) = 0 \cdots\cdots ⓐ \qquad \therefore \quad \dfrac{x}{a} = \pm \dfrac{y}{b} \cdots\cdots ⓑ$$

です．ここでⓐから双曲線の方程式を因数分解したときの 1 つの因数 = 0 が漸近線であるということ，ⓑが比例式であるということに注意してください．比例式は比の値を k とでもおくと，分子 (または分母) の文字がすべて k で表せます．

(ハ) 楕円の媒介変数表示は **33** (イ)を参照してください．双曲線の媒介変数表示はあることはあります．例えば $\dfrac{x^2}{a^2} - \dfrac{y^2}{b^2} = 1$ なら

$$1 + \left(\dfrac{y}{b}\right)^2 = \left(\dfrac{x}{a}\right)^2 \text{ と変形し } 1 + \tan^2\theta = \dfrac{1}{\cos^2\theta}$$

を利用すると

$$\begin{cases} \dfrac{y}{b} = \tan\theta \\ \dfrac{x}{a} = \dfrac{1}{\cos\theta} \end{cases} \quad \therefore \quad \begin{cases} x = \dfrac{a}{\cos\theta} \\ y = b\tan\theta \end{cases} \quad \left(-\dfrac{\pi}{2} < \theta < \dfrac{\pi}{2}\right)$$

とできます．しかしかく手間が増えるだけで楕円ほどありがたみを感じません (この置換を定積分の計算で利用することなどはありますが)．とりあえず (ap, bq) とおいて $p^2 - q^2 = 1$ を利用して計算をしていきます．つまり p, q を三角関数と見立ててその関係式だけを準備しておきます．「ここは三

角関数の登場を願いたい」と思ったときに，$p = \dfrac{1}{\cos\theta}$, $q = \tan\theta$ を導入しましょう．

(二) 三角形の面積公式は**9**(イ)を参照．

解答

(1) 条件より
$$\dfrac{\sqrt{5}}{2}\mathrm{PH} = \mathrm{PF} \quad \cdots\cdots (*)$$
$$\therefore\ \dfrac{\sqrt{5}}{2}\left|y - \dfrac{4}{\sqrt{5}}\right| = \sqrt{x^2 + (y - \sqrt{5})^2}$$

両辺を平方して
$$\dfrac{5}{4}\left(y - \dfrac{4}{\sqrt{5}}\right)^2 = x^2 + (y - \sqrt{5})^2$$
$$\therefore\ x^2 - \dfrac{y^2}{4} = -1$$

よって，点 P の軌跡は双曲線になる． □

さらにその漸近線は
$$x \pm \dfrac{y}{2} = 0 \quad \therefore\ y = \pm 2x$$

(2) 双曲線上の任意の点を $\mathrm{P}(p, 2q)$ とおく．ここで
$$p^2 - q^2 = -1 \quad \cdots\cdots ①$$
P における接線の方程式は
$$px - \dfrac{q}{2}y = -1 \quad \cdots\cdots ②$$
となる．この直線と漸近線
$$x = \dfrac{y}{2} \cdots\cdots ③, \quad x = -\dfrac{y}{2} \cdots\cdots ④$$
との交点をそれぞれ Q, R とすると，③ $= t$, ④ $= s$ とおくことにより
$$\mathrm{Q}(t, 2t), \quad \mathrm{R}(s, -2s)$$
とおける．これらは②上より
$$\begin{cases} pt - qt = -1 \\ ps + qs = -1 \end{cases} \quad \therefore\ \begin{cases} t = \dfrac{-1}{p-q} \\ s = \dfrac{-1}{p+q} \end{cases} \quad \cdots\cdots ⑤$$

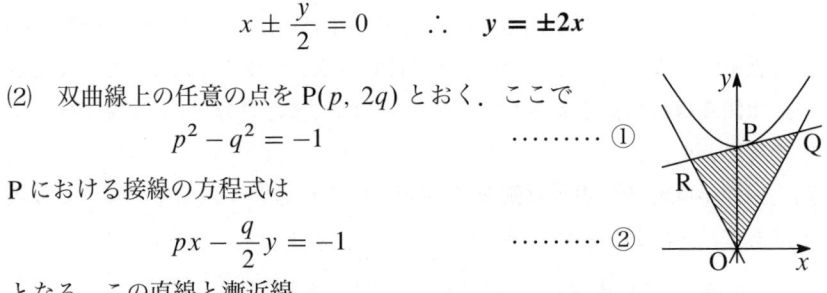

よって，

$$\triangle \text{OQR} = \frac{1}{2}|2t \cdot s - t \cdot (-2s)| = 2|st|$$
$$= 2\left|\frac{1}{p^2 - q^2}\right| \qquad (\text{⑤より})$$
$$= 2 \qquad (\text{①より})$$

したがって，$\triangle \text{OQR}$ の面積は一定である． □

フォローアップ

1. F は双曲線の焦点の 1 つになります．この点を極として極方程式を立式する必要があれば，$(*)$ からスタートします．$\text{PF} = |r|$ です．極方程式の場合 $r < 0$ も考えることが多いので PF の式には絶対値をつけます．さらに，P の y 座標は $r\sin\theta + \sqrt{5}$ です．原点が極の場合は $x = r\cos\theta$, $y = r\sin\theta$ ですが，極が原点と異なるときはこの座標に極のずれをつける必要があります．

$$\text{PH} = \left|y - \frac{4}{\sqrt{5}}\right| = \left|r\sin\theta + \sqrt{5} - \frac{4}{\sqrt{5}}\right| \text{ となるので，}(*) \text{ から}$$

$$\frac{\sqrt{5}}{2}\left|r\sin\theta + \frac{\sqrt{5}}{5}\right| = |r| \quad \therefore \quad \frac{\sqrt{5}}{2}r\sin\theta + \frac{1}{2} = \pm r$$

$$\therefore \quad r = \frac{1}{-\sqrt{5}\sin\theta \pm 2}$$

極方程式が 2 つ出てきましたが，詳しい話は ㉟ (ロ)を参照してください．

2. (2)では双曲線の式が $\dfrac{x^2}{a^2} - \dfrac{y^2}{b^2} = -1$ という形でも楽に計算できる解法をとりました．こういうときは，P, Q, R の座標設定の仕方が計算量を減らすポイントとなります．

3. 双曲線の有名な性質を証明してみましょう．

例 $a>0$, $b>0$ とする．

双曲線 $C: \dfrac{x^2}{a^2} - \dfrac{y^2}{b^2} = 1$ 上の点 P における接線と C の漸近線との交点を Q, R とする．さらに P を通り C の漸近線と平行な直線と漸近線との交点を S, T とする．（右図参照）

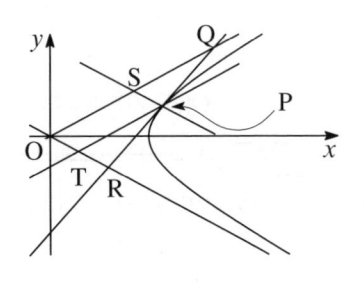

(1) QR の中点が P であることを示せ．
(2) $\mathrm{OQ} \cdot \mathrm{OR}$ は一定であることを示せ．
(3) 平行四辺形 OSPT の面積は一定であることを示せ．

《解答》 $\mathrm{P}(ap, bq)$（ただし $p^2 - q^2 = 1$ ……㋑）とおくと，P における接線の方程式は
$$\frac{p}{a}x - \frac{q}{b}y = 1 \qquad \cdots\cdots\cdots ㋺$$
となる．また漸近線は
$$\frac{x}{a} = \frac{y}{b} \cdots\cdots ㋩, \quad \frac{x}{a} = -\frac{y}{b} \cdots\cdots ㋥$$
となる．Q, S が㋩上，T, R が㋥上であるとすると
$$\mathrm{Q}(at, bt), \ \mathrm{R}(as, -bs), \ \mathrm{S}(at', bt'), \ \mathrm{T}(as', -bs')$$
とおける．Q, R は㋺上より代入して整理すると
$$t = \frac{1}{p-q}, \ s = \frac{1}{p+q} \qquad \cdots\cdots\cdots ㋭$$

(1) Q, R の中点の x 座標は
$$\frac{at+as}{2} = \frac{a}{2}(s+t) = \frac{a}{2}\left(\frac{1}{p-q} + \frac{1}{p+q}\right) \qquad (㋭ より)$$
$$= \frac{ap}{p^2-q^2} = ap \qquad (㋑ より)$$
$$= (\mathrm{P} \ \text{の} \ x \ \text{座標})$$

P, Q, R は同一直線上にあるので，これより QR の中点は P であることが示された． □

(2)　　$OQ \cdot OR = \sqrt{(at)^2 + (bt)^2}\sqrt{(as)^2 + (-bs)^2} = (a^2 + b^2)|st|$

$\qquad\qquad\quad = (a^2 + b^2)\left|\dfrac{1}{p^2 - q^2}\right|$ 　　　　　　　(㋭より)

$\qquad\qquad\quad = a^2 + b^2$ 　　　　　　　　　　　　(㋑より)

$\qquad\qquad\quad = (一定)$ 　　　　　　　　　　　　　　□

(3)　$\overrightarrow{OS} + \overrightarrow{OT} = \overrightarrow{OP}$ により

　　$\bigl(a(t' + s'),\ b(t' - s')\bigr) = (ap,\ bq)$ 　　　∴　$t' + s' = p,\ t' - s' = q$

これらを㋑に代入して

$\qquad\qquad (t' + s')^2 - (t' - s')^2 = 1$ 　　　∴　$s't' = \dfrac{1}{4}$

これより

$\qquad\qquad (平行四辺形\ OSPT) = 2 \times \triangle OST$

$\qquad\qquad\qquad\qquad\qquad = |as' \cdot bt' - at' \cdot (-bs')| = 2ab\,|s't'|$

$\qquad\qquad\qquad\qquad\qquad = \dfrac{ab}{2} = (一定)$ 　　　　　□

　(1)と PS // OR，PT // OQ より OQ の中点が S であり，OR の中点が T であることがわかります．さらに，これらから

$\qquad\qquad \triangle OPT = \triangle OPS = \triangle PSQ = \triangle PTR$

であることもわかりました．

---- 極方程式 ----

35 $0 < a < 1$ であるような定数 a に対して，次の方程式で表される曲線 C を考える．
$$C : a^2(x^2 + y^2) = (x^2 + y^2 - x)^2$$

(1) C の極方程式を求めよ．

(2) C と x 軸および y 軸との交点の座標を求め，C の概形を描け．

(3) $a = \dfrac{1}{\sqrt{3}}$ とする．C 上の点の x 座標の最大値と最小値および y 座標の最大値と最小値をそれぞれ求めよ．

〔東北大〕

アプローチ

(イ) x, y による曲線の方程式を極方程式に変えるときは
$$x = r\cos\theta, \ y = r\sin\theta, \ x^2 + y^2 = r^2$$
を代入します．このとき何の指定もなければ通常は原点が極で x 軸の正の部分が始線と考えます．もし極が xy 座標で (a, b) ならそのずれを加えて $x = r\cos\theta + a, \ y = r\sin\theta + b$ を代入します．2次曲線の場合は焦点を極にとることが多いようです (☞ **34** フォローアップ 1.)．

(ロ) 極方程式においては，r が負になることもあります．$r > 0$ として極座標 $(-r, \theta)$ の表す点は，偏角 θ 方向の逆向きに $|-r| = r$ だけ進んだ点とするのです．ということは，一般に，$r < 0$ のとき (r, θ) は $(-r, \theta + \pi)$ と同じ点を表すものと規約します．ということは極方程式においても $r = f(\theta)$ と $-r = f(\theta + \pi)$ は同じ図形を表すことになります．

このように規約するので，例えば，α を定数として極方程式 $\theta = \alpha$ は，偏角 α の半直線と偏角 $\alpha + \pi$ の半直線をあわせた図形となり，xy 座標では直線 $x\sin\alpha - y\cos\alpha = 0$ です．また，これは r を (なんの条件もないから) 任意の実数として，「$x = r\cos\alpha, \ y = r\sin\alpha$」で定義されたと同じとも考えられます (☞ フォローアップ 2.)．

(ハ) 極方程式 $r=f(\theta)$ で定義された関数のグラフを描くときは次のいずれかです．
(i) $x=r\cos\theta$, $y=r\sin\theta$, $x^2+y^2=r^2$ を利用して xy 平面の図形の方程式に変える．
(ii) $x=f(\theta)\cos\theta$, $y=f(\theta)\sin\theta$ として媒介変数表示された曲線ととらえ，$\dfrac{dx}{d\theta}$, $\dfrac{dy}{d\theta}$ の符号を調べて増減表をかいてグラフを描く (☞ 15 (イ))．
(iii) $r=f(\theta)$ から r, θ の関係を (グラフを描くなどして) つかむ．それを参考にして xy 平面にいくつか点を打っていって全体のグラフの概形を描く (扇をひらく感じ)．

本問の曲線は x, y の複雑な 4 次式で定義されているので，そのままでは扱いにくいので，極座標で考えるように誘導されています．もちろん(i)の解法でないことはわかります．(3)ではじめて x 座標，y 座標の最大最小を聞いているので，(ii)のような本格的なことは要求していないこともわかります．ということで方針は(iii)ということになります．

(ニ) 有名な曲線で極方程式から曲線の概形を描く練習をしましょう．

> **例** 次の極方程式で表される曲線の概形をかけ．
> (1) $r=1+\cos\theta$ (2) $r=\sin 2\theta$

《解答》 下の左図は θr 平面の $r=f(\theta)$ のグラフで，右図は対応する極方程式の xy 平面の曲線．ただし原点が極，x 軸の正の部分を始線とする．

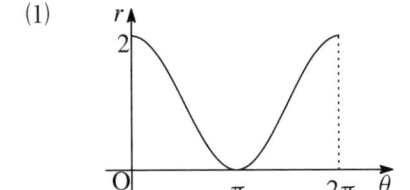

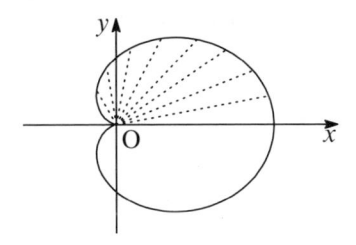

(1)

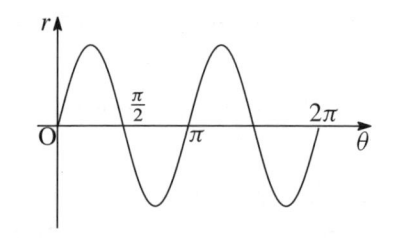

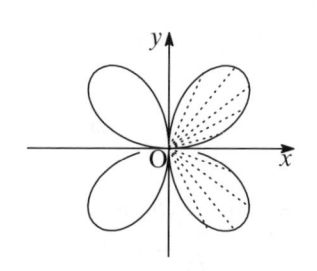

(2)

　(1)は最初長さ2の動径が0からπまでまわりながらだんだん短くなって最後は0になるまで動かしたときの，動径の先端の軌跡，さらに最初長さ0の動径がπから2πまでまわりながらだんだん長くなって最後は2になるまで動かしたときの，動径の先端の軌跡と考えてください．

　(2)も同じような動径の先端の軌跡です．0から$\frac{\pi}{4}$までは0から長くなって1になり，$\frac{\pi}{4}$から$\frac{\pi}{2}$までは1から短くなって0になります．ここからは$r<0$だから偏角とは反対向きに伸びたり縮んだりします．つまりθが$\frac{\pi}{2}$から$\frac{3}{4}\pi$までまわると，動径は$\frac{3}{2}\pi$から$\frac{7}{4}\pi$までまわり長さは0から1まで長くなります．さらにθが$\frac{3}{4}\pi$からπまでまわると，径は$\frac{7}{4}\pi$から2πまでまわり長さは1から0まで短くなります．これをくり返すと第1象限を反時計まわり，第4象限を反時計まわり，第3象限を反時計まわり，第2象限を反時計まわりにまわる軌跡になります．

解答

(1) $x = r\cos\theta, y = r\sin\theta, x^2 + y^2 = r^2$ を C の方程式に代入すると
$$a^2 r^2 = (r^2 - r\cos\theta)^2 \iff r^2(r^2 - 2r\cos\theta + \cos^2\theta - a^2) = 0$$
$$\iff r^2(r - (\cos\theta - a))(r - (\cos\theta + a)) = 0$$
∴ $r = 0 \cdots$①, $r = \cos\theta - a \cdots$②, $r = \cos\theta + a \cdots$③

$0 < a < 1$ だから③において $r = 0$ となる θ が存在するので，①は③に含まれる．さらに②において r を $-r$，θ を $\theta + \pi$ とすると
$$-r = \cos(\theta + \pi) - a \quad \therefore \quad -r = -\cos\theta - a$$
これは③に一致するので，②と③の表す極方程式は同じである．以上より求める極方程式は
$$r = \cos\theta + a$$

(2) もとの C の方程式において $x = 0$ および $y = 0$ として座標軸との交点

を求めると

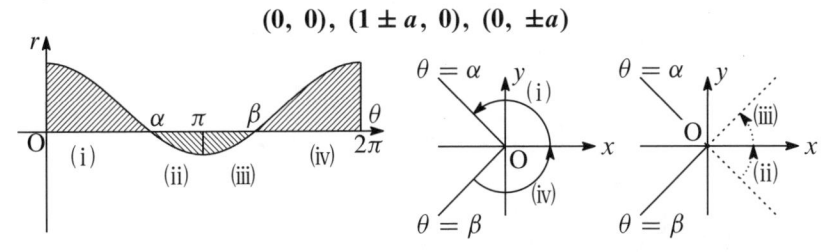

$$(0, 0),\ (1 \pm a, 0),\ (0, \pm a)$$

r と θ の関係は上のグラフの通り．これから(i)(iv)の区間では $r > 0$ だから偏角の方向に C が存在し，(ii)(iii)の区間では $r < 0$ だから偏角とは逆の方向に C が存在する．さらに(i)の区間では r は減少し，(ii) の区間では r の絶対値は増加し，(iii) の区間では r の絶対値は減少し，(iv)の区間では r は増加する．このことから C の概形は右図のようになる．

(3) $r = \cos\theta + \dfrac{1}{\sqrt{3}}$ だから，

$$x = r\cos\theta = \left(\cos\theta + \frac{1}{\sqrt{3}}\right)\cos\theta = \left(\cos\theta + \frac{1}{2\sqrt{3}}\right)^2 - \frac{1}{12}$$

上式の $-1 \leqq \cos\theta \leqq 1$ における，最大値は $\mathbf{1 + \dfrac{1}{\sqrt{3}}}$，最小値は $-\dfrac{1}{12}$ である．

また，

$$y = r\sin\theta = \left(\cos\theta + \frac{1}{\sqrt{3}}\right)\sin\theta$$

グラフの対称性から，y の増減を $0 \leqq \theta \leqq \pi$ で考える．

$$\begin{aligned}\frac{dy}{d\theta} &= -\sin^2\theta + \left(\cos\theta + \frac{1}{\sqrt{3}}\right)\cos\theta \\ &= -(1 - \cos^2\theta) + \cos^2\theta + \frac{1}{\sqrt{3}}\cos\theta \\ &= \frac{1}{\sqrt{3}}(2\cos\theta + \sqrt{3})(\sqrt{3}\cos\theta - 1)\end{aligned}$$

ここで $\cos\alpha = \dfrac{1}{\sqrt{3}}$ $\left(0 < \alpha < \dfrac{\pi}{2}\right)$ とすると次表を得る．

θ	0		α		$\dfrac{5}{6}\pi$		π
$\dfrac{dy}{d\theta}$		+	0	−	0	+	
y	0	↗	Y	↘		↗	0

$\sin\alpha = \sqrt{1-\left(\dfrac{1}{\sqrt{3}}\right)^2} = \sqrt{\dfrac{2}{3}}$ だから

$$Y = \left(\cos\alpha + \dfrac{1}{\sqrt{3}}\right)\sin\alpha = \dfrac{2}{\sqrt{3}}\cdot\sqrt{\dfrac{2}{3}} = \dfrac{2\sqrt{2}}{3}$$

$\theta = \dfrac{5}{6}\pi$ のとき

$$y = \left(\cos\dfrac{5}{6}\pi + \dfrac{1}{\sqrt{3}}\right)\sin\dfrac{5}{6}\pi = -\dfrac{\sqrt{3}}{12}$$

であり，$Y = \dfrac{2\sqrt{2}}{3} > \dfrac{\sqrt{3}}{12}$ だから，Y が y 座標の最大値である．また，グラフの x 軸についての対称性から $-Y$ が曲線全体の y 座標の最小値になる．よって，求める最大値は $\dfrac{2\sqrt{2}}{3}$，最小値は $-\dfrac{2\sqrt{2}}{3}$ である．

【フォローアップ】

1. 極方程式から x，y の式を作る練習しておきましょう．ただし xy 平面の原点を極，x 軸の正の部分を始線とします．

> **例** 次の極方程式を x，y の式にせよ．
> (1) $r = \cos\left(\theta + \dfrac{\pi}{4}\right)$ 　　(2) $r = \dfrac{1}{1+\cos\theta}$

《解答》(1) 加法定理で展開して

$$r = \cos\theta\cos\dfrac{\pi}{4} - \sin\theta\sin\dfrac{\pi}{4} \quad\therefore\quad r = \dfrac{1}{\sqrt{2}}(\cos\theta - \sin\theta)$$

両辺に r をかけて

$$r^2 = \dfrac{1}{\sqrt{2}}(r\cos\theta - r\sin\theta) \quad\therefore\quad x^2 + y^2 = \dfrac{1}{\sqrt{2}}(x - y)$$

(2) 分母をはらって

$r(1+\cos\theta) = 1$　　$\therefore$　$r + r\cos\theta = 1$　　$\therefore$　$r = 1 - x$

両辺を平方して

$r^2 = (1-x)^2$　　$\therefore$　$x^2 + y^2 = 1 - 2x + x^2$　　$\therefore$　$\boldsymbol{2x = 1 - y^2}$

　　　　　　　　　　　　　　　　　　　　　　　　　　　　　　　□

2. 極方程式において $r < 0$ のときも考えることにする，というのは $r = f(\theta)$ を媒介変数表示 $\begin{cases} x = f(\theta)\cos\theta \\ y = f(\theta)\sin\theta \end{cases}$ と同じものであるとみなすということです．この表現では $f(\theta) < 0$ であってもなんの問題もなく，その方がグラフがなめらかにつながって都合がよいからです．ただし，このことが本問のように積極的に入試問題として出てくることはあまりないので，それほど心配はいりません．「原則は $r \geqq 0$ だけど，極方程式において $r < 0$ が出てきたら，上の媒介変数表示で xy 平面上の点が決まる」と理解しておいてください．

―― 回転 ――

36 xy 平面上の 2 次曲線 C を,
$$9x^2 + 2\sqrt{3}xy + 7y^2 = 60$$
とする.このとき,次の各問いに答えよ.

(1) 曲線 C は,原点の周りに角度 θ $\left(0 \leq \theta \leq \dfrac{\pi}{2}\right)$ だけ回転すると,
$$ax^2 + by^2 = 1$$
の形になる.θ と定数 a, b の値を求めよ.

(2) 曲線 C 上の点と点 $(c, -\sqrt{3}c)$ との距離の最小値が 2 であるとき,c の値を求めよ.ただし,$c > 0$ とする.

〔神戸大〕

アプローチ

(イ) 曲線を回転させようと考えるのではありません.曲線上の点を回転させて,回転後の点の軌跡を求める感覚です.そこで曲線 C 上の点を (x, y),これを θ 回転した点を (X, Y) とし,x, y の関係式から x, y を消去して,X, Y のみたすべき関係式を求めると考えます.つまり x, y を X, Y で表して C の式に代入するというストーリーです.そのためには
$$(X, Y) = \text{「}(x, y) \text{ を } \theta \text{ 回転した点」}$$
という関係式ではなく
$$(x, y) = \text{「}(X, Y) \text{ を } -\theta \text{ 回転した点」}$$
という関係式を立式しましょう.これを C の式に代入したら出来上がりです.

(ロ) 点 (x, y) を原点を中心に角 θ だけ回転した点を (X, Y) とすると,
$$X + Yi = (\cos\theta + i\sin\theta)(x + yi)$$
です.実部と虚部を比較すると
$$X = x\cos\theta - y\sin\theta, \quad Y = x\sin\theta + y\cos\theta$$
となります.

(ハ) (2)では曲線 C 上の点と $(c, -\sqrt{3}c)$ との距離を考えるのではなく,ともに回転させた曲線と点との距離を考えます.

解答

(1) 曲線 C 上の点を (x, y)，これを原点まわりに角 θ だけ回転した点を (X, Y) とする．複素数平面で考えると
$$x + yi = \{\cos(-\theta) + i\sin(-\theta)\}(X + Yi) = (\cos\theta - i\sin\theta)(X + Yi)$$
右辺を展開し，両辺の実部と虚部を比較して
$$x = X\cos\theta + Y\sin\theta, \quad y = -X\sin\theta + Y\cos\theta$$
これらを C の方程式に代入すると
$$9(X\cos\theta + Y\sin\theta)^2 + 2\sqrt{3}(X\cos\theta + Y\sin\theta)(-X\sin\theta + Y\cos\theta)$$
$$+ 7(-X\sin\theta + Y\cos\theta)^2 = 60 \quad \cdots\cdots ①$$
上式を整理したときの XY の係数は
$$4\sin\theta\cos\theta + 2\sqrt{3}(\cos^2\theta - \sin^2\theta) \quad \cdots\cdots ②$$
であり，①が $aX^2 + bY^2 = 1$ の形になる条件は ② $= 0$ だから
$$4\sin\theta\cos\theta + 2\sqrt{3}(\cos^2\theta - \sin^2\theta) = 0 \quad \cdots\cdots (\star)$$
$$\iff 2\sin 2\theta + 2\sqrt{3}\cos 2\theta = 0 \quad \cdots\cdots (*)$$
$$\iff \frac{1}{2}\sin 2\theta + \frac{\sqrt{3}}{2}\cos 2\theta = 0 \iff \sin\left(2\theta + \frac{\pi}{3}\right) = 0$$
$\frac{\pi}{3} \leq 2\theta + \frac{\pi}{3} \leq \frac{4}{3}\pi$ より $2\theta + \frac{\pi}{3} = \pi$ つまり $\theta = \dfrac{\pi}{3}$ であり，これを①に代入して
$$9\left(\frac{1}{2}X + \frac{\sqrt{3}}{2}Y\right)^2 + 2\sqrt{3}\left(\frac{1}{2}X + \frac{\sqrt{3}}{2}Y\right)\left(-\frac{\sqrt{3}}{2}X + \frac{1}{2}Y\right)$$
$$+ 7\left(-\frac{\sqrt{3}}{2}X + \frac{1}{2}Y\right)^2 = 60$$
これを整理すると
$$6X^2 + 10Y^2 = 60 \quad \therefore \quad \frac{X^2}{10} + \frac{Y^2}{6} = 1 \quad \cdots\cdots ③$$
よって
$$a = \frac{1}{10}, \; b = \frac{1}{6}$$

(2) $P(c, -\sqrt{3}c)$ とし，曲線 C 上の点を Q とする．さらにこれらを原点のまわりに $\dfrac{\pi}{3}$ 回転させた点をそれぞれ P', Q' とする．

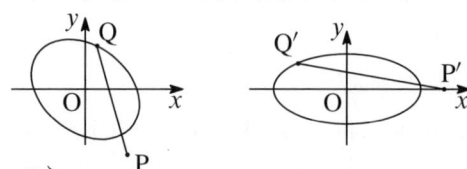

OP= $2c$ であり，$\overrightarrow{\text{OP}}$ の偏角が $-\dfrac{\pi}{3}$ だから，P′ の座標は $(2c, 0)$ である．
Q′ は③上の点だから $(\sqrt{10}\cos\theta, \sqrt{6}\sin\theta)$ とおける．

$$\text{PQ}^2 = \text{P}'\text{Q}'^2 = \left(\sqrt{10}\cos\theta - 2c\right)^2 + \left(\sqrt{6}\sin\theta\right)^2$$
$$= 10\cos^2\theta - 4\sqrt{10}c\cos\theta + 4c^2 + 6(1 - \cos^2\theta)$$
$$= 4\cos^2\theta - 4\sqrt{10}c\cos\theta + 4c^2 + 6$$
$$= 4\left(\cos\theta - \dfrac{\sqrt{10}}{2}c\right)^2 + 6 - 6c^2$$

$-1 \leqq \cos\theta \leqq 1$ であり，$c > 0$ であるから

(i) $\dfrac{\sqrt{10}}{2}c \leqq 1$ つまり $0 < c \leqq \dfrac{2}{\sqrt{10}}$ ……④ のとき，PQ^2 の最小値は $6 - 6c^2$ だから

$$6 - 6c^2 = 2^2 \quad \therefore\ c^2 = \dfrac{1}{3} \quad \therefore\ c = \dfrac{1}{\sqrt{3}} \quad \text{(これは④をみたす)}$$

(ii) $\dfrac{\sqrt{10}}{2}c > 1$ つまり $c > \dfrac{2}{\sqrt{10}}$ ……⑤ のとき，PQ^2 の最小値は $\cos\theta = 1$ のときで $4c^2 - 4\sqrt{10}c + 10$ となるから，

$$4c^2 - 4\sqrt{10}c + 10 = 2^2 \quad \therefore\ 2c^2 - 2\sqrt{10}c + 3 = 0 \quad \therefore\ c = \dfrac{\sqrt{10} \pm 2}{2}$$

このうち⑤をみたすものは $c = \dfrac{\sqrt{10} + 2}{2}$

以上より
$$c = \dfrac{1}{\sqrt{3}},\ \dfrac{2 + \sqrt{10}}{2}$$

フォローアップ

1. (★) は sin, cos の 2 次式なので，
$$\cos^2\theta = \dfrac{1 + \cos 2\theta}{2},\ \sin^2\theta = \dfrac{1 - \cos 2\theta}{2},\ \sin\theta\cos\theta = \dfrac{\sin 2\theta}{2}$$
を利用して次数を下げて合成しました．このほか

$$(*) \iff \tan 2\theta = -\sqrt{3} \quad \therefore\ 2\theta = \dfrac{2}{3}\pi$$

と変形してもよいでしょう．また次数を下げる以外に (★) の両辺を $\cos^2\theta$ で割って

$$4\tan\theta + 2\sqrt{3}(1-\tan^2\theta) = 0 \quad \therefore \quad (\sqrt{3}\tan\theta+1)(\tan\theta-\sqrt{3})=0$$

$0 \leqq \theta \leqq \dfrac{\pi}{2}$ より $\tan\theta = \sqrt{3}$ となり $\theta = \dfrac{\pi}{3}$

とすることもできます．

2. P′ の座標を求める作業は図形的に処理しましたが，一般的には複素数平面を用います．複素数平面で考えて

$$\left(\cos\frac{\pi}{3} + i\sin\frac{\pi}{3}\right)(c-\sqrt{3}ci) = 2c$$

となるので，P′(2c, 0) です．

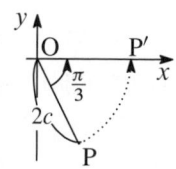

3. (2)での場合分けは定義域と軸の位置関係で行っています．

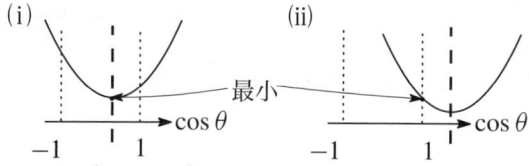

(i)　　　　　(ii)
最小　→ $\cos\theta$　　　→ $\cos\theta$
$-1\quad 1$　　　$-1\quad 1$

4. (2)(i)の中の $\dfrac{1}{\sqrt{3}}$ と $\dfrac{2}{\sqrt{10}}$ の大小比較は 2 乗して引くとわかります．

$$\left(\frac{1}{\sqrt{3}}\right)^2 - \left(\frac{2}{\sqrt{10}}\right)^2 = \frac{1}{3} - \frac{2}{5} = -\frac{1}{15} < 0$$

また(ii)の中の $\dfrac{\sqrt{10}\pm 2}{2}$ と $\dfrac{2}{\sqrt{10}}$ の大小比較はまず

$$\frac{\sqrt{10}+2}{2} = \frac{\sqrt{10}}{2} + 1 > 1 > \frac{2}{\sqrt{10}}$$

だから $\dfrac{2}{\sqrt{10}} < \dfrac{\sqrt{10}+2}{2}$ は明らかで，

$$\frac{2}{\sqrt{10}} - \frac{\sqrt{10}-2}{2} = \frac{\sqrt{10}}{5} - \frac{\sqrt{10}}{2} + 1 = 1 - \frac{3\sqrt{10}}{10} > 0$$

だから $\dfrac{2}{\sqrt{10}} > \dfrac{\sqrt{10}-2}{2}$

5. x, y の 2 次方程式 $ax^2 + bxy + cy^2 + dx + ey + f = 0$ で表される曲線は適当に回転させればなじみのある 2 次曲線になります．一般的にどのような角度で回転させればよいかはすぐにはわかりませんが，x, y の対称式なら $\pm\dfrac{\pi}{4}$ の回転でうまくいきます．

例 方程式 $x^2+xy+y^2=3$ で表される曲線の概形をかけ．

《解答》 曲線上の点 (x, y) を $\dfrac{\pi}{4}$ 回転させた点を (X, Y) とする．複素数平面で考えると
$$x+yi=\left\{\cos\left(-\dfrac{\pi}{4}\right)+i\sin\left(-\dfrac{\pi}{4}\right)\right\}(X+Yi)=\left(\dfrac{1}{\sqrt{2}}-\dfrac{1}{\sqrt{2}}i\right)(X+Yi)$$
右辺を展開し，両辺の実部と虚部を比較して
$$x=\dfrac{X+Y}{\sqrt{2}},\ y=\dfrac{-X+Y}{\sqrt{2}}$$
これを $x^2+xy+y^2=3$ に代入して整理すると
$$\dfrac{X^2}{6}+\dfrac{Y^2}{2}=1$$
これを $-\dfrac{\pi}{4}$ 回転したものがもとの曲線だから長軸が $y=-x$ 上，短軸が $y=x$ 上にあり，長軸の長さが $2\sqrt{6}$，短軸の長さが $2\sqrt{2}$ の楕円である． □

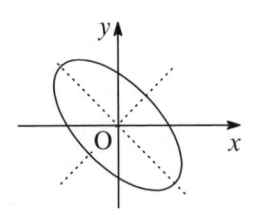

6．原点を通る直線に関する対称移動も複素数平面を利用することができます．

例 θ を実数とする．平面上の点 $(1, 1)$ の直線 $x\sin\theta-y\cos\theta=0$ に関して対称な点を $Q(x, y)$ とする．θ が $0\leq\theta\leq\dfrac{\pi}{2}$ の範囲で変化するとき，点 Q のえがく曲線を図示せよ．
〔富山大〕

《解答》 この移動 $P\mapsto P'$ はまず原点を中心に $-\theta$ 回転し，つぎに x 軸に関して対称移動し，さらに原点を中心に θ 回転することにより得られる：
$$P\xrightarrow[-\theta\ 回転]{}P_1\xrightarrow[実軸対称]{}P_2\xrightarrow[\theta\ 回転]{}P'$$

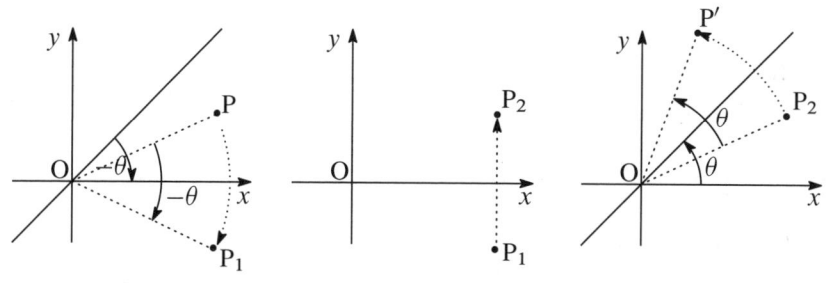

よって，P$(1+i)$, P$' =$ Q$(x+yi)$ として
$$x + yi = (\cos\theta + i\sin\theta)\overline{\{\cos(-\theta) + i\sin(-\theta)\}(1+i)}$$
$$= (\cos\theta + i\sin\theta)^2(1-i) = (\cos 2\theta + i\sin 2\theta)(1-i)$$
$$\therefore\quad \cos 2\theta + i\sin 2\theta = \frac{x+yi}{1-i} = \frac{1}{2}(1+i)(x+yi)$$
$$\therefore\quad \cos 2\theta = \frac{x-y}{2},\quad \sin 2\theta = \frac{x+y}{2} \qquad \cdots\cdots\cdots ㋑$$

$0 \leqq \theta \leqq \dfrac{\pi}{2}$ により $0 \leqq 2\theta \leqq \pi$ だから
$$\cos^2 2\theta + \sin^2 2\theta = 1,\ \sin 2\theta \geqq 0$$
となり，これに㋑を代入して
$$\left(\frac{x-y}{2}\right)^2 + \left(\frac{x+y}{2}\right)^2 = 1,\ \frac{x+y}{2} \geqq 0$$
$$\therefore\quad x^2 + y^2 = 2,\ y \geqq -x$$
これを図示して右図． □

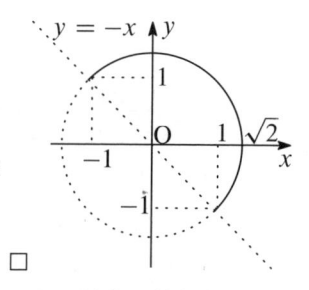

上の《解答》からわかるように，直線 $y = x\tan\theta$ に対する対称移動により，点 (x, y) が (X, Y) に移るとすると
$$X + Yi = (\cos\theta + i\sin\theta)\overline{\{\cos(-\theta) + i\sin(-\theta)\}(x+yi)}$$
$$= (\cos 2\theta + i\sin 2\theta)(x - yi) \qquad \cdots\cdots\cdots ㋺$$
だから，実部と虚部を比較して
$$X = x\cos 2\theta + y\sin 2\theta,\ Y = x\sin 2\theta - y\cos 2\theta$$
となります．2θ 回転とよく似ていますが，符号がすこし違う点に注意してください．また㋺は
$$X + Yi = (\cos 2\theta + i\sin 2\theta)\overline{(x+yi)}$$
ともかけるので，「まず x 軸に対称移動して，ついで原点中心に 2θ 回転する」ことにもなっています．

―― n 乗根 ――

37 方程式 $z^5 = 1$ の解 z について

(1) z を極形式で表せ．

(2) $z^5 - 1 = (z-1)(z^4 + z^3 + z^2 + z + 1)$ を用いて $z + \dfrac{1}{z}$ の値を求めよ．

(3) $\cos \dfrac{4\pi}{5}$ の値を求めよ．

〔佐賀大〕

アプローチ

(イ) 自然数 n に対して $z^n = \alpha$ をみたす複素数 z のことを α の n 乗根といいます．$\alpha\ (\neq 0)$ の n 乗根を求めるには，両辺の絶対値と偏角を比較して

$$|z^n| = |\alpha|, \qquad \arg z^n = \arg \alpha + 2k\pi\ (k : 整数)$$

$$\therefore\ |z|^n = |\alpha|, \qquad n \arg z = \arg \alpha + 2k\pi$$

$$\therefore\ |z| = \sqrt[n]{|\alpha|}, \qquad \arg z = \frac{1}{n} \arg \alpha + \frac{2k\pi}{n}$$

とします (☞ フォローアップ 1.)．これらのうち異なるものは $k = 0, 1, \cdots, n-1$ のときであり，z はちょうど n 個存在します．したがって，α の n 乗根は，複素数平面において原点を中心とする半径 $\sqrt[n]{|\alpha|}$ の円を n 等分し，この円に内接する正 n 角形の頂点になることがわかります (ただし $n \geq 3$)．特に $\alpha = 1$ のときは $|\alpha| = 1$，$\arg \alpha = 0$ だから

$$z = \cos \frac{2k\pi}{n} + i \sin \frac{2k\pi}{n}\ (k = 0, 1, 2, \cdots, n-1)$$

となります．これらは $\omega = \cos \dfrac{2\pi}{n} + i \sin \dfrac{2\pi}{n}$ とおくと，

$$1,\ \omega,\ \omega^2,\ \omega^3,\ \cdots,\ \omega^{n-1}$$

と表せます．

例 I 次の方程式を解け．

(1) $z^6 = -1$　　　(2) $z^4 = 8(-1 + \sqrt{3}i)$

《解答》 (1) $|-1| = 1$, $\arg(-1) = \pi + 2n\pi\ (n : 整数)$ だから

$$|z^6| = 1, \qquad \arg z^6 = \pi + 2n\pi$$

$$\therefore \quad |z| = 1, \qquad \arg z = \frac{\pi}{6} + \frac{n\pi}{3}$$

このうち異なるのは $n = 0, 1, \cdots, 5$ だから

$$z = \cos\left(\frac{\pi}{6} + \frac{n\pi}{3}\right) + i\sin\left(\frac{\pi}{6} + \frac{n\pi}{3}\right) \quad (n = 0, 1, \cdots, 5)$$

これらを具体的に求めて

$$z = \pm i, \ \pm\frac{\sqrt{3}+i}{2}, \ \pm\frac{\sqrt{3}-i}{2}$$

(2) $|8(-1+\sqrt{3}i)| = 16, \ \arg\{8(-1+\sqrt{3}i)\} = \dfrac{2\pi}{3} + 2n\pi \ (n：整数)$ だから

$$|z^4| = 16, \qquad \arg z^4 = \frac{2\pi}{3} + 2n\pi$$

$$\therefore \quad |z| = 2, \qquad \arg z = \frac{\pi}{6} + \frac{n\pi}{2}$$

このうち異なるのは $n = 0, 1, 2, 3$ だから

$$z = 2\left\{\cos\left(\frac{\pi}{6} + \frac{n\pi}{2}\right) + i\sin\left(\frac{\pi}{6} + \frac{n\pi}{2}\right)\right\} \quad (n = 0, 1, 2, 3)$$

これらを具体的に求めて

$$z = \pm(\sqrt{3}+i), \ \pm(1-\sqrt{3}i) \qquad \square$$

これらの解を複素数平面に図示すると，次のような原点を中心とする円に内接する正六角形と正方形の頂点になります．

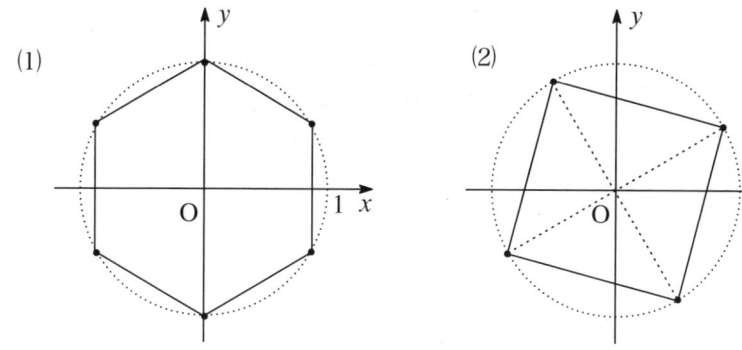

(1)

(2)

(ロ) 多項式の方程式を次数の大きさの順に整理したときに係数が左右対称になる方程式を相反方程式といいます．このような方程式を解くときは，まず普段通り1つの有理数解を探して因数分解を試みます．しかし解が見つからないときは，中央の項で辺々を割って $x + \dfrac{1}{x}$ をカタマリとする方程式にかきかえます．

例 II $6x^4 - 5x^3 + 13x^2 - 5x + 6 = 0$ の方程式の解を求めよ．

《方針》 まず，有理数解を求めるために $\pm\dfrac{(定数項の約数)}{(最高次の係数の約数)}$ である

$$\pm 1, \pm 2, \pm 3, \pm 6, \pm\frac{1}{2}, \pm\frac{3}{2}, \pm\frac{1}{3}, \pm\frac{2}{3}, \pm\frac{1}{6}$$

を代入してみると (☞ IAIIB **7**)，いずれも解でないことがわかります．そこで係数の対称性を利用した解法に入ります．

《解答》 $x=0$ は解でないから $x \neq 0$ として与式を x^2 で割ると

$$6x^2 - 5x + 13 - \frac{5}{x} + \frac{6}{x^2} = 0$$

$$\therefore\ 6\left(x^2 + \frac{1}{x^2}\right) - 5\left(x + \frac{1}{x}\right) + 13 = 0$$

$x + \dfrac{1}{x} = y$ とおくと

$$6(y^2 - 2) - 5y + 13 = 0 \quad \therefore\ 6y^2 - 5y + 1 = 0 \quad \therefore\ y = \frac{1}{2},\ \frac{1}{3}$$

したがって

$$x + \frac{1}{x} = \frac{1}{2},\ x + \frac{1}{x} = \frac{1}{3}$$

$$\therefore\ 2x^2 - x + 2 = 0,\ 3x^2 - x + 3 = 0$$

$$\therefore\ x = \frac{1 \pm \sqrt{15}i}{4},\ \frac{1 \pm \sqrt{35}i}{6} \qquad \square$$

本問ではこれと同様の作業を行います．

(ハ) (1)(2)の誘導の意味を考えます．一般に $|z|^2 = z\bar{z}$ だから $\bar{z} = \dfrac{|z|^2}{z}$ となります．特に $|z|=1$ のときは $\bar{z} = \dfrac{1}{z}$ となります．また，一般に

$$\frac{z + \bar{z}}{2} = (z\ の実部),\ \frac{z - \bar{z}}{2i} = (z\ の虚部)$$

です．これらをあわせると，(2)では(1)の z の実部の2倍を求めたことになります．ここから $\cos\dfrac{4\pi}{5}$ が求まるという仕組みです．

$|z|=1$ から $z = \cos\theta + i\sin\theta$ とおくと，$\dfrac{1}{z} = \bar{z} = \cos\theta - i\sin\theta$ により $z + \dfrac{1}{z} = 2\cos\theta$ となり，(1)(2)の誘導の意味がわかりやすいでしょう．

解答

(1) $z^5 = 1$ より $|z^5| = 1$, $\arg z^5 = \arg 1$

$\quad |z| = 1$, $5\arg z = 0 + 2n\pi$ (n:整数) $\quad \therefore \quad \arg z = \dfrac{2n\pi}{5}$

これらのうち異なるものを求めて

$$z = \cos\dfrac{2n\pi}{5} + i\sin\dfrac{2n\pi}{5} \ (n = 0, 1, 2, 3, 4)$$

(2) $z^5 = 1$ より

$\qquad\qquad$ (i) $z = 1$ または (ii) $z^4 + z^3 + z^2 + z + 1 = 0$

(i)のとき $z + \dfrac{1}{z} = 2$

(ii)のとき $z \neq 0$ だから z^2 で割ると

$\quad z^2 + z + 1 + \dfrac{1}{z} + \dfrac{1}{z^2} = 0 \quad \therefore \quad \left(z + \dfrac{1}{z}\right)^2 + \left(z + \dfrac{1}{z}\right) - 1 = 0$

$\qquad\qquad\qquad \therefore \quad z + \dfrac{1}{z} = \dfrac{-1 \pm \sqrt{5}}{2}$

以上より

$$z + \dfrac{1}{z} = 2, \ \dfrac{-1 \pm \sqrt{5}}{2}$$

(3) (1)の結果から

$$z + \dfrac{1}{z} = z + \bar{z} = 2\cos\dfrac{2n\pi}{5} \ (n = 0, 1, 2, 3, 4)$$

となり，これは(2)の結果の値のいずれかである．$\cos\dfrac{4\pi}{5} < 0$ であることを考えると

$$2\cos\dfrac{4\pi}{5} = \dfrac{-1 - \sqrt{5}}{2} \quad \therefore \quad \cos\dfrac{4\pi}{5} = \dfrac{-1 - \sqrt{5}}{4}$$

フォローアップ

1. 偏角の扱いには注意すべきことがあります．0でない複素数 z の偏角とは $z = r(\cos\theta + i\sin\theta)$, $r > 0$ と表したときの角 θ のことであり，これは 2π の整数倍の不定性を含みます．等式 $\theta = \arg z$ は「θ が z の偏角の1つである」ことを意味します (このあたりは不定積分と似ています)．したがって，$\theta = \arg z$, $\varphi = \arg w$ のとき，

$$\arg z = \arg w \iff \theta = \varphi + 2n\pi \ (n \text{ は整数})$$

となります．例えば $z^2 = w$ のとき

$\qquad\qquad \arg z^2 = \arg w \quad \therefore \quad 2\arg z = \arg w$

だから，
$$\arg z = \frac{1}{2}\arg w \quad \therefore \quad \theta = \frac{1}{2}\varphi + 2n\pi \quad (n\text{ は整数})$$
としては間違い（！）です．正しくは $2\arg z = \arg w$ の段階で
$$2\theta = \varphi + 2n\pi \quad \therefore \quad \theta = \frac{1}{2}\varphi + n\pi \quad (n\text{ は整数})$$
としなければならないのです．

最終的に偏角 θ を決定するときには，$0 \leq \theta < 2\pi$ の範囲で考えればよいのでさほど問題にはなりませんが，方程式を極形式で解くときには，気をつけて偏角の計算を行いましょう．解が全部出てこない可能性があります．

2. (2)の等式
$$z^n - 1 = (z-1)(z^{n-1} + z^{n-2} + \cdots + z + 1)$$
は因数分解の公式（☞ 25 (ロ)）を利用しています．これから1の n 乗根の1以外の $n-1$ 個の解は
$$z^{n-1} + z^{n-2} + \cdots + z + 1 = 0$$
の解であることがわかります．$\omega = \cos\dfrac{2\pi}{n} + i\sin\dfrac{2\pi}{n}$ とおくと，1以外の解は $\omega, \omega^2, \omega^3, \cdots, \omega^{n-1}$ と表せるので（☞ (イ)），
$$z^{n-1} + z^{n-2} + \cdots + z + 1 = (z-\omega)(z-\omega^2)(z-\omega^3)\cdots(z-\omega^{n-1})$$
と因数分解できます．これを利用する問題もあります．

例Ⅲ n を3以上の自然数とするとき次を示せ．ただし $\alpha = \cos\dfrac{2\pi}{n} + i\sin\dfrac{2\pi}{n}$ とし，i を虚数単位とする．

(1) $n = (1-\alpha)(1-\alpha^2)\cdots(1-\alpha^{n-1})$

(2) $\dfrac{n}{2^{n-1}} = \sin\dfrac{\pi}{n}\cdot\sin\dfrac{2\pi}{n}\cdot\cdots\cdot\sin\dfrac{(n-1)\pi}{n}$

〔北海道大〕

《解答》 (1) z の恒等式
$$z^{n-1} + z^{n-2} + \cdots + z + 1 = (z-\alpha)(z-\alpha^2)(z-\alpha^3)\cdots(z-\alpha^{n-1})$$
に $z = 1$ を代入して

$$n = (1-\alpha)(1-\alpha^2)\cdots(1-\alpha^{n-1})$$

(2) $\alpha^k = \cos\dfrac{2k\pi}{n} + i\sin\dfrac{2k\pi}{n}$ より

$$\begin{aligned}
\left|1-\alpha^k\right| &= \left|\left(1-\cos\dfrac{2k\pi}{n}\right) - i\sin\dfrac{2k\pi}{n}\right| \\
&= \sqrt{\left(1-\cos\dfrac{2k\pi}{n}\right)^2 + \sin^2\dfrac{2k\pi}{n}} = \sqrt{2\left(1-\cos\dfrac{2k\pi}{n}\right)} \\
&= \sqrt{2^2\sin^2\dfrac{k\pi}{n}} = 2\left|\sin\dfrac{k\pi}{n}\right| \\
&= 2\sin\dfrac{k\pi}{n} \quad \left(k = 0, 1, \cdots, n-1 \text{ のとき } 0 \leq \dfrac{k\pi}{n} < \pi \text{ より}\right)
\end{aligned}$$

これと(1)の結果より

$$|n| = \left|(1-\alpha)(1-\alpha^2)\cdots(1-\alpha^{n-1})\right|$$

$$\therefore \quad n = |1-\alpha|\cdot|1-\alpha^2|\cdot\cdots\cdot|1-\alpha^{n-1}|$$

$$= 2\sin\dfrac{\pi}{n}\cdot 2\sin\dfrac{2\pi}{n}\cdot\cdots\cdot 2\sin\dfrac{(n-1)\pi}{n}$$

$$\therefore \quad \dfrac{n}{2^{n-1}} = \sin\dfrac{\pi}{n}\cdot\sin\dfrac{2\pi}{n}\cdot\cdots\cdot\sin\dfrac{(n-1)\pi}{n}$$

□

この例題と本質的に同じですが，見かけが異なる例をあげてみます．

例IV 複素数平面上の 5 点 A_1, A_2, A_3, A_4, A_5 が，原点を中心とする半径 1 の円 C の周上に反時計回りにこの順番で並び，正五角形を形成している．円 C の周上を動く点 P と点 A_k を結ぶ線分の長さを PA_k ($k = 1, 2, 3, 4, 5$) と表すとき，積
$L = PA_1 \cdot PA_2 \cdot PA_3 \cdot PA_4 \cdot PA_5$ の最大値を求めよ．

〔成城大〕

《解答》 $\alpha = \cos\dfrac{2\pi}{5} + i\sin\dfrac{2\pi}{5}$ とする．複素数平面において 1, α, α^2, α^3, α^4 は単位円に内接する正五角形の頂点をなす．よって，必要ならば原点まわりに回転することにより

$$A_1(1),\ A_2(\alpha),\ A_3(\alpha^2),\ A_4(\alpha^3),\ A_5(\alpha^4)$$

としてよい．P(z) とおくと

$$L = |z-1| \cdot |z-\alpha| \cdot |z-\alpha^2| \cdot |z-\alpha^3| \cdot |z-\alpha^4|$$
$$= \left| (z-1)(z-\alpha)(z-\alpha^2)(z-\alpha^3)(z-\alpha^4) \right|$$
$$= |z^5 - 1|$$

$|z|=1$ だから点 z^5 も単位円周上にあり，L はこの点と点 1 との距離を表す．これは $z^5 = -1$ のとき，例えば $z = -1$ のときに最大になる．したがって，求める最大値は **2** である． □

3. 1 の n 乗根を利用して三角関数の値を求める誘導は頻出です．次の例題は 1 の 7 乗根をテーマとしています．

例 V $\theta = \dfrac{2\pi}{7}$, $\alpha = \cos\theta + i\sin\theta$, $\beta = \alpha + \alpha^2 + \alpha^4$ のとき

(1) $\overline{\alpha} = \alpha^6$ を示せ．

(2) $\beta + \overline{\beta}$, $\beta\overline{\beta}$ を求めよ．

(3) $\sin\theta + \sin 2\theta + \sin 4\theta$ を求めよ．

〔小樽商科大〕

《解答》 α は 1 でない 1 の 7 乗根だから

$$\alpha^7 = 1, \quad |\alpha| = 1, \quad \overline{\alpha} = \frac{1}{\alpha}, \quad \alpha^6 + \alpha^5 + \alpha^4 + \alpha^3 + \alpha^2 + \alpha + 1 = 0$$

等が成り立つ．

(1) $\alpha^7 = 1$ であり，$\overline{\alpha} = \dfrac{1}{\alpha}$ より

$$\overline{\alpha} = \frac{1}{\alpha} = \frac{\alpha^7}{\alpha} = \alpha^6 \qquad \therefore \quad \overline{\alpha} = \alpha^6 \qquad \Box$$

(2) 公式 $\overline{z_1 \cdot z_2} = \overline{z_1} \cdot \overline{z_2}$, $\overline{z_1 \pm z_2} = \overline{z_1} \pm \overline{z_2}$ を用いると

$$\overline{\beta} = \overline{\alpha} + \left(\overline{\alpha}\right)^2 + \left(\overline{\alpha}\right)^4$$
$$= \alpha^6 + \alpha^{12} + \alpha^{24} \qquad (\because (1))$$
$$= \alpha^6 + \alpha^5 + \alpha^3 \qquad (\because \alpha^7 = 1)$$

また，$\alpha^6 + \alpha^5 + \alpha^4 + \alpha^3 + \alpha^2 + \alpha + 1 = 0$ より

$$\beta + \overline{\beta} = \alpha + \alpha^2 + \alpha^3 + \alpha^4 + \alpha^5 + \alpha^6 = -\mathbf{1}$$

$$\beta\overline{\beta} = (\alpha + \alpha^2 + \alpha^4)(\alpha^3 + \alpha^5 + \alpha^6)$$
$$= (\alpha^4 + \alpha^6 + \alpha^7) + (\alpha^5 + \alpha^7 + \alpha^8) + (\alpha^7 + \alpha^9 + \alpha^{10})$$

$$= (\alpha^4 + \alpha^6 + 1) + (\alpha^5 + 1 + \alpha) + (1 + \alpha^2 + \alpha^3) \quad (\because \alpha^7 = 1)$$
$$= 3 + \alpha + \alpha^2 + \alpha^3 + \alpha^4 + \alpha^5 + \alpha^6 = \mathbf{2}$$

(3) $\beta, \overline{\beta}$ を 2 解とする 2 次方程式は，(2)より
$$x^2 + x + 2 = 0$$
これを解くと $x = \dfrac{-1 \pm \sqrt{7}i}{2}$ だからこれらの一方が β，他方が $\overline{\beta}$ である．
また，$\sin\theta + \sin 2\theta + \sin 4\theta$ は
$$\beta = \cos\theta + i\sin\theta + \cos 2\theta + i\sin 2\theta + \cos 4\theta + i\sin 4\theta$$
の虚部であり，$\theta = \dfrac{2\pi}{7}$ であることから $\sin\theta$, $\sin 2\theta + \sin 4\theta$ はともに正である (次図参照)．

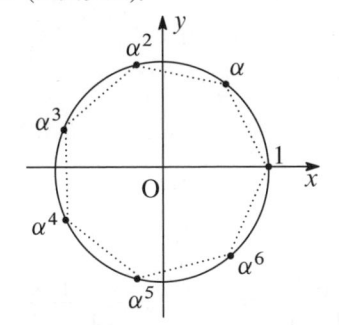

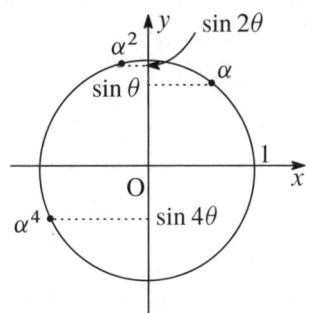

$$\therefore \quad \sin\theta + \sin 2\theta + \sin 4\theta = \dfrac{\sqrt{7}}{2} \qquad \square$$

4. 1 の n 乗根をテーマにした問題はいろいろあります．この言葉が前面にあらわれないときもあります．例III，IV，V でもそうでしたが，
$$z = \cos\dfrac{2\pi}{n} + i\sin\dfrac{2\pi}{n}$$
と表記したり，入口が
$$z^{n-1} + z^{n-2} + \cdots + z + 1 = 0 \text{ の解}$$
や「正 n 角形の頂点」となっていたりします．これは，$z \neq 1$ のとき等比数列の和の公式から
$$1 + z + \cdots + z^{n-2} + z^{n-1} = \dfrac{1 - z^n}{1 - z}$$
とできるので，
$$z^{n-1} + z^{n-2} + \cdots + z + 1 = 0 \Longrightarrow z^n - 1 = 0$$
と反応してもいいでしょう．さまざまな入口がありますが，1 の n 乗根が

テーマの問題と気づくところが最初のポイントで，後はその周辺の有名な内容と組みあわせて考えていきましょう．

例VI α が $z^6 + z^5 + z^4 + z^3 + z^2 + z + 1 = 0$ の解とする．次の式の値を求めよ．
$$\frac{\alpha^2}{1-\alpha} + \frac{\alpha^4}{1-\alpha^2} + \frac{\alpha^6}{1-\alpha^3} + \frac{\alpha^8}{1-\alpha^4} + \frac{\alpha^{10}}{1-\alpha^5} + \frac{\alpha^{12}}{1-\alpha^6}$$
〔神戸大〕

《解答》 α は1でない1の7乗根である．よって
$$\alpha^7 = 1,\ \alpha^6 + \alpha^5 + \alpha^4 + \alpha^3 + \alpha^2 + \alpha + 1 = 0 \quad \cdots\cdots\cdots ②$$
をみたす．
$$\frac{\alpha^2}{1-\alpha} = -\alpha - 1 + \frac{1}{1-\alpha} \quad \text{〔帯分数化〕}$$
において，α を $\alpha^2,\ \alpha^3,\ \alpha^4,\ \alpha^5$ におきかえると
$$\frac{\alpha^4}{1-\alpha^2} = -\alpha^2 - 1 + \frac{1}{1-\alpha^2} \qquad \frac{\alpha^6}{1-\alpha^3} = -\alpha^3 - 1 + \frac{1}{1-\alpha^3}$$
$$\frac{\alpha^8}{1-\alpha^4} = -\alpha^4 - 1 + \frac{1}{1-\alpha^4} \qquad \frac{\alpha^{10}}{1-\alpha^5} = -\alpha^5 - 1 + \frac{1}{1-\alpha^5}$$
$$\frac{\alpha^{12}}{1-\alpha^6} = -\alpha^6 - 1 + \frac{1}{1-\alpha^6}$$
これら6式の辺々を加えて，②：$\alpha^6 + \alpha^5 + \alpha^4 + \alpha^3 + \alpha^2 + \alpha = -1$ を用いると与式は次のように変形できる．
$$-5 + \frac{1}{1-\alpha} + \frac{1}{1-\alpha^2} + \frac{1}{1-\alpha^3} + \frac{1}{1-\alpha^4} + \frac{1}{1-\alpha^5} + \frac{1}{1-\alpha^6}$$
ここで
$$\frac{1}{1-\alpha} + \frac{1}{1-\alpha^2} + \frac{1}{1-\alpha^3} + \frac{1}{1-\alpha^4} + \frac{1}{1-\alpha^5} + \frac{1}{1-\alpha^6}$$
$$= \frac{1}{1-\alpha} + \frac{1}{1-\alpha^2} + \frac{1}{1-\alpha^3} + \frac{\alpha^3}{\alpha^3 - \alpha^7} + \frac{\alpha^2}{\alpha^2 - \alpha^7} + \frac{\alpha}{\alpha - \alpha^7}$$
$$= \frac{1}{1-\alpha} + \frac{1}{1-\alpha^2} + \frac{1}{1-\alpha^3} + \frac{\alpha^3}{\alpha^3 - 1} + \frac{\alpha^2}{\alpha^2 - 1} + \frac{\alpha}{\alpha - 1}$$
$$= \frac{1-\alpha}{1-\alpha} + \frac{1-\alpha^2}{1-\alpha^2} + \frac{1-\alpha^3}{1-\alpha^3} = 3$$
だから，与式の値は $-5 + 3 = \boldsymbol{-2}$ □

── 複素数列,三角不等式 ──────

38 複素数の数列 $\{z_n\}$ が次の条件で定められている.
$$z_1 = 0, \quad z_2 = 1$$
$$z_{n+2} = (2+i)z_{n+1} - (1+i)z_n \quad (n = 1, 2, \cdots)$$

(1) $\alpha = 1 + i$ とする. z_n を α を用いて表せ.
(2) $|z_n| \leqq 4$ であるような最大の n を求めよ.

〔一橋大〕

アプローチ

(イ) 複素数の数列 (複素数列) の漸化式は実数の場合と同様に扱えます. たとえば, z_1 と γ を複素数として
$$z_{n+1} = \gamma z_n \quad (n = 1, 2, \cdots)$$
により $z_1, z_2, \cdots, z_n, \cdots$ を定めると,各項が複素数からなる数列が決まりますが,公比 γ の等比数列だから,その一般項は
$$z_n = z_1 \gamma^{n-1}$$
です. したがって, 2項間漸化式 $a_{n+1} = pa_n + q$ や3項間漸化式 $a_{n+2} = pa_{n+1} + qa_n$ の係数 p, q が複素数になっても,一般項の求め方は数学Bで学習したのと同じです. 後者は対応する2次方程式 $x^2 = px + q$ の2解 α, β を用いて変形し,等比数列に帰着させます (☞ I A II B **33**).

(ロ) 複素数の絶対値は複素数平面で原点からの距離を表し,また複素数の和はベクトルの和でもあることから,次の不等式が成り立つことは図を描けば納得できるでしょう.

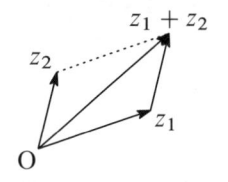

複素数 z_1, z_2 に対して次の不等式が成り立つ.
$$|z_1 + z_2| \leqq |z_1| + |z_2| \quad \cdots\cdots\cdots (*)$$

ここで等号が成り立つのは「$z_1 = 0$ または $z_2 = 0$ または $\dfrac{z_1}{z_2}$ が正の実数のとき」である.

《証明》 $z_1 = 0$ または $z_2 = 0$ のときは等号が成り立つ. $z_1 \neq 0$ かつ $z_2 \neq 0$ のとき極形式で $z_1 = r_1(\cos\theta_1 + i\sin\theta_1), z_2 = r_2(\cos\theta_2 + i\sin\theta_2)$ と表すと $z_1 + z_2 = (r_1\cos\theta_1 + r_2\cos\theta_2) + i(r_1\sin\theta_1 + r_2\sin\theta_2)$ だから

$$(|z_1| + |z_2|)^2 - |z_1 + z_2|^2$$
$$= (r_1 + r_2)^2 - \{(r_1\cos\theta_1 + r_2\cos\theta_2)^2 + (r_1\sin\theta_1 + r_2\sin\theta_2)^2\}$$
$$= 2r_1r_2\{1 - (\cos\theta_1\cos\theta_2 + \sin\theta_1\sin\theta_2)\}$$
$$= 2r_1r_2\{1 - \cos(\theta_1 - \theta_2)\} \geqq 0$$

ここで等号は $\theta_1 - \theta_2 = 2\pi \times$ (整数),すなわち $\arg z_1 = \arg z_2$ のときである.

以上から (左辺) $\leqq$ (右辺) であり,等号が成り立つのは「$z_1 = 0$ または $z_2 = 0$ または $\dfrac{z_1}{z_2}$ が正の実数」のときである. □

証明からもわかるように 0 でないときの等号成立条件は $\arg z_1 = \arg z_2$,つまり「偏角が等しいとき」ともいえます.

($*$) から
$$|z_1| = |(z_1 - z_2) + z_2| \leqq |z_1 - z_2| + |z_2| \quad \therefore \quad |z_1 - z_2| \geqq |z_1| - |z_2|$$
z_1 と z_2 を入れかえると $|z_1 - z_2| \geqq |z_2| - |z_1|$
これらをあわせて
$$|z_1 - z_2| \geqq ||z_1| - |z_2|| \qquad \cdots\cdots\cdots(\star)$$
なお等号が成り立つのは ($*$) のときと同じです.

これら ($*$), ($\star$) は三角不等式とよばれていて,和や差の絶対値の評価にしばしば用いられます.

(ハ) (2)では,$|\alpha^{n-1} - 1| \leqq 4$ を調べることになりますが,$|\alpha| = \sqrt{2} > 1$ で $\sqrt{2}^4 = 4$ だから,$|\alpha^{n-1} - 1|$ は $n-1$ が 5 あたりで 4 をこえそうだ,と見当がつけられます.あとはこれを証明しますが,そこで評価 ($\star$) がうまく使えます.

解答

(1) 与えられた漸化式は
$$z_{n+2} = (\alpha + 1)z_{n+1} - \alpha z_n \qquad \cdots\cdots\cdots ①$$
であり,これから
$$z_{n+2} - \alpha z_{n+1} = z_{n+1} - \alpha z_n \quad (n \geqq 1)$$
$$\therefore \quad z_{n+1} - \alpha z_n = z_2 - \alpha z_1 = 1 \qquad \cdots\cdots\cdots ②$$
また①から

$$z_{n+2} - z_{n+1} = \alpha(z_{n+1} - z_n) \quad (n \geq 1)$$
$$\therefore \quad z_{n+1} - z_n = \alpha^{n-1}(z_2 - z_1) = \alpha^{n-1} \quad \cdots\cdots\cdots ③$$

②－③により
$$(1-\alpha)z_n = 1 - \alpha^{n-1} \quad \therefore \quad z_n = \frac{\alpha^{n-1} - 1}{\alpha - 1}$$

(2) $\alpha = 1+i$ だから，(1)の結果から
$$|z_n| = \left| \frac{1}{i}(\alpha^{n-1} - 1) \right| = |\alpha^{n-1} - 1|$$

$n \geq 6$ のとき〔(★) を用いる〕
$$|z_n| \geq |\alpha|^{n-1} - 1 = \sqrt{2}^{n-1} - 1 \geq \sqrt{2}^5 - 1 = 4\sqrt{2} - 1 > 4$$
$$(\because 4\sqrt{2} = \sqrt{32} > \sqrt{25} = 5)$$

$n = 5$ のとき，$|z_5| = |\alpha^4 - 1|$ であり，$\alpha = 1+i = \sqrt{2}\left(\cos\frac{\pi}{4} + i\sin\frac{\pi}{4}\right)$ だから，
$$\alpha^4 - 1 = 4(\cos\pi + i\sin\pi) - 1 = -4 - 1 = -5 \quad \therefore \quad |z_5| = 5 > 4$$

$n = 4$ のとき，
$$\alpha^3 - 1 = 2\sqrt{2}\left(\cos\frac{3\pi}{4} + i\sin\frac{3\pi}{4}\right) - 1 = 2(-1+i) - 1 = -3 + 2i$$
$$\therefore \quad |z_4| = |\alpha^3 - 1| = \sqrt{13} < \sqrt{16} = 4$$

以上から，求める最大値は $n = \mathbf{4}$ である．

(フォローアップ)

1. 実数係数の 2 次方程式は解の公式があるので，必ず解 (複素数) が求められますが，複素数係数の 2 次方程式はそうはいきません．実際，例えば文字 z の方程式
$$z^2 = i \quad \cdots\cdots\cdots ㋑$$
を解こうとして，
$$z = \pm\sqrt{i}$$
などとしても意味がありません．$\sqrt{i}$ が定義されていないからです．解を複素数で求めるには，$z = x + yi$ (x, y は実数) とおいて実部と虚部を比較するか，極形式で $i = \cos\frac{\pi}{2} + i\sin\frac{\pi}{2}$, $z = r(\cos\theta + i\sin\theta)$ と表して，㋑の両辺の絶対値と偏角を比較し
$$r^2 = 1, \quad 2\theta = \frac{\pi}{2} + 2n\pi \quad \therefore \quad r = 1, \quad \theta = \frac{\pi}{4} + n\pi \quad (n \text{ は整数})$$

$$\therefore \quad z = \pm \frac{1+i}{\sqrt{2}}$$

とします．一般に複素数 α に対して

$$z^2 = \alpha$$

となる z が複素数に 2 つ存在します ($\alpha = 0$ のときは 1 つ)．いま仮にこれらを $\pm\sqrt{\alpha}$ と表すことにすれば (一般的にはこの限りではない)，複素数係数の 2 次方程式 $ax^2 + bx + c = 0$ の解も表すことができます．

まず $a\ (\neq 0)$ で割り平方完成して

$$\left(x + \frac{b}{2a}\right)^2 = \frac{b^2 - 4ac}{4a^2}$$

そこで $z^2 = b^2 - 4ac$ の 2 解 (複素数) を $\pm\sqrt{b^2 - 4ac}$ と表すことにすれば

$$x = \frac{-b \pm \sqrt{b^2 - 4ac}}{2a}$$

は成り立つといえます．ただしあくまでも上のように根号を解釈したときのことであって，このような解答は入試ではかいてはダメです．「定義がない」ものを解答にかくわけにはいきません．

本問の漸化式に対応する 2 次方程式は

$$x^2 = (\alpha+1)x - \alpha \quad \therefore \quad (x-1)(x-\alpha) = 0$$

と因数分解できるので，$x = 1$, $\alpha(= 1+i)$ が 2 解で，これら以外に解は (複素数の中に) ありません．

2. 複素数列が図形的に出題されることもあります．

例 I 複素数平面において，原点から実軸上を正の向きに 1 だけ進んだ点を P_1 とする．原点から P_1 まで進んだ方向より $\frac{\pi}{3}$ 正の向きに方向を変え，P_1 から $\frac{1}{2}$ だけ進んだ点を P_2 とする．P_1 から P_2 まで進んだ方向より $\frac{\pi}{6}$ 正の向きに方向を変え，P_2 から $\frac{1}{4}$ だけ進んだ点を P_3 とする．以下同様に，進む長さを半分ずつにし，$\frac{\pi}{3}$, $\frac{\pi}{6}$ と交互に方向を変えていくと，P_n は複素数 □ に近づく．

〔上智大〕

《解答》 $P_n(z_n)$ $(n \geqq 0)$, $P_0 = O$ とする．

$\overrightarrow{P_nP_{n+1}} \xrightarrow[\frac{1}{2}倍, \frac{\pi}{3} 回転]{\frac{1}{2}倍, \frac{\pi}{6} 回転} \overrightarrow{P_{n+1}P_{n+2}} \xrightarrow[\frac{1}{2}倍, \frac{\pi}{6} 回転]{\frac{1}{2}倍, \frac{\pi}{3} 回転} \overrightarrow{P_{n+2}P_{n+3}}$

(n が奇数のときが矢印の上, 偶数のときが矢印の下) だから, $\overrightarrow{P_nP_{n+1}}$ を $\frac{1}{2} \cdot \frac{1}{2} = \frac{1}{4}$ 倍し, 向きを $\frac{\pi}{3} + \frac{\pi}{6} = \frac{\pi}{2}$ だけ変えたものが $\overrightarrow{P_{n+2}P_{n+3}}$ となり, $\frac{1}{4}\left(\cos\frac{\pi}{2} + i\sin\frac{\pi}{2}\right) = \frac{i}{4}$ だから, $n \geq 0$ について

$$z_{n+3} - z_{n+2} = \frac{i}{4}(z_{n+1} - z_n) \qquad \cdots\cdots\cdots ⓐ$$

これから

$$z_{n+3} - \frac{i}{4}z_{n+1} = z_{n+2} - \frac{i}{4}z_n \qquad \cdots\cdots\cdots ⓑ$$

となるので, $\left\{z_{n+2} - \frac{i}{4}z_n\right\}$ が定数列 (公差 0 の等差数列) となり

$$z_{n+2} - \frac{i}{4}z_n = z_2 - \frac{i}{4}z_0 = z_2 \qquad \cdots\cdots\cdots ⓒ$$

ここで

$$z_2 = (z_2 - z_1) + z_1 = \frac{1}{2}\left(\cos\frac{\pi}{3} + i\sin\frac{\pi}{3}\right) + 1 = \frac{5}{4} + \frac{\sqrt{3}}{4}i$$

いま $x - \frac{i}{4}x = z_2$ となる x を考えると $x = \dfrac{z_2}{1 - \frac{i}{4}}$ であり, ⓒから

$$z_{n+2} - x = \frac{i}{4}(z_n - x) \qquad \therefore \quad z_{2n+2} - x = \frac{i}{4}(z_{2n} - x)$$

したがって

$$z_{2n} - x = \left(\frac{i}{4}\right)^n (z_0 - x) = -\left(\frac{i}{4}\right)^n x$$

ここで

$$|z_{2n} - x| = \left|\left(\frac{i}{4}\right)^n x\right| = \frac{|x|}{4^n} \to 0 \ (n \to \infty)$$

だから P_{2n} は x で表される点 X に近づく. また $P_nP_{n+1} = \frac{1}{2^n}$ だから $P_{2n}P_{2n+1} \to 0 \ (n \to \infty)$ となり, P_{2n+1} も同じ点 X に近づく. 以上から P_n の近づく点は X であり, これを表す複素数は

$$x = \frac{5 + \sqrt{3}i}{4 - i} = \frac{(5 + \sqrt{3}i)(4 + i)}{17} = \frac{20 - \sqrt{3}}{17} + \frac{5 + 4\sqrt{3}}{17}i$$

□

ここではⓐを 3 項間の漸化式でよくやる変形のマネをしてⓑを導き, さらに 2 項間漸化式での変形をして解きました. ⓐから

$$z_{2n+1} - z_{2n} = \left(\frac{i}{4}\right)^n (z_1 - z_0) = \left(\frac{i}{4}\right)^n$$

$$z_{2n+2} - z_{2n+1} = \left(\frac{i}{4}\right)^n (z_2 - z_1) = \left(\frac{i}{4}\right)^n \left(\frac{1}{4} + \frac{\sqrt{3}}{4}i\right)$$

として，これらから $z_{2n+2} - z_{2n}$ (等比数列) がわかるので，この和から z_{2n} を求める方法もあります．このときは，複素数列の無限等比級数の和を求めることになりますが，公式は実数のときとまったく同じです．

ⓒのところで2項間漸化式の解法を用いましたが，複素数の場合は図形的な意味が出てきます．

$$z_{n+1} = pz_n + q \quad (p \neq 1)$$

で複素数列 $\{z_n\}$ が決まっているとします．このとき

$$\alpha = p\alpha + q \quad \therefore \quad \alpha = \frac{q}{1-p}$$

を考えると

$$z_{n+1} - \alpha = p(z_n - \alpha)$$

となります．さらに極形式で $p = r(\cos\theta + i\sin\theta)$ と表し，$P_n(z_n)$ $(n \geq 1)$，$A(\alpha)$ とおけば

$$\overrightarrow{AP_n} \text{ を } \theta \text{ 回転し，} r \text{ 倍したものが } \overrightarrow{AP_{n+1}}$$

となります．

3. もうすこし三角不等式の練習をしてみましょう．

例 II 複素数 α, β, γ について，

$$|\alpha| \leq \frac{|\beta + \gamma|}{2}, \quad |\beta| \leq \frac{|\gamma + \alpha|}{2}, \quad |\gamma| \leq \frac{|\alpha + \beta|}{2}$$

が同時に成立するならば，$|\alpha| = |\beta| = |\gamma|$ であることを示し，さらに $\alpha = \beta = \gamma$ であることを示せ．

〔神戸商科大〕

《解答》

$$|\alpha| \leq \frac{|\beta + \gamma|}{2} \leq \frac{|\beta| + |\gamma|}{2} \quad \cdots\cdots\cdots \text{(ロ)}$$

$$|\beta| \leq \frac{|\gamma + \alpha|}{2} \leq \frac{|\gamma| + |\alpha|}{2} \quad \cdots\cdots\cdots \text{(ハ)}$$

$$|\gamma| \leq \frac{|\alpha + \beta|}{2} \leq \frac{|\alpha| + |\beta|}{2} \quad \cdots\cdots\cdots \text{(ニ)}$$

㊁ + ㊂ + ㊃ により
$$|\alpha|+|\beta|+|\gamma| \leqq |\alpha|+|\beta|+|\gamma|$$
となり，ここで等号が成り立つので，㊁，㊂，㊃のすべてで等号が成り立ち，㊁の等号から
$$2|\alpha|=|\beta|+|\gamma| \quad \therefore \quad 3|\alpha|=|\alpha|+|\beta|+|\gamma|$$
㊂，㊃の等号のときもあわせて
$$|\alpha|=|\beta|=|\gamma|\left(=\frac{|\alpha|+|\beta|+|\gamma|}{3}\right)$$
ここで $\alpha = 0$ ならば $\beta = \gamma = 0$, すなわち $\alpha = \beta = \gamma$ である.
$\alpha \neq 0$ ならば，$\beta \neq 0$, $\gamma \neq 0$ であり，㊁の等号から $|\beta + \gamma| = |\beta| + |\gamma|$ となり $\arg\beta = \arg\gamma$(☞ (㊁)), ㊂からも同様にして $\arg\gamma = \arg\alpha$ となり, 絶対値と偏角が等しいので $\alpha = \beta = \gamma$ である.

□

―― 複素数平面の軌跡，変換 ――

39 z を複素数とし，i を虚数単位とする．

(1) $\dfrac{1}{z+i} + \dfrac{1}{z-i}$ が実数となる点 z 全体の描く図形 P を複素数平面上に図示せよ．

(2) z が(1)で求めた図形 P 上を動くときに $w = \dfrac{z+i}{z-i}$ の描く図形を複素数平面上に図示せよ．

〔北海道大〕

アプローチ

(イ) z の関係式から z の軌跡を求めるときの方法は以下の通りです．

(i) 絶対値，共役，偏角などを利用して z のまま変形

(ii) $z = x + yi$ $(x,\ y:実数)$ とおく

(iii) $z = r(\cos\theta + i\sin\theta)$ $(r > 0)$ とおく

方針(i)で考えられる図形はそれほど多くありません．

・$|z - \alpha| = r$ …… α を中心とする半径 r の円

・$|z - \alpha| = |z - \beta|$ …… 2 点 $\alpha,\ \beta$ を結ぶ線分の垂直二等分線

・$m|z - \alpha| = n|z - \beta|$ …… 2 定点からの距離の比が一定である点の軌跡

(アポロニウスの円：☞ ⅠAⅡB **27**)

などです．まれに

$|z - \alpha| + |z - \beta| = (一定)$ のとき，2 点 $\alpha,\ \beta$ を焦点とする楕円

などもありますが，これは本質的には 2 次曲線の問題です．一般にいろんな曲線を表現できる手段は方法(ii)といえます．

本問を方針(i)で考えるなら，実数条件を $z = \bar{z}$ または $\arg z = 0,\ \pi$ とし，方針(ii)なら実数条件を虚部が 0 とします．どの方針がいいのかは式の形にもよるので，いろんなアプローチの仕方を習得しておきましょう．

(ロ) 定義，公式を確認します．$z = x + yi$ $(x,\ y:実数)$ に対し

$$\bar{z} = x - yi,\quad |z|^2 = x^2 + y^2$$

です．これらから

$$|z|^2 = z\bar{z}$$

また，$\overline{\bigcirc}$ に関する公式は

$$\overline{\alpha \pm \beta} = \overline{\alpha} \pm \overline{\beta}, \ \overline{\alpha\beta} = \overline{\alpha}\,\overline{\beta}, \ \overline{\left(\frac{\alpha}{\beta}\right)} = \frac{\overline{\alpha}}{\overline{\beta}}, \ \overline{\overline{\alpha}} = \alpha$$

ですが，これらは $\alpha = a+bi$，$\beta = c+di$ などと設定して代入すれば確認できます．これらをあわせて

$$|\alpha + \beta|^2 = (\alpha+\beta)\overline{(\alpha+\beta)} = (\alpha+\beta)(\overline{\alpha}+\overline{\beta}) = |\alpha|^2 + \overline{\alpha}\beta + \alpha\overline{\beta} + |\beta|^2$$

と変形できます．これは右辺から左辺に次のように平方完成するときに利用します．

$$|z|^2 + \alpha\overline{z} + \overline{\alpha}z = |z+\alpha|^2 - |\alpha|^2$$

これらの式変形に慣れていないと，z の式のまま軌跡をとらえるのは難しくなります．2乗の展開と平方完成の練習をしましょう．

例 I n 個の複素数 $z_1, z_2, \cdots, z_n$ が
$z_1 + z_2 + \cdots + z_n = i$ (i は虚数単位) を満たすものとして固定されている．$|z|=1$ である複素数 z のなかで

$$|z-z_1|^2 + |z-z_2|^2 + \cdots + |z-z_n|^2$$

を最大，最小にするものをそれぞれ求めよ．

〔群馬大〕

《解答》 $|z-z_1|^2 + |z-z_2|^2 + \cdots + |z-z_n|^2$

$$= \sum_{k=1}^{n} \left(|z|^2 - \overline{z}z_k - z\overline{z_k} + |z_k|^2 \right)$$

$$= n|z|^2 - \overline{z}(z_1 + \cdots + z_n) - z(\overline{z_1} + \cdots + \overline{z_n}) + \sum_{k=1}^{n} |z_k|^2$$

$$= n|z|^2 - \overline{z}i - z\overline{i} + \sum_{k=1}^{n} |z_k|^2$$

$$= n\left|z - \frac{i}{n}\right|^2 + (\text{定数})$$

これが最大，最小となるのは $\left|z - \dfrac{i}{n}\right|$ が最大，最小となるときで，これは点 $\dfrac{i}{n}$ と単位円周上の点 z との距離だから，

$$z = i \text{ のとき最小,} \ z = -i \text{ のとき最大} \qquad \square$$

(ハ) z の動く範囲を $w = f(z)$ で w の動く範囲に変換するときの方法は
(i) $z = g(w)$ と変形し，z の動く図形の式 (これを (*) とする) に代入して w の式に変える．その w の式から軌跡を考える．ここからは(イ)に従う．
(ii) z を媒介変数で表現し $w = f(z)$ に代入する．w の実部，虚部が媒介変数表示されるので，媒介変数表示された点の軌跡として考える．

が考えられます．(*) の表現は，絶対値や偏角を使って z で表現することもあるし，$z = x + yi$ と設定し x, y で表現することもあります．この場合 $w = X + Yi$ と設定し $z = g(w)$ に代入して，x, y を X, Y で表します．そして (*) の x, y の式に代入すると X, Y の式が求まります．一方(ii)の解法では z の媒介変数表示の仕方は $x + yi$ または極形式があります．条件の特性にあわせて使い分けましょう．最終的に w の実部と虚部が媒介変数表示されますが，2 式から媒介変数が消去できるとも限りません．それぞれ微分して増減を調べないといけないときもあります．

解答

(1)
〔解法1〕$z \neq \pm i$ のもとで，$\dfrac{1}{z+i} + \dfrac{1}{z-i} = \dfrac{2z}{z^2+1}$ が実数である条件は

$$\overline{\left(\dfrac{z}{z^2+1}\right)} = \dfrac{z}{z^2+1} \iff \dfrac{\bar{z}}{(\bar{z})^2+1} = \dfrac{z}{z^2+1}$$
$$\iff \bar{z}(z^2+1) = z\{(\bar{z})^2+1\} \iff z|z|^2 + \bar{z} - \bar{z}|z|^2 - z = 0$$
$$\iff (z - \bar{z})(|z|^2 - 1) = 0$$

により，

$$z = \bar{z} \cdots\cdots ①, \quad |z| = 1 \cdots\cdots ②$$

となる．①のとき点 z は実軸上を動き，②のとき原点を中心とする半径 1 の円周上を動く．よって図形 P は右図の太線部である． □

〔解法2〕$z = x + yi$ (x, y : 実数) とおくと

$$\dfrac{1}{z+i} + \dfrac{1}{z-i} = \dfrac{1}{x+(y+1)i} + \dfrac{1}{x+(y-1)i}$$
$$= \dfrac{x-(y+1)i}{x^2+(y+1)^2} + \dfrac{x-(y-1)i}{x^2+(y-1)^2}$$

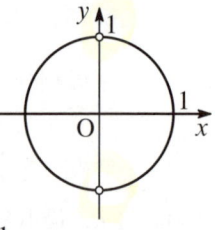

これが実数となる条件は $z \neq \pm i$ つまり $(x, y) \neq (0, \pm 1)$ のもとで，上式の虚部が 0 であること，つまり

$$\frac{-(y+1)}{x^2+(y+1)^2} + \frac{-(y-1)}{x^2+(y-1)^2} = 0$$

これを分母払って整理すると

$$2y(x^2+y^2-1) = 0 \qquad \therefore \quad y = 0 \text{ または } x^2+y^2 = 1$$

〔以下同様〕 □

〔解法3〕 $z = r(\cos\theta + i\sin\theta)$ とおく．ただし $r \geqq 0$, $0 \leqq \theta < 2\pi$ とし，$z \neq \pm i$ により $r = 1$ のとき $\theta \neq \dfrac{\pi}{2}$, $\theta \neq \dfrac{3\pi}{2}$ である．

$$\frac{1}{z+i} + \frac{1}{z-i} = \frac{2z}{z^2+1} = \frac{2r(\cos\theta + i\sin\theta)}{r^2(\cos 2\theta + i\sin 2\theta) + 1}$$

$$= \frac{2r(\cos\theta + i\sin\theta)(r^2\cos 2\theta + 1 - ir^2\sin 2\theta)}{(r^2\cos 2\theta + 1)^2 + r^4\sin^2 2\theta}$$

これが実数となる条件は，上式の虚部が 0 となることで，$r = 0$ または

$$\sin\theta(r^2\cos 2\theta + 1) - r^2\sin 2\theta\cos\theta = 0$$

$$\iff \sin\theta - r^2(\sin 2\theta\cos\theta - \cos 2\theta\sin\theta) = 0$$

$$\iff \sin\theta - r^2\sin(2\theta - \theta) = 0 \iff (1-r^2)\sin\theta = 0$$

により，$r = 0$ または $r = 1$ または $\sin\theta = 0$

〔以下同様〕 □

(2)

〔解法1〕 $w = \dfrac{z+i}{z-i}$ ……… ③

より

$$w(z-i) = z+i \qquad \therefore \quad z = \frac{(w+1)i}{w-1} \qquad ……… ④$$

$z \neq \pm i$ だから③より $w \neq 0$, さらに④より $w \neq 1$
したがって，以下「$w \neq 0$ かつ $w \neq 1$」のもとで考える．

(i) z が実軸上を動くとき，$z = \overline{z}$ だから③を代入して変形すると

$$\frac{(w+1)i}{w-1} = \overline{\left(\frac{(w+1)i}{w-1}\right)} \iff \frac{(w+1)i}{w-1} = \frac{(\overline{w}+1)(-i)}{\overline{w}-1}$$

$$\iff (w+1)(\overline{w}-1) = -(w-1)(\overline{w}+1)$$

$$\iff |w|^2 + \overline{w} - w - 1 = -\left(|w|^2 + w - \overline{w} - 1\right)$$

$$\iff |w|^2 = 1 \iff |w| = 1$$

となり，点 w は原点を中心とする半径 1 の円周上を動く．

(ii) z が原点を中心とする半径 1 の円周上を動くとき，$|z|=1$ だから③を代入して変形すると

$$\left|\frac{(w+1)i}{w-1}\right|=1 \iff \frac{|w+1||i|}{|w-1|}=1 \iff |w+1|=|w-1|$$

となり，点 w と 2 点 1，-1 との距離が等しいので，この 2 点を結ぶ線分の垂直二等分線，つまり虚軸上を動く．

以上(i)，(ii)をあわせて，求める図形は右図の太線部．　□

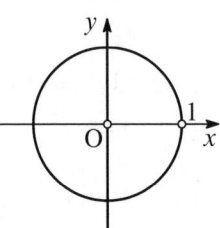

〔解法 2〕(i) z が実軸上を動くとき，$z=t$，
$w=x+yi$ (t，x，y：実数) とおくと $w=\dfrac{z+i}{z-i}$ より

$$x+yi=\frac{t+i}{t-i}=\frac{(t+i)^2}{t^2+1}=\frac{t^2-1+2ti}{t^2+1}$$

実部と虚部を比較して

$$x=\frac{t^2-1}{t^2+1}=1-\frac{2}{t^2+1} \quad \therefore \quad x-1=-\frac{2}{t^2+1} \quad \cdots\cdots ⑤$$

$$y=\frac{2t}{t^2+1} \quad \cdots\cdots ⑥$$

⑤より $x-1 \neq 0$ だから，⑥÷⑤とすると

$$-\frac{y}{x-1}=t$$

これを⑤に代入すると

$$x-1=\frac{-2}{\left(\dfrac{y}{x-1}\right)^2+1} \quad \therefore \quad x-1=\frac{-2(x-1)^2}{y^2+(x-1)^2}$$

$x \neq 1$ だから

$$1=\frac{-2(x-1)}{y^2+(x-1)^2} \quad \therefore \quad y^2+(x-1)^2=-2(x-1)$$

$$\therefore \quad x^2+y^2=1 \text{ かつ } x \neq 1$$

これより点 w は原点を中心とする半径 1 の円周上 (点 1 は除く) を動く．

(ii) z が原点を中心とする半径 1 の円周上を動くとき，
$z = \cos\theta + i\sin\theta$ $\left(0 \leq \theta < 2\pi,\ \theta \neq \dfrac{\pi}{2},\ \dfrac{3\pi}{2}\right)$, $w = x + yi$ ($x,\ y$：実数)
とおくと $w = \dfrac{z+i}{z-i}$ より

$$x + yi = \dfrac{\cos\theta + i(1 + \sin\theta)}{\cos\theta - i(1 - \sin\theta)}$$

$$= \dfrac{\{\cos\theta + i(1 + \sin\theta)\}\{\cos\theta + i(1 - \sin\theta)\}}{\cos^2\theta + (1 - \sin\theta)^2}$$

$$= \dfrac{(\cos^2\theta + \sin^2\theta - 1) + 2i\cos\theta}{2(1 - \sin\theta)}$$

$\therefore\ x = 0,\ y = \dfrac{\cos\theta}{1 - \sin\theta}$

そこで y の値域を求めるため増減を考えて

$$\dfrac{dy}{d\theta} = \dfrac{1}{1 - \sin\theta} > 0,\ \lim_{\theta \to \frac{\pi}{2} \pm 0} y = \mp\infty,\ \lim_{\theta \to \frac{3\pi}{2}} y = 0$$

等を考えると y は 0 以外の任意の値をとり得ることがわかり，点 w は原点以外の虚軸上全体を動く．〔以下同様〕 □

(フォローアップ)

1. 本問には出てきませんでしたが，このような問題では絶対値を 2 乗してはずしたり，逆に平方完成したりする場面が多いようです．(ロ)でも練習しましたが，軌跡の問題の中で経験しておきましょう．

例II 複素数平面上において，点 z は原点 O を中心とする半径 1 の円周上を動くとする．$w = \dfrac{z - i}{z - 1 - i}$ とおくとき点 w の描く曲線を求めよ．
〔香川大〕

《方針》 $w = \dfrac{z - i}{z - 1 - i}$ の分母をはらい z について解くと

$$z = \dfrac{(1 + i)w - i}{w - 1}\ (w \neq 1)$$

となる．これを $|z| = 1$ に代入すると

$\left|\dfrac{(1+i)w - i}{w - 1}\right| = 1$ $\therefore\ |w - 1| = |(1 + i)w - i|$

両辺を平方して変形する．
$$|w|^2 + \overline{(-1)}w + (-1)\overline{w} + |-1|^2$$
$$= |1+i|^2|w|^2 + \overline{(1+i)w}(-i) + (1+i)w\overline{(-i)} + |-i|^2$$
$$\iff |w|^2 - w - \overline{w} + 1 = 2|w|^2 + (1-i)(-i)\overline{w} + (1+i)iw + 1$$
$$\iff |w|^2 - i\overline{w} + iw = 0 \iff |w-i|^2 - |-i|^2 = 0$$
$$\therefore \quad |w-i| = 1$$

よって，点 w は点 i を中心とする半径 1 の円周上を動く． □

2. (2)〔解法 1〕の点 w の軌跡については，z が実軸を動くときには次のように偏角から考えることができます．

別解 $z = 0$ のとき，$w = \dfrac{z+i}{z-i} = -1$ である．

z が原点以外の実軸上を動くとき，$w \neq \pm 1$ であり，$-iz = \dfrac{w+1}{w-1}$ により，
$$\arg(-iz) = \arg(w+1) - \arg(w-1)$$

ここで $-iz$ は純虚数だから偏角は $\pm\dfrac{\pi}{2}$ で
$$\arg(w+1) - \arg(w-1) = \pm\dfrac{\pi}{2}$$

A(1)，B(-1)，Q(w) とおくと上式より
$$(\overrightarrow{\mathrm{BQ}} \text{ の偏角}) - (\overrightarrow{\mathrm{AQ}} \text{ の偏角}) = \pm\dfrac{\pi}{2}$$

となり，$\angle \mathrm{AQB} = \dfrac{\pi}{2}$ だから，Q は AB を直径の両端とする円周上を動く．これと $w = -1$ とをあわせて，w は原点を中心とする半径 1 の円周上 (ただし点 1 を除く) を動く． □

3. 2.で偏角を用いましたが，偏角の公式から確認しましょう．複素数の積は偏角の和，商は差，n 乗すると n 倍になる．対数の公式とよく似ています．つまり，
$$\arg \alpha\beta = \arg \alpha + \arg \beta, \ \arg \dfrac{\alpha}{\beta} = \arg \alpha - \arg \beta, \ \arg \alpha^n = n \arg \alpha$$

ただ，0 の偏角は考えないのでその部分だけは別扱いとなります．これらの公式を利用して式変形を行っています．ただし偏角の等式は普通の等式とは違います (☞ 37 フォローアップ 1.)．

次に複素数の差を確認します．$\beta - \alpha$ は点 β を点 α が原点にくるように平行移動をした点を表します．

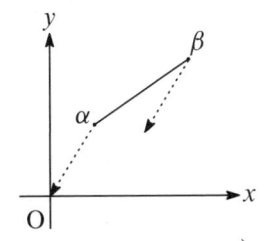

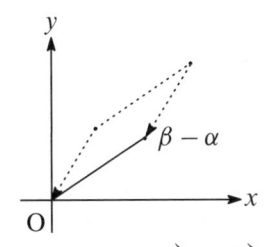

これは $A(\alpha), B(\beta)$ とおくと $\overrightarrow{AB}$ ととらえること，つまり $\overrightarrow{AB} = \overrightarrow{OB} - \overrightarrow{OA}$ と始点を変更しているのと同じです．ということは
$$|\beta - \alpha| = |\overrightarrow{AB}|,\ \arg(\beta - \alpha) = (\overrightarrow{AB} \text{ の偏角})$$
と考えましょう．ここで「ベクトルの偏角」は標準的な極座標の偏角と同じで，θ は 2π の整数倍の不定性をもっています (☞ 16 (イ))．

複素数は「数」，「ベクトル」，「変換」の 3 つの側面をもっています．それらが有機的につながりあっているところが複素数の醍醐味なのですが，これが「わかりにくさ」にもなってしまいます．いろんな練習を通して，この面白さを味わってください．

以上を踏まえて偏角の条件から軌跡を考える練習をしてみましょう．

例 III 次の関係を満たす点 z の軌跡を図示せよ．
(1) $\arg(z - i) - \arg(z - 1) = \pi$ (2) $\arg(z + 1) - \arg(z - 1) = \dfrac{\pi}{4}$

《解答》 (1)　$A(i), B(1), P(z)$ とおく．条件式より
$$(\overrightarrow{AP} \text{ の偏角}) - (\overrightarrow{BP} \text{ の偏角}) = \pi$$
だから線分 AB(両端を除く)上を動く．

(2)　$C(-1)$ とおく．条件式より
$$(\overrightarrow{CP} \text{ の偏角}) - (\overrightarrow{BP} \text{ の偏角}) = \dfrac{\pi}{4}$$
だから $\overrightarrow{BP}$ を $\dfrac{\pi}{4}$ 回転したベクトルが $\overrightarrow{CP}$ と同じ向きである．よって，$\overparen{BC}$ に対する円周角が $\dfrac{\pi}{4}$ となる円弧上を動く．

(1)

この部分は右辺が 0 の点の軌跡

(2)

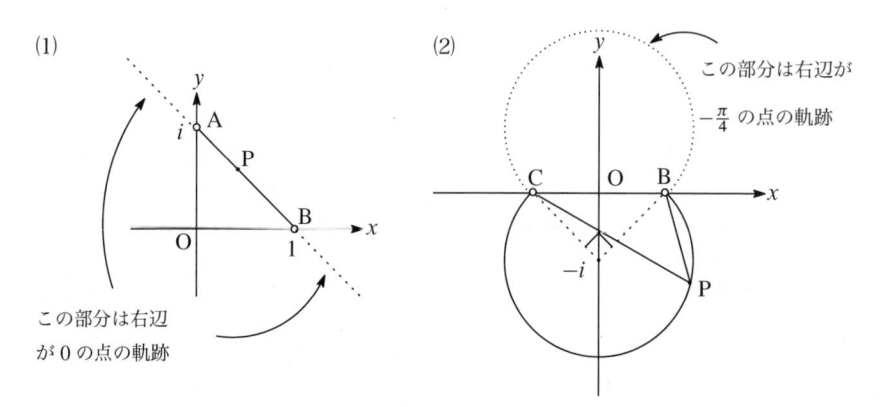

この部分は右辺が $-\dfrac{\pi}{4}$ の点の軌跡

4．変換の問題は，ここで扱ったような計算で解くことができるものと，図形的に変換の意味を考えるものがあります．和や差や実数倍をベクトル的にとらえたり，積や商を回転などととらえたりします．次の例では図形的な意味を考えてみましょう．

例IV 複素数 α, β は $|\alpha - 1| = 1$, $|\beta - i| = 1$ を満たす．
(1) $\alpha + \beta$ が存在する範囲を複素数平面上に図示せよ．
(2) $(\alpha - 1)(\beta - 1)$ が存在する範囲を複素数平面上に図示せよ．

〔一橋大〕

《解答》 (1) α は点 1 を中心とする半径 1 の円周上を動く．β は点 i を中心とする半径 1 の円周上を動く (図1)．そこで $|z| = |w| = 1$ をみたしながら動く複素数 z, w を導入すると，$\alpha = 1 + z$, $\beta = i + w$ と表現できる．よって，
$$\alpha + \beta = 1 + i + z + w$$
となる．また，$z + w$ は z を固定すると z を中心とする半径 1 の円周上を動く (図2)．さらに，z を動かすと，原点を中心とする半径 1 の円周上を中心が動いたときの単位円の通過領域を動くことになる．つまり原点を中心とする半径 2 の円の周および内部を動く (図3)．

図1 図2 図3

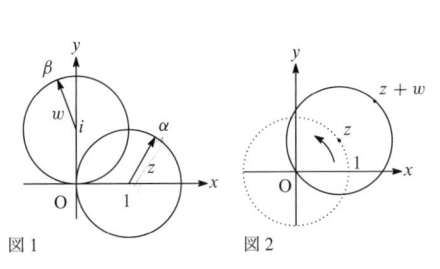

この円盤を $1+i$ だけ平行移動した点が $\alpha+\beta$ の範囲だから図4の斜線部を動く．

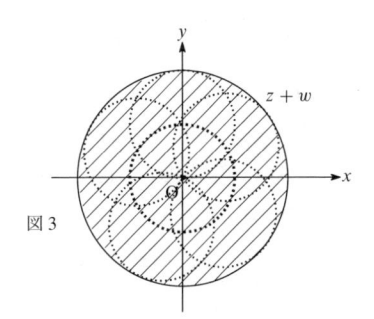

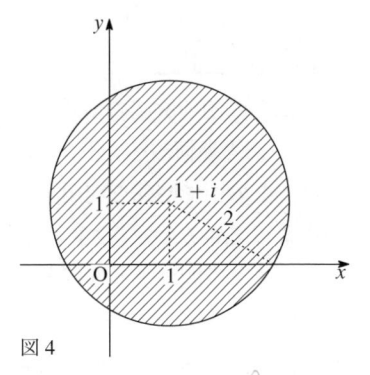

(2) $\beta-1$ は β の描く図形を実軸方向に -1 だけ平行移動したものである（図5）．また，$\alpha-1$ は絶対値が1だから，これをかけることによって原点を中心に任意の角度で回転させることになる（図6）．以上のことから $(\alpha-1)(\beta-1)$ は図7の斜線部を動く．

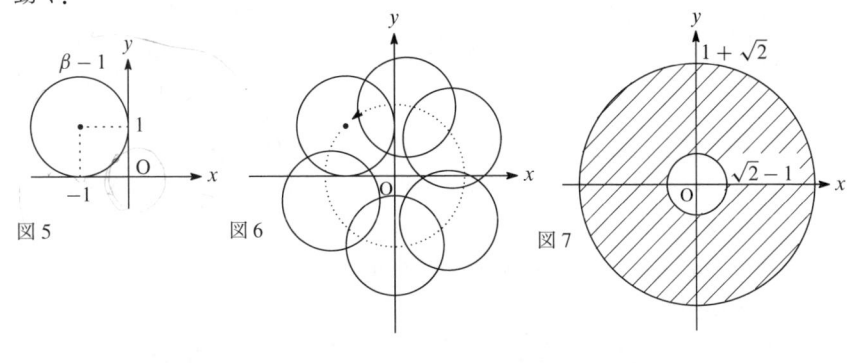

図4

図5 図6 図7

―――― 回転，複素数の図形への応用 ――――

40 平面上に三角形 ABC と 2 つの正三角形 ADB，ACE とがある．ただし，点 C，点 D は直線 AB に関して反対側にあり，また，点 B，点 E は直線 AC に関して反対側にある．線分 AB の中点を K，線分 AC の中点を L，線分 DE の中点を M とする．線分 KL の中点を N とするとき，直線 MN と直線 BC とは垂直であることを示せ．
〔名古屋工業大〕

アプローチ

(イ) 図形問題の解法の道具は，大きく分けて

初等幾何，ベクトル，座標，複素数平面

です．この中で回転を利用できるのは複素数平面です．例えば三角形の形状が決まっているとき，2 頂点から残りの頂点を求めるには回転と拡大が利用できます．本問のような問題は，まず複素数平面で考えようとすることが最初のポイントとなります．また座標設定したり，ベクトルで成分設定したり，複素数平面で具体的に複素数を設定するのは，計算が煩雑になるかもしれませんが，図形的なセンスをあまり必要としない方法といえます．

(ロ) 左下図のような状態で α，β，γ，δ の関係は右下図のようになります．

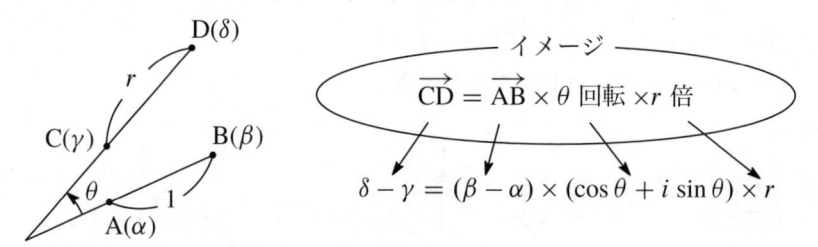

$$\vec{CD} = \vec{AB} \times \theta \text{ 回転} \times r \text{ 倍}$$

$$\delta - \gamma = (\beta - \alpha) \times (\cos\theta + i\sin\theta) \times r$$

ここで **39** フォローアップ 3. で説明したベクトルの感覚を利用します．複素数平面における回転は原点を中心とするものですが，ベクトルと解釈してしまえばベクトルは平行移動できるので原点にあるものとして計算を行います．実は $-\alpha$，$-\gamma$ の部分が平行移動になりますが，ベクトルの始点の変更と考えた方が図形的に考えやすいでしょう．

(ハ) 座標設定をしても回転させるときだけ複素数平面で考えればよいので

す．具体的に成分を設定した解法をとるときは，なるべく成分に 0 が多く含まれるように座標軸を設定しましょう．

解答

複素数平面上に図形を配置し，それぞれの点を表す複素数を A(a), B(b), … などとする．ただし A, B, C は反時計回りに並んでいるものとする．

$$\omega = \cos\frac{\pi}{3} + i\sin\frac{\pi}{3} = \frac{1+\sqrt{3}i}{2}$$

とおく．

$\overrightarrow{BD}$ は $\overrightarrow{BA}$ を $\frac{\pi}{3}$ 回転したものだから

$$d - b = \omega(a-b) \quad \therefore \quad d = (1-\omega)b + \omega a$$

$\overrightarrow{AE}$ は $\overrightarrow{AC}$ を $\frac{\pi}{3}$ 回転したものだから

$$e - a = \omega(c-a) \quad \therefore \quad e = (1-\omega)a + \omega c$$

これらより

$$m = \frac{d+e}{2} = \frac{a + (1-\omega)b + \omega c}{2}$$

また，$k = \frac{a+b}{2}$, $l = \frac{a+c}{2}$ だから

$$n = \frac{k+l}{2} = \frac{2a+b+c}{4}$$

よって，

$$m - n = \frac{(1-2\omega)b + (2\omega-1)c}{4} = \frac{\sqrt{3}i}{4}(c-b)$$

これは $\overrightarrow{BC}$ を $\frac{\pi}{2}$ 回転し $\frac{\sqrt{3}}{4}$ 倍したものが $\overrightarrow{NM}$ であることを示す．したがって，MN ⊥ BC である． □

別解 次図のように x 軸, y 軸を定めると，A($0, a$), B($b, 0$), C($c, 0$) とおける．$\overrightarrow{BD}$ は $\overrightarrow{BA}$ を，$\overrightarrow{AE}$ は $\overrightarrow{AC}$ をそれぞれ $\frac{\pi}{3}$ 回転したものである．D(p, q), E(r, s) とおくと，複素数平面で考えて

$$p + qi - b = \left(\cos\frac{\pi}{3} + i\sin\frac{\pi}{3}\right)(ai - b)$$

$$r + si - ai = \left(\cos\frac{\pi}{3} + i\sin\frac{\pi}{3}\right)(c - ai)$$

が成立する．両辺の実部，虚部を比較して p, q, r, s を求めると

$$D\left(\frac{-\sqrt{3}a+b}{2}, \frac{a-\sqrt{3}b}{2}\right)$$

$$E\left(\frac{\sqrt{3}a+c}{2}, \frac{a+\sqrt{3}c}{2}\right)$$

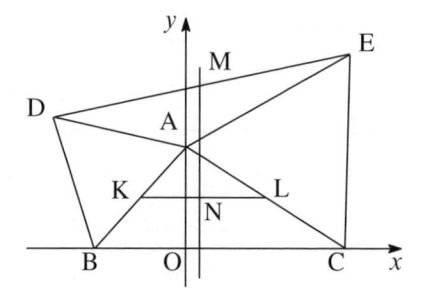

となる．これより

$$M\left(\frac{b+c}{4}, \frac{2a-\sqrt{3}b+\sqrt{3}c}{4}\right)$$

また，$K\left(\dfrac{b}{2}, \dfrac{a}{2}\right), L\left(\dfrac{c}{2}, \dfrac{a}{2}\right)$ だから，$N\left(\dfrac{b+c}{4}, \dfrac{2a}{4}\right)$
これらより

$$\overrightarrow{MN} = \left(0, \frac{\sqrt{3}}{4}(b-c)\right)$$

だから $\overrightarrow{MN}$ の x 成分は 0 となる．よって，$MN \perp BC$ である． □

(フォローアップ)

1. 本問のように幾何の証明を複素数平面で解く問題は，多数ありますがどれもよく似ています．

> **例** 平面上において，三角形 ABC の各辺の外側に正方形 ABEF，BCGH，CAIJ を作る．三つの正方形 ABEF，BCGH，CAIJ の中心をそれぞれ P，Q，R とする．このとき線分 AQ と線分 PR は長さが等しく，AQ ⊥ PR であることを証明せよ．
>
> 〔岡山大〕

《解答》 平面上に各点が次の図のように並んでいるとしてよい．このとき複素数平面上に $A(0), B(\beta), C(\gamma)$ となるように配置し，P，Q，R の表す複素数をそれぞれ z_p, z_q, z_r とし，

$$\omega = \frac{1}{\sqrt{2}}\left(\cos\frac{\pi}{4} + i\sin\frac{\pi}{4}\right) = \frac{1+i}{2}$$

とおく．$\overrightarrow{BP}$ は $\overrightarrow{BA}$ を，$\overrightarrow{CQ}$ は $\overrightarrow{CB}$ を，$\overrightarrow{AR}$ は $\overrightarrow{AC}$ をそれぞれ $\dfrac{\pi}{4}$ 回転し $\dfrac{1}{\sqrt{2}}$ 倍したものだから

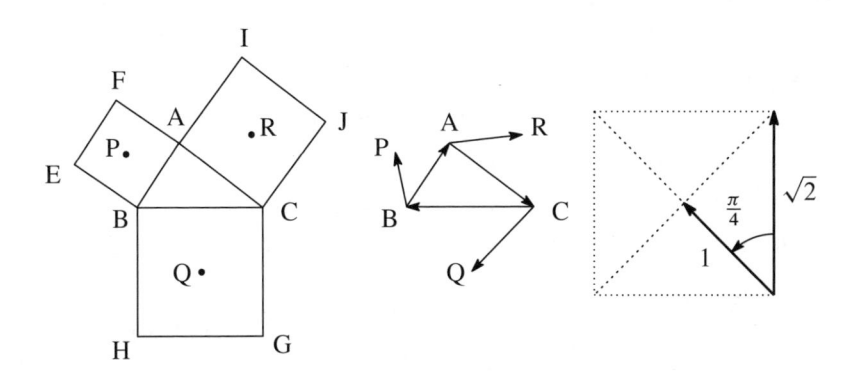

$$z_p - \beta = \omega(0 - \beta) \quad \therefore \quad z_p = (1-\omega)\beta = \frac{1-i}{2}\beta$$

$$z_q - \gamma = \omega(\beta - \gamma) \quad \therefore \quad z_q = \omega\beta + (1-\omega)\gamma = \frac{1+i}{2}\beta + \frac{1-i}{2}\gamma$$

$$z_r = \omega\gamma = \frac{1+i}{2}\gamma$$

これより

$$z_r - z_p = \frac{-1+i}{2}\beta + \frac{1+i}{2}\gamma$$

これは iz_q に等しいので, $z_r - z_p = iz_q$ つまり $\overrightarrow{AQ}$ を $\frac{\pi}{2}$ 回転したものが $\overrightarrow{PR}$ となり, AQ = PR, AQ ⊥ PR である. □

2. 図形的な問題では, 正三角形や正方形がよくあらわれます. ここでは正三角形について考えましょう.

$A(\alpha)$, $B(\beta)$, $C(\gamma)$ とし, これらが正三角形の頂点をなす条件を考えます. $\omega = \cos\frac{\pi}{3} + i\sin\frac{\pi}{3}$ とおくと, $\overrightarrow{AB}$ を $\pm\frac{\pi}{3}$ 回転したものが $\overrightarrow{AC}$ だから

$$\gamma - \alpha = \omega(\beta - \alpha) \text{ または } \gamma - \alpha = \overline{\omega}(\beta - \alpha),$$

$$\therefore \quad \{(\gamma - \alpha) - \omega(\beta - \alpha)\}\{(\gamma - \alpha) - \overline{\omega}(\beta - \alpha)\} = 0$$

$$\therefore \quad (\gamma - \alpha)^2 - (\omega + \overline{\omega})(\beta - \alpha)(\gamma - \alpha) + \omega\overline{\omega}(\beta - \alpha)^2 = 0$$

$\omega + \overline{\omega} = 1$, $\omega\overline{\omega} = 1$ を用いて, これを整理すると,

「異なる 3 つの複素数 α, β, γ が正三角形の 3 頂点をなす」

$$\iff \alpha^2 + \beta^2 + \gamma^2 - \alpha\beta - \beta\gamma - \gamma\alpha = 0$$

となります.

―― 積で閉じた集合 ――

41 0でない複素数からなる集合 G は次を満たしているとする．

G の任意の要素 z, w の積 zw は再び G の要素である．

n を正の整数とする．このとき，

(1) ちょうど n 個の要素からなる G の例をあげよ．

(2) ちょうど n 個の要素からなる G は (1) の例以外にないことを示せ．

〔京都府立医大〕

アプローチ

(イ) 複素数全体の集合を $\mathbb{C}$ と表すと $G \subset \mathbb{C}$ で，$\mathbb{C}$ の乗法 (積) により
$$a \in G,\ b \in G \implies ab \in G \qquad \cdots\cdots\cdots (*)$$
であると仮定されています．このようなとき G は「乗法 (積) で閉じている」といいます．ここで $(*)$ において a と b は G の要素であるかぎりなんでもよいのですから，$b = a$ としてもよく $aa = a^2 \in G$ が成り立ちます．これをくり返せば，$a \in G$ ならば
$$a,\ a^2,\ a^3,\ \cdots,\ a^n,\ a^{n+1},\ \cdots$$
がすべて G の要素になります．すると，
$$\{a,\ a^2,\ a^3,\ \cdots,\ a^n,\ a^{n+1}\} \subset G$$
となりますが，G の要素の個数は n だから，これらはすべて異なることはありえません．したがって，すくなくともどれか2つは一致し
$$a^i = a^j,\ 1 \leq i < j \leq n+1$$
となる i, j があり，$a \neq 0$ により
$$a^{j-i} = 1\ (1 \leq j - i \leq n)$$
となり，これから各 $a \in G$ について $m\ (1 \leq m \leq n)$ があって，a は 1 の m 乗根になっていることがわかります．このままでは m は a のとり方に依存するので，まだ結論にはすこし遠いようです．しかし $m = n$ のとき，つまり G が 1 の n 乗根全体なら，条件をみたすことがわかります．

(ロ) もうすこし具体的な例を考えてみましょう．

> **例I** 相異なる3つの0以外の複素数 $\alpha,\ \beta,\ \gamma$ があり，そのうちどの2個の積も (同じ数どうしの積を含めて) もとの3つの複素数のうちのどれかであるという．この3つの複素数を決定せよ．

《方針》 $z^3 = 1$ つまり1の3乗根であろうと予想されますが，その証明が問題です．$\alpha^3 = \beta^3 = \gamma^3 = 1$ を示したい，つまり $S = \{\alpha,\ \beta,\ \gamma\}$ とおき，$z \in S$ とするとき $z^3 = 1$ を示したいのです．いま4つの複素数 $\alpha,\ \beta,\ \gamma,\ z$ があって，仮定「2個の積がまた S に属する」を利用すると，$z\alpha,\ z\beta,\ z\gamma$ を考えるとこれらが S の要素になります．ここから z^3 を作り出すには？ これら3つをかけあわしてみましょう：
$$(z\alpha)(z\beta)(z\gamma) = z^3 \alpha\beta\gamma$$
ところで $z \neq 0$ なのでこれら3つは互いに異なります．S の要素は3つなので $S = \{z\alpha,\ z\beta,\ z\gamma\}$ となり，これらは全体として $\alpha,\ \beta,\ \gamma$ に一致します．すると上の3個の積は実は $\alpha\beta\gamma$ であり，これから
$$z^3 \alpha\beta\gamma = \alpha\beta\gamma$$
となり，$\alpha\beta\gamma \neq 0$ だから $z^3 = 1$ が出ます．以上で
$$S = \{1,\ \omega,\ \omega^2\} \quad (\omega は1の虚数3乗根)$$
がわかりました．これが条件をみたしていることはあきらかです．　　□

この方法を一般化すると **解答** ができます．

解答

(1) $$G = \left\{\cos\frac{2k\pi}{n} + i\sin\frac{2k\pi}{n} \;\middle|\; k = 0,\ 1,\ \cdots,\ n-1\right\} \quad \cdots\cdots\cdots ①$$

これが条件をみたすことは，G の要素は1の n 乗根の全体であり，$\alpha^n = 1$，$\beta^n = 1$ ならば $(\alpha\beta)^n = \alpha^n \beta^n = 1$ であることからわかる．

(2) $G = \{\alpha_1,\ \alpha_2,\ \cdots,\ \alpha_n\}$ とおく．G の任意の要素を z とすると，
$$z\alpha_1,\ z\alpha_2,\ \cdots,\ z\alpha_n \quad \cdots\cdots\cdots ②$$
は仮定によりすべて G の要素で，$z \neq 0$ だから $1 \leq i \neq j \leq n$ のとき $z\alpha_i \neq z\alpha_j$ であり，これら n 個はすべて異なる．したがって ② は全体として $\alpha_1,\ \alpha_2,\ \cdots,\ \alpha_n$ と一致するので，これらの n 個の積から

$$(z\alpha_1)(z\alpha_2)\cdots(z\alpha_n) = \alpha_1\alpha_2\cdots\alpha_n$$
$$\therefore \quad \alpha_1\alpha_2\cdots\alpha_n(z^n - 1) = 0 \qquad \therefore \quad z^n = 1$$
$$(\alpha_i \text{ はすべて 0 ではないので } \alpha_1\alpha_2\cdots\alpha_n \neq 0)$$

以上から G の要素はすべて方程式 $z^n = 1$ の解であるが,この解はちょうど n 個あり,それらが ① だから,$G =$ ① である.

□

(フォローアップ)

1. 解答 の最後のところで使っていることは次のことです.一般に有限集合 S の要素の個数を $|S|$ で表すことにします.

「有限集合 A, B について,
$$|A| = |B| \text{ かつ } A \subset B \implies A = B$$
が成り立つ.」

これはあたり前ですが,なかなか強力な手段になりえます.

例えば次の有名な「互いに素」についての定理があります:以下文字はすべて整数とします.

例II a, b が互いに素のとき,$ax + by = 1$ となる整数 x, y が存在する.

《証明》 $b = 0$ のとき,互いに素の定義 (共通の素因数をもたない) から $a = \pm 1$ であり,このとき $x = \mp 1$,y は任意ととれば条件をみたす.

$b = \pm 1$ のとき,$x = 0$,$y = \mp 1$ ととれば条件をみたす.

$|b| \geq 2$ のとき,$b \geq 2$ としてよい (y を $-y$ ととりかえればよい).$A = \{0, 1, \cdots, b-1\}$ とおく.$k \in A$ について ak を b で割った商を q_k,余りを r_k とすると
$$ak = bq_k + r_k, \quad r_k \in A \quad (k = 0, 1, \cdots, b-1)$$
この r_k の集合を B とおくと $B = \{r_k \mid k = 0, 1, \cdots, b-1\}(\subset A)$.ここで $k \neq k'$ ならば $r_k \neq r_{k'}$ である.実際,$r_k = r_{k'}$ ならば
$$ak - bq_k = ak' - bq_{k'} \qquad \therefore \quad a(k - k') = b(q_k - q_{k'})$$
この右辺は b の倍数だから $a(k - k')$ が b の倍数となるが,a と b は互いに

素なので，$k-k'$ が b の倍数である．これと $-(b-1) \leq k-k' \leq b-1$ により，$k-k' = 0$ すなわち $k = k'$．

したがって $|B| = b = |A|$ となり，$A = B$ である．とくに $1 \in A$ だから $1 \in B$ すなわち
$$ak = bq_k + 1 \quad \therefore \quad ak + b(-q_k) = 1$$
となる k があり，$x = k$, $y = -q_k$ ととれば条件をみたす．

□

上の証明において，$k = 0$ のとき $0 \cdot a = 0$ は b の倍数なので $r_0 = 0$ だから
$$\{r_1, r_2, \cdots, r_{b-1}\} = \{1, 2, \cdots, b-1\} \quad \cdots\cdots\cdots ㋑$$
となります．いま b を素数 p として，a が p と互いに素，つまり a が p の倍数でないとすると
$$ak \equiv r_k \pmod{p} \ (k = 1, 2, \cdots, p-1) \quad \cdots\cdots\cdots ㋺$$
これらを辺々かけあわせると
$$(a1)(a2)\cdots(a(p-1)) \equiv r_1 r_2 \cdots r_{p-1} \pmod{p} \quad \cdots\cdots\cdots ㋩$$
これと $b = p$ のときの㋑から
$$a^{p-1}(p-1)! \equiv (p-1)! \pmod{p} \quad \therefore \quad (a^{p-1}-1)(p-1)! = (p \text{ の倍数})$$
ここで p は素数だから $(p-1)!$ と p は互いに素なので $a^{p-1} - 1$ が p の倍数になります．

以上から

> p が素数，a が p の倍数でないとき $a^{p-1} \equiv 1 \pmod{p}$ である

が証明されました．これは Fermat (フェルマ) の小定理とよばれています．他にも証明法があり誘導つきで入試に何度も出題されてきました．

なお，上の証明で互いに素の性質：
「a, b が互いに素のとき，bc が a の倍数ならば c が a の倍数である」
を2回用いています (☞ IAIIB **7**)．また教科書の発展事項にある合同式で表現していますが，これは表記を簡略化するだけのためで，使わなくても表せます．例えば㋺は

$$ak = r_k + (p \text{ の倍数})$$

とかけばよく，また㋩も

$$(a1)(a2)\cdots(a(p-1)) = r_1 r_2 \cdots r_{p-1} + (p \text{ の倍数})$$

とかけばよいのです．なにも高尚なことを用いているわけではありません．使うならこいういうことであるとわかって使ってください．でないと「生兵法は大怪我の基」になりかねません．

索引

●あ
アステロイド ……………………… 97
アポロニウス ……………………… 236

●え
n 乗根 …………………… 220–228
円錐面 ……………………………… 184

●お
追い出しの原理 ………… 22, 25, 164
凹凸
　　上に凸 ………………………… 43
　　曲線の── …………………… 92
　　下に凸 …………………… 43, 54
　　凸不等式 ……………… 43, 144

●か
カテナリー ………………………… 174

●き
奇関数 ……………………………… 79
帰納法 ………………………… 20, 22, 37
逆関数 ……………………………… 41
　　──の定義 …………………… 77
　　──の導関数 ………………… 76
共通接線 …………………………… 46
極限
　　解の── …………………… 39
　　漸化式できまる数列の── … 16, 22
　　不定形の── ………… 26–38, 50, 87
極座標
　　極方程式 …………………… 208
曲線の長さ ……………… 166–169

●く
偶関数 ……………………………… 79
区分求積 ……………… 116, 159–165

●さ
サイクロイド ……………… 97, 101

●さ（右列）
最大・最小 ………………………… 66
　　2変数関数の── ……… 34, 179
三角不等式 ……………………… 229

●し
周期関数 …………………………… 86
　　──の定積分 ………… 110–111

●せ
接する
　　2曲線が── ………………… 107
漸化式 ………………………… 16, 24
　　定積分の── ………… 137, 141
　　複素数列の── …………… 229
　　漸化不等式 ………………… 16

●そ
増加関数 …………………… → 単調
双曲線関数 ……………………… 174
相反方程式 ……………………… 221

●た
対数微分 …………………………… 56
互いに素 ………………………… 252
単調 ………………………………… 39
　　──減少 ……………………… 45
　　──増加 ……………………… 45

●ち
中間値の定理 ……………… 39, 157

●に
2 次曲線
　　円錐曲線 ……………… 184–188
　　極線 …………………………… 194
　　準線 …………………………… 200
　　焦点 …………………………… 200
　　双曲線 ……………… 178, 203
　　楕円 ……………… 177, 178, 189, 198
　　──の定義 …………………… 177

放物線 ･･････････････････ 166, 178
離心率 ････････････････ 200, 203

●は
バームクーヘン ･･････････ 112–116
媒介変数表示 ････････････ 92, 98–106
はさみうちの原理　16, 17, 21, 36, 40, 45, 150,
　　　　　152, 153, 162, 163
パラメータ表示　･･････････ → 媒介変数表示

●ひ
微分可能 ･･････････････････ 78–82
評価 ･･････････････････････ 18, 22
　　差の── ････････････････････ 51
　　定積分の── ･････････････ 142, 157
　　和の── ････････････････････ 159

●ふ
フェルマの小定理 ･････････････ 253
複素数平面
　　回転 ･･････････････････ 214, 246
　　対称移動 ･･･････････････････ 219
部分分数 ･･････････････････････ 72

●へ
平均値の定理 ･･････････････ 18, 51, 56
偏角 ･････････････････････････ 98, 223
変数の分離 ････････････････････ 58

●も
文字定数の分離 ････････････････ 39, 44

●ゆ
有理化
　　積分の── ･･････････････････ 95
　　無理式の── ･･････････････ 17, 28

●れ
連続 ･･････････････････ 39, 81, 156, 157

●出典大学
宇都宮大 ･･････････････････････ 7, 112
愛媛大 ･････････････････････････ 3, 46
大分大 ･････････････････････････ 9, 142
大阪市立大 ･････････････････････ 2, 26
大阪大 ･････････････････ 6, 12, 98, 175, 198
大阪府立大 ･････････････････････ 11, 184
岡山大 ･････････････････････････ 248
小樽商科大 ･････････････････････ 226
お茶の水女子大 ･････････････････ 136
香川大 ･････････････････････････ 241
九州大 ･･･････････････････････ 8, 128
京都大 ･･････････････････････ 69, 146
京都府立医大 ････････････････ 14, 250
京都府立大 ･･････････････････ 2, 16
熊本県立大 ･･････････････････ 12, 203
群馬大 ･････････････････････････ 237
慶應義塾大 ･･････････ 9, 121, 155, 192, 193
神戸商科大 ･････････････････････ 234
神戸大 ････････････････････ 13, 214, 228
埼玉大 ･･･････････････････ 3, 5, 39, 78
佐賀大 ･････････････････････ 13, 220
滋賀医科大 ･････････････････････ 25
滋賀県立大 ･･････････････････ 10, 177
静岡大 ･････････････････････････ 7, 107
上智大 ･･･････････････････ 8, 132, 232
成城大 ･････････････････････････ 225
千葉大 ･･･････････････ 2, 4, 7, 22, 66, 119
東京医科歯科大 ･･････････････ 8, 137
東京学芸大 ･････････････････････ 5, 83
東京工業大 ･････････････････ 5, 11, 87, 189
東京大 ･････････････････････････ 4, 61
東京理科大 ･･･････････････ 4, 10, 71, 159
東北大 ･････････････････ 6, 7, 12, 92, 123, 208
徳島大 ･････････････････････････ 20
富山大 ･････････････････････････ 218
名古屋工業大 ･･･････････････ 14, 246
名古屋大 ･･････････････････ 3, 4, 20, 51, 56
一橋大 ･･･････････････････ 13, 229, 244
広島大 ･････････････････････････ 11, 194
北海道大 ･･････････････ 9, 14, 45, 148, 224, 236
三重大 ･････････････････････････ 20
横浜国立大 ･･････････････････ 4, 71, 126
琉球大 ･････････････････････････ 165
和歌山県立医科大 ･･･････････････ 49
早稲田大 ･････････････････ 3, 10, 33, 166

ハイレベル数学Ⅲの完全攻略

著　　　者	米村 明芳
	杉山 義明
発　行　者	山﨑 良子
印刷・製本	三美印刷株式会社
発　行　所	駿台文庫株式会社

〒101-0062　東京都千代田区神田駿河台1-7-4
　　　　　　　　　　　　　　　小畑ビル内
　　　　　　TEL. 編集 03(5259)3302
　　　　　　　　　販売 03(5259)3301
　　　　　　　　　《⑦-268pp.》

©Akiyoshi Yonemura and Yoshiaki Sugiyama 2015
落丁・乱丁がございましたら，送料小社負担にてお取
替えいたします。
ISBN978-4-7961-1320-5　　Printed in Japan

駿台文庫Webサイト
https://www.sundaibunko.jp